Die Chance des Gewissens

ECON Sachbuch

Zum Buch

Horst Eberhard Richter, der führende deutsche Psychoanalytiker, enthüllt die vielfältigen Beziehungen zwischen seinem Leben – Kindheit und Jugend unter Hitler – und seinen Interessen als Forscher, Therapeut und engagierter Intellektueller.
In seinem Erinnerungsbericht, einer intellektuellen Bilanz, stellt er seine wichtigsten wissenschaftlichen und moralischen Positionen als Ergebnis der inneren Verarbeitung seiner gesellschaftlichen Erfahrungen dar.
Hilmar Hoffmann schreibt in der Frankfurter Rundschau: »In Richters anregendem Buch findet sich eine Passage, in der wir die Summe seiner Lebenspraxis, der Wissenschaft, des Nachdenkens über Lebenssinn und Tod, aber auch seiner Politik anschaulich nacherleben. Sie hat mich sehr beeindruckt: ›Als Wesen, die nur an einem winzigen Ausschnitt des Naturprozesses und nur einen Augenblick lang an der Menschheitsgeschichte teilnehmen, sollen wir, unsere kreatürliche Endlichkeit ständig bedenkend, in der uns geschenkten Spanne unser Leben feiern und für dasjenige, das dem unseren folgt, einen möglichst förderlichen Boden bereiten. Ich habe Angst vor einem Tod, bei welchem ich meinen Kindern und Enkeln eine innerhalb anderthalb Generationen schwerstens beschädigte Umwelt und ein apokalyptisches Vernichtungsarsenal – einschließlich eines waffenstarrenden Weltraums – hinterlasse. Ich möchte in der Gewißheit sterben, daß meine, unsere Nachkommen mein, unser Leben in der Anerkennung fortsetzen, daß wir unserer Verantwortung ihnen gegenüber gerecht geworden sind.‹«

Der Autor

Horst Eberhard Richter, geboren 1923, studierte Medizin, Philosophie und Psychologie; Dr. phil. und Dr. med. Nach seiner Ausbildung zum Psychiater und Psychoanalytiker Praxis und Lehrtätigkeit in Berlin. 1962 Berufung auf den Lehrstuhl für Psychosomatik in Gießen, 1973 bis zu seiner Emeritierung im Jahre 1992 Geschäftsführender Direktor des Zentrums für Psychosomatische Medizin. Mitbegründer und Vorstand der Deutschen Sektion der Internationalen Ärzte zur Verhütung des Atomkrieges (IPPNW). Seither Leiter des Sigmund-Freud-Instituts, Frankfurt a. M.
Buchveröffentlichungen u. a.: »Eltern, Kind und Neurose«, »Patient Familie«, »Die Gruppe«, »Der Gießen-Test«, »Lernziel Solidarität«, »Flüchten oder Standhalten«, »Der Gotteskomplex«, »Alle redeten vom Frieden«, »Zur Psychologie des Friedens«, »Leben statt Machen«, »Die hohe Kunst der Korruption«. Die Titel »Russen und Deutsche« und »Umgang mit Angst« sind als Taschenbücher bei ECON erschienen.

Horst Eberhard Richter

DIE CHANCE DES GEWISSENS

ECON Taschenbuch Verlag

Dieses Buch ist gedruckt auf 100% Recyclingpapier.

Lizenzausgabe

Veröffentlicht im ECON Taschenbuch Verlag GmbH, Düsseldorf, 1995

Umschlaggestaltung: Molesch/Niedertubbesing, Bielefeld
Druck und Bindearbeiten: Ebner Ulm
Printed in Germany
ISBN 3-612-26179-7

Inhalt

Vorwort

Dieses Buch enthält Erinnerungen und sehr persönliche Gedanken dazu. Was ich erlebt habe, hätten – und haben – viele andere ganz anders verarbeitet. Ich habe mich – jedenfalls bewußt – nicht bemüht, mich als Person hinter meinen Schlußfolgerungen unsichtbar zu machen. Als Psychoanalytiker schaue ich auch bei jedem anderen darauf, ob er einigermaßen so ist, wie er denkt; ob er eher so denkt, wie er sein möchte oder ob er sich nur selbst entfliehen möchte. Wenn einer schreibt, bewegt er sich – auf sich selbst zu oder vielleicht auch von sich selbst weg –, etwa um einen Aspekt seines Selbst zu verbergen. »Schreibt man nicht gerade Bücher, um zu verbergen, was man in sich birgt?« fragte sich Nietzsche. »Jede Philosophie verbirgt auch eine Philosophie; jede Meinung ist auch ein Versteck, jedes Wort auch eine Maske.«[1]

Aber immer gibt es verbindende Spuren, die den, der sich verstekken will, verraten. Bei Nietzsche sind sie deutlich genug. Wären sie aufmerksamer gelesen worden, hätte seine Philosophie wohl mehr fruchtbaren Zweifel erweckt. Aber seit hundert Jahren hat sich unser Blick geschärft. In der Epoche nach Freud läßt sich von einem wachsenden Leserpublikum erwarten, daß es die Aussagen eines Autors ohnehin nicht mehr abgelöst von seiner Individualität aufnimmt. Denn immer hängt, was einen, der schreibt, beschäftigt und wie er es darstellt, davon ab, wie er als Person beschaffen ist. Selbst bei schöpferischen Naturwissenschaftlern hat man ja nachgewiesen, daß in ihren Theorien psychologische Motivstrukturen verborgen sind. Paul Christian hat dies bei einigen modernen Mathematikern in einer interessanten Arbeit über »Logophanie«[2] getan und gezeigt, wie sich zum Beispiel phobische, zwangsneurotische und schizoide Denkmuster in bekannten nichteuklidischen Systemen abbilden.

Was also sogar bei der Bearbeitung solcher hochabstrakter Materien nachzuweisen ist, tritt erst recht zutage, wenn ein Autor sich vornehmlich Gedanken über Menschen macht. Aus einer eigenen Untersuchung (zusammen mit Dieter Beckmann) werde ich später berichten, daß schon die unmittelbar wahrnehmende Erfassung anderer Menschen von der besonderen Struktur des Betrachters abhängt.

Aber wenn nun ein Autor mit seinen persönlichen Problemen in das Bild der gesellschaftlichen Wirklichkeit eingeht, das er entwirft, wird dieses dadurch entwertet, im Sinne von »nichts als«? Dies hat den Anschein, solange man eine objektive Wahrheit unterstellt, die durch Subjektives verfälscht werde. Man denkt sich etwa die gesellschaftlichen Verhältnisse als eine Sache, die derjenige am zutreffendsten erfasse, der ihr distanziert mit vollkommen nüchterner Neutralität gegenübertrete. Aber niemand von uns steht der Gesellschaft als neutraler Betrachter gegenüber. Jeder, auch der kritische Sozialwissenschaftler, ist in sie leidend und handelnd verwickelt. Und sie selbst reflektiert in höchster Komplexität die Fülle der subjektiven Probleme derer, die in ihr wirken.

Hat ein Autor Konflikte – wer hat sie nicht? –, so drückt sich das auch zweifellos in seinem Werk aus, in dem er beschreibend, analysierend, interpretierend auf die gesellschaftlichen Verhältnisse reagiert. Aber vielleicht kann nur, wer in einer bestimmten historischen Situation so reagiert, die Konflikte seiner Zeit voll aufnehmen und darstellen? Vielleicht braucht er dazu sogar eine Neurose? Vielleicht muß einer nahezu verrückt sein, um einer verrückt gewordenen Gesellschaft ihre Probleme treffend zu spiegeln? Kennen wir nicht genügend Beispiele von psychisch hoch gefährdeten oder sogar schwerkranken Schriftstellern und Künstlern, die gerade durch die Brille ihrer »Störungen« klarer und tiefer gesehen haben als die Masse ihrer »normalen« Zeitgenossen? Kennen wir nicht Umstände, in denen es normal wäre, unnormal zu reagieren?

Im Ersten Weltkrieg gab es einen bedeutenden deutschen Herzspezialisten, Georg Friedrich Nicolai, der sich mit Empörung widersetzte, als 93 berühmte Ärzte, Naturwissenschaftler, Historiker, Dichter, Künstler und Geistliche einen »Aufruf an die Kulturwelt« verfaßten, in dem es unter anderem hieß: »Ohne den deutschen

Militarismus wäre die deutsche Kultur vom Erdboden getilgt... Deutsches Heer und deutsches Volk sind eins. Dieses Bewußtsein verbrüdert heute 70 Millionen Deutsche ohne Unterschied der Bildung, des Standes und der Partei.«[3] Der pazifistische Außenseiter Nicolai machte sich zum nationalen Staatsfeind mit einem Gegenaufruf an alle Europäer, in dem er mitten im Krieg zu einem Frieden mahnte, aus dem Europa als eine Einheit hervorgehen sollte. Aufgrund seiner pazifistischen Aktivität mußte er noch 1918 aus Deutschland flüchten. Unmittelbar nach Kriegsende zurückgekehrt, wurde ihm 1920 vom Senat der Berliner Universität einstimmig die Fortsetzung seiner Lehrtätigkeit untersagt, weil er durch Defätismus dem Vaterland geschadet habe. Sein bedeutendes Buch »Die Biologie des Krieges«[4] wurde rasch vergessen – so wie er selber, nachdem er 1922 als Paria aus Deutschland emigriert war.

Nicolai war, wie seine von W. Zuelzer mit bewunderungswürdiger Sorgfalt rekonstruierte Biographie[5] zeigt, zweifellos ein überaus schwieriger Mann, dessen Eigensinn und Streitbarkeit wie sonstige charakterliche Eigenheiten leicht psychopathologisch zu etikettieren wären. Aber für mich ist er innerhalb meiner Zunft eines der bedeutendsten Vorbilder, und ich wäre – von heute aus gesehen – als junger Mann lieber nach seiner Art psychopathischer, dafür politisch eindeutiger und konsequenter gewesen. Aber ich habe ohnehin gelernt, den landläufigen Begriff von Gesundheit in Zweifel zu ziehen. Im hergebrachten medizinischen Sinne war Nicolai ein Abweichler von psychopathologischem Ausmaß. Aber genau das verschaffte ihm die Energie, sich an die Zwänge des Militarismus seiner Zeit nicht anzupassen. War er also nicht in einem anderen, höheren Sinn gesünder als die Masse der konfliktfrei Angepaßten? Dies bejahe ich, indem ich mich Viktor von Weizsäcker anschließe, der in »Gesundheit nicht Verfügbarkeit für Beliebiges« sieht, sondern »selbst eine Art der Menschlichkeit«[6]. Dann ist, wer sich zum Beispiel der Zumutung von Gewalt und Unrecht – mag sie auch durch Vorschriften legalisiert sein – mit querulatorischem Fanatismus widersetzt, immer noch gesünder als ein symptomfreier Mitläufer.

Und wie ist es mit den anderen, deren Versuch der Auflehnung in einer psychosomatischen Störung endet? Etwa mit den »Kriegsneurotikern«, welche die Szenerie der organisierten Massentötung ebensowenig aushielten wie die rücksichtslose Unterdrückung der eigenen Persönlichkeit durch Vorgesetzte? Sie produzierten unbewußt psychogene Symptome, um der Unmenschlichkeit des Krieges zu entfliehen. Ob unter diesen Umständen psychosomatische »Labilität« vielleicht sogar Ausdruck intakt gebliebener humaner Sensibilität war, danach wurde allerdings von der Masse der Militärärzte hüben und drüben nicht gefragt, denen – nach Freud – »etwas wie die Rolle von Maschinengewehren hinter der Front zugefallen«[7] war.

Auf dem 1. Medizinischen Kongreß zur Verhütung eines Atomkrieges 1981 in Hamburg hatte ich in einem Referat unter anderem gesagt:

»Wir lernen in unserem Fach (psychosomatische Medizin), daß eine Wechselbeziehung besteht zwischen der psychischen Verfassung eines Menschen und der Art und Weise, wie er sein Umweltverhältnis und insbesondere sein Zusammenleben mit anderen Menschen gestaltet. Menschen, die ihre Gefühle durchlassen, sich nach innen und außen offen verhalten und mit hoher Sensibilität auf die Qualität der Lebensumstände reagieren, sind eher als andere dazu imstande, in der Familie, am Arbeitsplatz und wo sie auch immer sozial aktiv sind, auf gedeihliche Verhältnisse hinzuwirken. Die Kehrseite dieser Sensibilität ist jedoch oft eine besondere psychische und psychosomatische Anfälligkeit, wenn diese Menschen in eine inhumane und entfremdende Zwangslage geraten. Steht es nicht in ihrer Macht, diese Lage zu ändern, reagieren sie eher als andere mit psychischen oder psychosomatischen Gleichgewichtsstörungen. Diese Empfindlichkeit ist nicht automatisch gleichbedeutend mit einer eingeschränkten Leistungsfähigkeit oder einer allgemeinen gesundheitlichen Schwäche. Sie hat nicht das mindeste mit Hysterie oder einer sonstigen psychopathologischen Abweichung zu tun. Es handelt sich im Gegenteil, so meine ich, um *die wünschbare psychosoziale Gesundheit schlechthin*.

Wenn eine solche psychosomatische Verfassung einen besonders verläßlichen Orientierungsmaßstab für eine humane Strukturierung der individuellen und der sozialen Lebensformen darstellt, so kommt ihr ein höherer Gesundheitswert zu als jener Robustheit, die landläufig als Idealnorm propagiert wird. Das ist eine Einsicht von bedeutender Tragweite und letztlich auch erheblichen praktischen Konsequenzen. Mächtige Gruppen infiltrieren uns mit der Ideologie, wir sollten uns an dem Leitbild des jederzeit und unter allen Umständen maximal belastbaren und funktionsfähigen Individuums orientieren. Das ist der Mensch, der noch so bedrückende Wohnumstände, Arbeitsverhältnisse, Isolation, Unrecht, Unterdrückung klaglos erträgt. Der jederzeit fit ist, wie inhuman auch die Beanspruchungen sein mögen, denen man ihn aussetzt. Diese abgestumpfte Robustheit verklärt man als gesunde Härte, Elastizität, vitale Energie usw. Umgekehrt diffamiert man die Störbarkeit einer sensibleren und offeneren Persönlichkeit als Schwächlichkeit oder Labilität, kurz als konstitutionelle Minusvariante.«[8]

Dem damaligen Bundeskanzler Helmut Schmidt, der irgendwie an das Manuskript dieser Rede herangekommen war, mißfiel dieser Passus. Er gab mir das Manuskript anläßlich eines Gespräches, zu dem er mich eingeladen hatte, mit verschiedenen kritischen Randbemerkungen zurück. Ein dickes Fragezeichen hatte er neben meinen Kernsatz gesetzt, daß vom gesellschaftlichen Standpunkt aus nicht die üblicherweise verklärte Robustheit, sondern eher eine hohe Sensibilität – trotz der damit verknüpften psychosomatischen Störbarkeit – als höherwertige Gesundheit anerkannt werden sollte. In unserer Unterhaltung drückte er seine kritische Position sehr deutlich aus. Vielleicht war es kein Zufall, daß er während dieser Unterredung auch auf eine kürzlich überstandene Krankheit zu sprechen kam...

Daß ich Grund habe, mich eher den leichter Störbaren zuzurechnen, wird nach dem Gesagten keinen mehr verwundern. Ich werde es später unter anderem an zwei eigenen Krankheiten belegen. Jetzt geht es mir indessen kaum mehr darum, mich mit meiner Struktur auszusöhnen, was mir wohl inzwischen leidlich geglückt ist. Warum mir diese Aussöhnung aber schwergefallen ist und warum ich dazu lange gebraucht habe, das verweist meines Erachtens auf ein sehr verbreitetes Problem, dem ich anhand meiner Erinnerungen nachzuspüren versuche. Es geht um die Verführbarkeit, sich Gesundheit als Krankheit, Anständigkeit als Unanständigkeit, Sensibilität als Feigheit einreden zu lassen. Überall hat man von oben schon vorgeklärt, daß zum Beispiel gesund sei, wenn der Organismus funktioniere, daß anständig sei, wer sich der Ordnung anpasse, daß sich bewähre, wer seine Angst unterdrücke. Und es scheint ja auch alles zusammenzupassen: Wer sich anständig anpaßt, vermeidet Isolation und Unsicherheit, schöpft daraus angstfreie Zuversicht und fördert damit seine Gesundheit. Aber wie ist es, wenn eine Krankheit sinnvoll ist, indem sie uns vor falschem Leben warnt? Wenn unser Gewissen uns mahnt, Regeln zu verletzen, und wenn es mutiger ist, sich einer realistischen Angst auszusetzen, als sie zu unterdrücken?

Dies herausfinden kann nur der einzelne nach seinen inneren Maßstäben. Wenn er es herausfindet, was schwierig genug ist, wie kann er dann sein Leben danach einrichten? Ich gehöre noch einer Generation dieses Landes an, die eine einzigartige innere Korrumpierung erlebt hat. Unsere falsche Gesundheit, unsere falsche Anpassung, unser falscher Mut haben uns mitverantwortlich in Ereignisse verwickelt, die erst nach und nach in ihrer Tragweite voll begriffen werden können. Weil es über unsere Kraft ging, unsere Verirrung und deren Folgen anzuerkennen und zu verarbeiten, waren wir lange unfähig, darüber offen zu reden. Aber was eine Generation innerlich nicht bewältigt, bürdet sie unbewußt der folgenden auf. Dies war ja, wie mancher Leser sich erinnern mag, ein langjähriges Hauptthema meiner Forschungsarbeit, nämlich die undurchschaute Weitergabe ungelöster Konflikte von Eltern an ihre Kinder. So finde ich es auch gar nicht erstaunlich, daß erst seit wenigen Jahren vieles an Erinnerungen das öffentliche Bewußtsein durchdringt, was lange verschwiegen war. Jetzt erst bricht zwischen den Generationen eine Jahrzehnte vermiedene Auseinandersetzung auf. Es geschieht wie bei einer Krankheit, deren lange abgekapselter Herd eines Tages wieder aktiv wird und eine Entzündung hervorruft, in der das Krankmachende gleichzeitig mit den Selbstheilungskräften sichtbar wird.

Die Vergangenheit bedrängt uns wieder von zwei Seiten: Da gibt es auf der einen Seite noch massenhaft Wünsche, die der ungemein einfühlungsbegabte Kujau ausdrückte, nämlich Hitler zu rehabilitieren und damit das eigene Mitläufertum. Alte großdeutsche – neuerdings als großeuropäisch verkleidete – Träume tauchen auf, wohlbekannte antikommunistische Kreuzzugsideen in amerikanisierter Verkleidung und kaum veränderte rassistische Ressentiments. Aber auf der anderen Seite hat in zahlreichen Gemeinden eine Dokumentation der eigenen Vergangenheit begonnen. Überall ermitteln Studenten aus alten Archiven, was an ihren Universitäten unter Hitler gedacht und geforscht wurde und was es an Unterdrückung und Verfolgung gab; diverse Berufsgruppen sind dabei, das Versagen ihrer Zünfte öffentlich zu machen. Jüngere Sozialpsychiater und Journalisten berichten über das ungeheure Ausmaß des Massenmordes an psychisch Kranken und Behinderten. Psychologen, Psychoanalytiker, Humangenetiker, Juristen, Theologen decken auf, wie in ihren Fächern konformistisch mitgespielt wurde. In den Medien häufen sich Dokumentationen der Verfolgung und Ausrottung.

Einer meiner Studenten sagte: »Ich habe das Gefühl, daß ich damit auch etwas über mich wissen will, wenn ich mehr über meine Eltern wissen will.« Ähnliches drücken viele andere Jüngere aus. Sie können sich der eigenen Identität nicht vergewissern, solange sie von dem dunklen Nachlaß der Älteren nicht mehr aufgearbeitet haben. Und manche Jüngere erkennen hellsichtig die Gefahr, daß sie unbewußt das Versagen der Älteren wiederholen könnten, dessen Ursachen bei aufrechterhaltener gemeinsamer Verdrängung weiterhin wirksam blieben.

Auch in manchen Zweigen der neuen sozialen Bewegung hat eine kritische Rückbesinnung eingesetzt. Die Grünen haben angefangen, sich zu prüfen, was sie etwa mit dem faschistischen Blut- und Boden-Mythos gemein haben könnten. In der Friedensbewegung vergleichen die Ärzte die mit merkwürdiger Hektik betriebene moderne »Katastrophenmedizin« mit dem medizinischen Militarismus jener Jahre. Und wir, mit der Friedensbewegung verbundene Psychoanalytiker, bezweifeln, daß wir, ohne unsere private Vergangenheit noch einmal eingehend in Zusammenhang mit unserer politischen kritisch zu durchdenken, unserer aktuellen politischen Mitverantwortung eher gerecht werden können als unsere Vorgänger. Das hat Diskussionen in Gang gesetzt, in deren Verlauf bei mir die nachfolgende Mischung von Erinnerungen und Assoziationen aufgetaucht ist.

Kindheit im »völkischen Staat«

1933 war ich zehn Jahre alt. Wie hätte ich damals die eigenartige Stimmung verstehen können, die Hitler an die Macht getragen hatte? Wie in ihr die wirtschaftliche Krise, das Scheitern der demokratischen Erneuerung und die Ressentiments nach Versailles zusammenwirkten? Es schien, als hätte Hitler die mystische völkische Rassenlehre erfunden, die uns bald darauf in den Schulen gepredigt wurde. Erst nach dem Krieg sollte mir klarwerden, daß diese Theorie, welche den Gedanken der Ausmerzung einschloß, schon seit Jahrzehnten existierte und in der Zunft der deutschen Anthropologen anerkannte Lehrmeinung war.

Hitler hatte aus dem führenden Lehrbuch der Anthropologen Baur, Fischer und Lenz über »Menschliche Erblehre und Rassenhygiene«[9] gelernt und daraus wesentliche Gedanken in »Mein Kampf« verarbeitet. So konnte ihn dann auch der Mitverfasser E. Fischer, 1933 Rektor der Berliner Universität, gebührend in einer Rede feiern:

»Die neue Führung, kaum im Besitz des Staates, greift an der Stelle in den Ablauf der Geschichte und des Lebens ihres Volkes bewußt und tatkräftig ein, wo dies am dringendsten, am entscheidendsten, am unaufschiebbarsten nötig ist – freilich eine Notwendigkeit, die nur anerkannt wurde von Männern, die biologisch sehen und denken können – von ihnen aber mit schwerster und lastender Sorge. Das Eingreifen kann bezeichnet werden als biologische Bevölkerungspolitik, biologische, das heißt auf Lebensvorgänge der Vererbung, der Auslese und Ausmerze gerichteten Erb- und Rassenpflege des Staates.«[10]

Nun hatte ich, wie mir freilich erst später bewußt wurde, das große Glück, daß weder meine Familie noch ich selber dem Ideal der zur

Heilung Deutschlands und der Welt bestimmten Herrenrasse entsprachen. Mein Vater, klein, schmächtig und ursprünglich dunkelhaarig, hatte, aus gesundheitlichen Gründen zurückgestellt, nicht einmal den Ersten Weltkrieg mitgemacht. Obwohl vom Optikerlehrling zu einem erfolgreichen Ingenieur und Abteilungsleiter einer großen Firma aufgestiegen, blieb er psychisch eher das Gegenstück eines germanischen Herrenmenschen. Ich erlebte ihn als stillen, in sich gekehrten Grübler, dem das megalomane Pathos der Nazis, die sich auch in seinem Betrieb breitmachten, spürbar zuwider war. Meine Mutter, der Hitler durchaus imponierte, brachte einen polnischen Namen und aus Polen stammende Vorfahren mit, was wohl mit dazu beitrug, daß man mich im Biologieunterricht gern als typischen Vertreter ostisch-slawischer Konstitutionsmerkmale identifizierte. Ich war klein, gedrungen, dunkelhaarig – somit angeblich automatisch behaftet mit den Merkmalen der slawischen Dienerrasse. Zu deren Vorzügen sollte es gehören, fleißig, gemütvoll und anstellig zu sein, aber Kühnheit, Originalität und Herrschaftsqualitäten sollten meinen angeblichen Rassengenossen abgehen.

Die Dogmen dieser pseudowissenschaftlichen Rassenlehre galten als unanfechtbar. So wie man gebaut war, hatte man auch zu denken und zu fühlen. Und wie es Max Frisch in »Andorra« eindrucksvoll beschreibt, waren Jugendliche versucht, sich schließlich genauso einzuschätzen, wie es sich nach der indoktrinierten biologischen Gesetzmäßigkeit gehörte. Ich war ja auch eher sanft und umgänglich, wie man es der ostischen Sklavenrasse nachsagte. Im erhaltenen Tagebuch meiner Mutter lese ich, daß ich mich als kleinerer Junge oftmals ohne Gegenwehr verprügeln ließ. In dem militaristischen Klima der Hitlerjugend, der ich eine Weile zwangsmäßig angehörte – bis mich mein Vater mit einer List freibekam –, fühlte ich mich nur dann gelegentlich wohl, wenn wir gerade mal Sport trieben.

Vielleicht wurde ich besonders ehrgeizig, weil ich um meine Selbstachtung zu kämpfen hatte. Und vielleicht mühte ich mich deshalb – freilich auch unter dem Druck der Wünsche meiner Mutter – um mehr kämpferische Selbstbehauptung gegenüber den anderen Jungen. Die hohe Anerkennung des Sports in der Nazipädagogik verschaffte mir gewisse kompensatorische Beweise meiner Intaktheit, da ich geradezu sportbesessen war.

Daß ich mich indessen bis lange nach der Pubertät sehr kindlich und unreif fühlte, hing nicht nur und wohl auch nicht in erster Linie damit zusammen, daß ich mich nicht der biologischen und psychologischen Rassennorm gewachsen erlebte, sondern hier spielte auch unsere Familienstruktur eine Rolle. Was ich in meinem Buch »Patient Familie«[11] als Typ der angstneurotischen Familie beschrieben habe, traf auf uns in vieler Hinsicht zu. Mein Vater war Feinmechaniker, hatte ein Lehrbuch über Feinmechanik geschrieben und verstand auch unsere Familie in diesem Sinne als eine Art feinmechanisches Teilstückchen innerhalb des großen Getriebes der Maschine Gesellschaft. Was er im kleinen messen und berechnen konnte, das gab ihm Sicherheit. Die große Politik blieb ihm eher unheimlich. Außerhalb seines Berufes, der technischen Wissenschaft und der Familie interessierte ihn nur die Natur. Er hätte, wie er sagte, genau wie zwei seiner Brüder auch Gärtner oder Schmetterlingssammler werden können. So hielt er sich und die Familie möglichst isoliert, in ständiger Angst vor Krankheiten oder Unfällen. Am liebsten hätte er mich als 14jährigen noch nicht mit dem Fahrrad durch die Straßen fahren lassen. Meine Mutter, 18 Jahre jünger als er, klammerte sich sehr an mich Einzelkind, und ich hatte die größte Mühe, mit der in »Eltern, Kind und Neurose«[12] porträtierten Ersatzpartnerrolle halbwegs fertig zu werden.

Meine Eltern waren froh, wenn jüdische Freunde Deutschland verließen, um Schlimmerem zu entgehen. Sie waren auch später durch eine bekannte Familie eingeweiht in die Vorgänge um den 20. Juli, und sie hörten heimlich feindliche Radiosender ab. Aber ich glaube, es wäre ihnen nie in den Sinn gekommen, daß sie selber irgendwo hätten mitwirken können, um den politischen Lauf der Dinge zu beeinflussen. Diese Tendenz zur Abschirmung in einem kleinbürgerlichen Schonraum, in dem man auch möglichst miteinander wenig Konflikte austrug (in »Patient Familie« habe ich von dem »Modell Sanatorium« gesprochen), hat die Entfaltung meines sozialen Horizontes natürlich nicht gerade gefördert.

Meine in der Pubertät anwachsenden inneren Spannungen ließen mich Zuflucht bei romantischen Dichtern und klassischen Philosophen suchen. Hier eröffnete ich mir eine Gegenwelt zu dem mechanistischen Denksystem meines Vaters. Auch malte ich viel, träumte vor mich hin und schrieb lange verliebte Briefe an die eine oder andere Freundin. Dabei war ich aber, wie man heute sagen würde, überaus kontaktunsicher. Als Glied der familiären Angstneurose regte ich mich jedesmal in ungewohnten sozialen Situationen furchtbar auf. Vor einem größeren Kreis fremder Menschen brachte ich mitunter kein Wort heraus. Je besser ich meine Sache vor anderen machen wollte, um so ungelenker stellte ich mich prompt an. Wohl hatte ich meine heimliche geistige Welt, aber ich maß mich immer wieder an dem offiziellen Gesundheits- und Männlichkeitsideal. War ich nicht wirklich eine biologische Minusvariante, ein unmännlicher Schwächling? Wie hieß es doch in »Mein Kampf«?

»Der völkische Staat muß... von der Voraussetzung ausgehen, daß ein zwar wissenschaftlich wenig Gebildeter, aber körperlich gesunder Mensch mit gutem, festem Charakter, erfüllt von Entschlußfreudigkeit und Willenskraft, für die Volksgemeinschaft wertvoller ist als ein geistreicher Schwächling. Ein Volk von Gelehrten wird, wenn diese dabei körperlich degenerierte, willensschwache und feige Pazifisten sind, den Himmel nicht erobern, ja nicht einmal auf dieser Erde sich das Dasein zu sichern vermögen.« Und es »hat der völkische Staat eben nicht die Aufgabe, eine Kolonie friedsamer Ästheten... aufzuzüchten«.[13]

Ich bemühte mich, einen »Mann« zu spielen, fürchtete aber, kein richtiger zu sein. Eine Zeitlang hielt ich mich für regelrecht psychisch krank. Und ich war es ja auch in gewisser Hinsicht nach dem Maßstab des damaligen militaristischen Gesundheitsbegriffs. Ich war trotz aller Gekränktheit und Wut eher der Typ des vielgeschmähten »friedsamen Ästheten« oder des »Pazifisten«. Um möglichst weit aus dieser bedrohlichen Umwelt flüchten zu können, wollte ich Philosoph werden. Aber als das Abitur heranrückte, nahm ich mir vor, Philosophie mit Medizin zu kombinieren. In das Abiturzeugnis ließ ich Arzt als Berufswunsch eintragen. Es war inzwischen Krieg, und vielleicht könnte ich irgendwann in eine Medizinerausbildung einsteigen. Ärzte würde man in großer Zahl brauchen. Aktiver Sanitätsoffizier wollte ich dennoch nicht werden, um mich nicht für das Militär zu verpflichten. Damals redeten wir uns ja noch ein, der Krieg würde ohnehin nur kurze Zeit dauern.

Vor der Einberufung zu Arbeitsdienst und Militär genoß ich noch eine kurze paradiesische Zeit als Gasthörer der Philosophen Eduard Spranger und Nicolai Hartmann an der Berliner Universität. Auch an einem Seminar konnte ich teilnehmen. Das war eine Welt, die mich ungeheuer aufregte. Ich erinnere mich, daß ich in zwiespältiger Weise fasziniert war, als ich mich näher mit Nietzsche beschäftigte, von dem ich später »Jenseits von Gut und Böse« und seine Gedichte mitnahm, als ich zum Militär einrückte. Was an Nietzsche war es, das mich so ungeheuer fesselte?

Nietzsche als Erzieher

Weil mir die Auseinandersetzung mit Nietzsche bis zum heutigen Tag besonders wichtig war, auch gerade für die Entwicklung meiner Gedanken über die Bedeutung von Gesundheit und Krankheit in der Gesellschaft, möchte ich bei dieser Begegnung etwas verweilen. Natürlich bin ich mir 44 Jahre später nicht mehr sicher, wie ich Nietzsche damals aufgenommen habe. Ich habe ihn im Lauf der Zeit wiederholt – und allmählich ganz anders als beim ersten Mal – gelesen. Eben habe ich mich wieder mit ihm intensiv beschäftigt, drei Wochen in der idyllischen Engadiner Bibliothek seines Lieblingsortes Sils Maria. Dort, wo viele Zeugnisse über ihn aufbewahrt sind, habe ich meinen ersten Eindrücken von 1941 nachgespürt.

Ich denke, ich habe in ihm etwa das gesucht, was ihm Schopenhauer bedeutete, als er in »Schopenhauer als Erzieher« schrieb:

»Ich möchte einen wahren Philosophen als Erzieher finden, welcher einen über das Ungenügen, so weit es in der Zeit liegt, hinausheben könne und wieder lehrte, einfach und ehrlich, im Denken und Leben, also unzeitgemäß zu sein, das Wort im tiefsten Verstande genommen ...«[14]

Was ich bis dahin nur zaghaft phantasiert hatte, fand ich bei Nietzsche ungeniert ausgesprochen: »Ach ich merke wohl, ihr wißt nicht, was Vereinsamung ist. Wo es mächtige Gesellschaften, Regierungen, Religionen, öffentliche Meinungen gegeben hat, kurz, wo je eine Tyrannei war, da hat sie den einsamen Philosophen gehaßt; denn die Philosophie eröffnet dem Menschen ein Asyl, wohin keine Tyrannei dringen kann, die Höhle des Innerlichen, das Labyrinth der Brust: und das ärgert die Tyrannen.«[15]

Ich war weit davon entfernt, mir zuzutrauen, die Tyrannen herausfordern zu können. Aber die »Höhle des Innerlichen« als Schutzraum zu nutzen und darin großartige Gedanken mit dem Gefühl des Bedeutenden zu bewegen, das war eine unwiderstehliche Verführung. Das Bewußtsein einer heimlichen geistigen Überlegenheit ließ sich auskosten, um die Ohnmacht, die Schwäche und die Minderwertigkeitsängste inmitten des bedrückenden totalitären Betriebes halbwegs wettzumachen.

Begeistert las ich, daß noch so wichtige politische Strömungen und Begebenheiten – Nietzsche bezog sich auf die Gründung des wilhelminischen Reiches – die überdauernden menschlichen Probleme nicht lösen könnten und daß der Staat nicht alles bedeute:

»Jede Philosophie, welche durch ein politisches Ereignis das Problem des Daseins verrückt oder gar gelöst glaubt, ist eine Spaß- oder Afterphilosophie ... Hier erleben wir aber die Folgen jener neuerdings von allen Dächern gepredigten Lehre, daß der Staat das höchste Ziel der Menschheit sei und daß es für einen Mann keine höheren Pflichten gebe, worin ich nicht einen Rückfall ins Heidentum, sondern in die Dummheit erkenne ... Deshalb beschäftige ich mich hier mit einer Art von Männern, deren Teleologie etwas über das Wohl eines Staates hinausweist, mit den Philosophen, und auch mit diesen nur hinsichtlich einer Welt, die wiederum von dem Staatswohle ziemlich unabhängig ist, der Kultur.«[16]

Genau in diesem Sinne versuchte ich, mich innerlich aufzuspalten. Ich wollte mich fortan nur noch oberflächlich dem ergeben, was Staat, Arbeitsdienst, Militär von mir verlangten. Sie sollten mich nie mehr ganz bekommen, was sie auch immer mit mir anstellten. Meine eigentliche Welt würde fortan eben die geistige sein, die Philosophie. Ich war hingerissen von Nietzsches auftrumpfendem, arrogantem Ton. Vom Pathos des kritischen Geistes, der verachtend auf das Getümmel der angepaßten Masse herabblickt. Daran wollte ich mich anhängen und, dem großen Vorbild mich angleichend, endlich meine ewig kränkenden Selbstzweifel loswerden. Jetzt hatte ich den Punkt, an dem ich mich wehren konnte. Mochten sie mich auch weiterhin hin- und herkommandieren und mich mein Defizit an Herrenrasse-Merkmalen fühlen lassen – sie würden mich damit nicht mehr kleinkriegen. Hier, in der philosophisch-literarischen Szene, barg mich eine uneinnehmbare Burg.

Ich suchte Freunde, um mit ihnen das Leben in dieser neuen

geistigen Heimat zu teilen. Aber ich hatte es lange schwer, welche zu finden. Dafür traktierte ich meine engste Freundin mit meinen philosophischen Entdeckungen und fiel ihr damit, ohne es zu merken, furchtbar auf die Nerven. Sie ließ mich später im Stich, weil ich ihr – wie sie es nannte – zu kompliziert geworden war.

Was damals in mir ablief, war in psychoanalytischer Sicht ein klassischer Abwehrvorgang. Aus meinen Kleinheits- und Ohnmachtsängsten floh ich in narzißtische Größenphantasien. Wenn ich mich nicht mehr an der militaristischen »völkischen Weltanschauung« maß, war ich nicht länger die Minusvariante, als die ich mich verachten zu müssen geglaubt hatte. Mit Nietzsche konnte ich mich grandios fühlen, konnte ich aus den Niederungen des Nazi-Kollektivismus in die mir viel wichtigere, höhere Welt der philosophischen Besinnung entweichen.

Vielleicht entging es meiner fragmentarischen Lektüre, oder ich wollte es nicht bemerken, daß Nietzsche dem Geist des Nazi-Rassismus peinlich nahestand, ja diesem – indirekt – mit den Boden bereitet hatte. Ich konnte ihn jedenfalls nicht mit der totalitären Kriegsmaschinerie in Verbindung bringen, die unser damaliges Leben immer brutaler vereinnahmte. Für mich schlug er das Tor auf zum Reich der inneren Freiheit. Die Sprache allein, in der nichts Gedrücktes, nichts Anpaßlerisches, sondern nur kühne Auflehnung zu spüren war – sie riß mich unwiderstehlich mit.

Aber es zog mich wohl auch die mir – zumal damals – sehr verwandte Kehrseite des Philosophen an: seine Brüchigkeit, seine tiefe Einsamkeit, seine Kränklichkeit. Ich ahnte, daß er sich aus ähnlichem Elend aufgerafft hatte, wie es mich bedrückte:

»Der geistige Hochmut und Ekel jedes Menschen, der tief gelitten hat – es bestimmt beinahe die Rangordnung, *wie* tief Menschen leiden können –, seine schaudernde Gewißheit, von der er ganz durchtränkt und gefärbt ist, vermöge seines Leidens *mehr zu wissen*, als die Klügsten und Weisesten wissen können, in vielen fernen entsetzlichen Welten bekannt und einmal ›zu Hause‹ gewesen zu sein, von denen ›*ihr* nichts wißt!‹ ... dieser geistige schweigende Hochmut des Leidenden, dieser Stolz des Auserwählten der Erkenntnis, des ›Eingeweihten‹, des beinahe Geopferten findet alle Formen von Verkleidung nötig, um sich vor der Berührung mit zudringlichen und mitleidigen Händen und überhaupt vor Allem, was nicht seinesgleichen im Schmerz ist, zu schützen ... Es gibt freie, freche Geister, welche verbergen und verleugnen möchten, daß sie zerbrochene stolze unheilbare Herzen sind ... Woraus sich ergibt, daß es zur feineren Menschlichkeit gehört, Ehrfurcht ›vor der Macht‹ zu haben und nicht an falscher Stelle Psychologie und Neugierde zu treiben.«[17]

Auch diese masochistisch getönten Größenphantasien saugte ich begierig auf: Niemand hat eine Ahnung, wieviel ich schon gelitten habe! Und wehe, jemand rührt an mein geheimes Elend! Aber die von mir probierte Technik der psychischen Aufspaltung in eine konfliktvermeidende Anpassungsfassade und eine geheime geistige Gegenwelt war natürlich keine Patentlösung. Nietzsche selbst hatte bereits einen Konflikt bei dieser »Doppelstrategie« benannt: »Diese Menschen, die ihre Freiheit in das Innerliche geflüchtet haben, müssen auch äußerlich leben, sichtbar werden, sich sehen lassen; sie stehen in zahlreichen menschlichen Verbindungen durch Geburt, Aufenthalt, Erziehung, Vaterland, Zufall, Zudringlichkeit anderer; ebenfalls zahllose Meinungen werden bei ihnen vorausgesetzt; einfach weil sie die Herrschenden sind; jede Miene, die nicht verneint, gilt als Zustimmung; jede Handbewegung, die nicht zertrümmert, wird als Billigung gedeutet. Sie wissen, diese Einsamen und Freien im Geiste – daß sie fortwährend irgendworin anders scheinen als sie denken: während sie nichts als die Wahrheit und Ehrlichkeit wollen, ist rings um sie ein Netz von Mißverständnissen; und ihr heftiges Begehren kann nicht verhindern, daß doch auf ihrem Tun ein Dunst von falschen Meinungen, von Anpassung, von halben Zugeständnissen, von schonendem Verschweigen, von irrtümlicher Ausdeutung liegen bleibt ... – daß das Scheinen Nothwendigkeit ist, hassen solche Naturen mehr als den Tod ... Von Zeit zu Zeit rächen sie sich für ihr gewaltsames Sich-Verbergen, für ihre Zurückhaltung. Sie kommen aus ihrer Höhle heraus, mit schrecklichen Mienen ...«[18]

Nietzsche hatte es nicht mit einer totalitären Diktatur zu tun. So fürchtete er weniger die Demaskierung als die Gefahr der inneren Korrumpierung. Wie kann man in einer solchen Doppelgleisigkeit leben, ohne am Ende unecht zu werden? Wie lange kann man in falschem Schein existieren? In der Tat gibt es eine Grenze, da geht das

Sich-Verbergen nicht mehr. Da wird die Zumutung der äußeren Anpassung so zerstörerisch, daß man explodieren – oder daran krank werden muß. Das sollte ich noch gründlicher erfahren.

Ich werde später noch einmal auf Nietzsche zurückkommen. Sein Weg hat ihn allmählich zum erbitterten Gegner seines früheren Vorbildes Schopenhauer werden lassen, während ich umgekehrt heute die Ethik Schopenhauers auf das entschiedendste gegen Nietzsche verteidige. Inzwischen habe ich den anderen Nietzsche entdeckt, der seine Schwachheit und Verletzlichkeit nicht mehr als wertvollen Teil seines Selbst gehütet, sondern mit rasendem Haß geächtet – und in der Projektion draußen als Feind der »edlen Rasse« verflucht hat. Mit seiner Raserei gegen die Schopenhauersche Ethik des Mitleids hat er, wie ich es sehe, sich selber psychosomatisch zugrunde gerichtet, zugleich eine Denkrichtung vorweggenommen, die sich in die verhängnisvollste politische Ideologie unseres Jahrhunderts hinein fortgesetzt hat.

In der Werkstatt der Entmündigung

Nach dem kurzen Intermezzo als philosophischer Gasthörer hatte mich die andere Realität rasch wieder: Arbeitsdienst und Militär. Der Arbeitsdienst im besetzten polnischen Gebiet hatte nichts mit Arbeit, nur mit Drill und Schikanen zu tun. Buchstäblich bis zur Bewußtlosigkeit (es gab viele Kollapse) mußten wir bei sengender Hitze mit Zierspaten (die nur blank sein mußten und nicht für Erdarbeiten benutzt wurden) »Griffe kloppen«. Abiturienten durch schwere körperliche Sonderübungen zu drangsalieren war eine methodische Strategie. Bis zu zehn Stunden wurde in Gluthitze exerziert: gerannt, marschiert, Spaten über – ab – präsentiert, gerannt, marschiert, gesungen, gerannt, ausgerichtet, Spaten über – ab.

Hirnleere Automaten sollten wir werden – willenlos biegsam nach jeder Richtung. Abgestumpft, total kritikunfähig, verdummt, blind hörig, wie die Graugänse der Verhaltensforscher auf die Vorgesetzten geprägt – welchen Unsinn die auch immer befahlen.

Nicht anders die folgende Rekrutenzeit, nur daß nun nicht mehr an Zierspaten, sondern an Waffen hantiert wurde. Nämlich an der »Feldhaubitze 18 mit Schubkurbelflachkeilverschluß, Wiederspannabzug und Rohrrücklauffahrbremse« oder so ähnlich. Solche Formeln auf Kommando herbeten zu können war ungemein wichtig. Am Silvestermittag 1941 mußte ich mit zwanzig anderen strafexerzieren: in tiefem Schnee einen Hügel hinaufrobben, im Entengang hüpfen – und wieder hinunter. Dann mit Gasmaske kriechen, dabei singen, »Gewehr in Vorhalte«. Keiner konnte noch durch die schweißbeschlagene Gasmaskenbrillen hindurchsehen. »Werden Sie wohl endlich lauter singen!« Wieder rennen, »Entengang«, singen, rauf und runter. Wir waren unbeschreiblich erschöpft. »Wer das nächste Mal beim Robben als erster auf dem Hügel ankommt, darf abtreten!« So hetzten sie uns noch gegeneinander auf, amüsierten sich über unsere verzweifelten Anstrengungen. Am Ende durfte keiner abtreten. Beim nächsten Mal, hieß es. Dann wieder: beim nächsten Mal. Die Entwürdigung war unerträglich.

Einer versuchte, sich hinterher umzubringen, ein junger Maurer. Es war die Beschämung, die Entmenschlichung, unter der er zusammenbrach. Für den hilflosen Versuch, sich zu erstechen (eigentlich hätte er wohl mit dem Messer auf unsere Peiniger losgehen wollen), bekam er Arrest, was – wie wir erfuhren – für das Delikt eine ungewöhnlich milde Strafe war.

Der junge Maurer war mein Nachbar im Kasernenzimmer. Wir anderen verstanden ihn nur zu gut. Wehe, wer noch so dünnhäutig war, daß er wehrlos die planmäßige Entwürdigung bis ins Mark hinein fühlte. Dem blieb nichts anderes als der Zusammenbruch oder eine Verzweiflungstat.

Die meisten von uns reagierten bereits, wie erwünscht, »abgehärtet«. Wir empfanden nicht mehr in der Tiefe, was man uns auch immer an quälerischem Widersinn zumutete. Ich hatte mein Refugium, meine »Höhle des Innerlichen« – jeden Abend bei der Lektüre meiner Reclam-Bändchen kostete ich sie für einige Minuten aus. Andere waren konstitutionell oder schon durch frühere Gewöhnung hinreichend dickfellig. Aber was war diese »Abhärtung« eigentlich, über die man froh war, wenn man sie erreicht hatte? War sie nicht eine partielle innere Zerstörung? Hatte der Maurer nicht am menschlichsten von uns allen reagiert? War er oder nicht vielmehr die Institution psychopathisch, an der er zerbrach?

Daß ich es als Genugtuung empfand, diese und ähnliche Schikanen ausgehalten zu haben, dessen schäme ich mich nicht. Wohl aber dessen, daß ich mich seinerzeit in dem Maurer nicht wiedererkennen mochte. Er hatte nicht meine Bildung, nicht die Chance gehabt, eine innere Gegenwelt zu entwickeln. Er war seiner Sensibilität ganz ausgeliefert. Ich tröstete ihn wohl, aber mit der geheimen Befriedigung, daß ich mich nicht hatte unterkriegen lassen. Das war schon ein Erfolg der Verrohung, die uns gegen die uns bevorstehenden noch um vieles schlimmeren Brutalitäten an der Front gefeit machen sollte. Jetzt galt eben schon eine andere Norm von Gesundheit.

Die Rekrutenausbildung verfolgte neben dem handwerklichen Training systematisch drei Hauptziele:

1. Es ging zunächst um unsere totale gefühlsmäßige und gedankliche Abstumpfung. Der tägliche Schliff strotzte von Widersinnigkeiten, so daß man ihn nur halbwegs aushalten konnte, wenn man daran nichts mehr innerlich ernst nahm. Die Summe planvoller Schikanen, Ungerechtigkeiten und leerer Exerzier-Formalismen sollte dazu verleiten, sich regelrecht zu entpersönlichen.

2. Jede Widerspruchsfähigkeit sollte abgetötet werden. Wer nicht marionettenhaft folgte, machte sich unverzüglich der »Befehlsverweigerung« schuldig, das heißt des gravierendsten aller Verbrechen.

3. Zur Kompensation der ausgelöschten persönlichen Identität sollte man entmündigt in dem Kollektiv-Ego der »Gemeinschaft« aufgehen. Den enteigneten individuellen Narzißmus hatte man in der Partizipation an dem heroischen Schicksal des Volkes auszuleben. Die unaustilgbaren moralischen Empfindungen wurden auf das neue äußere Über-Ich, Volk gleich Führer oder Führer gleich Volk vereidigt. Ein völkisches Opferethos sollte alle menschlichen Rücksichten brechen; den narzißtischen Selbsterhaltungstrieb sowieso, speziell aber den Widerwillen gegen das Töten und alle Formen der Zerstörung, Mitgefühl, Mitleid, Karitas. Narzißmus und moralischer Heroismus sollten in der Phantasie dazu vereinigt werden, das eigene Leben dem Sieg des tausendjährigen Reiches und dem göttlichen Führer zu weihen. Auf diese Ziele hin wurden die Tugenden Hingabebereitschaft, Treue, Mut, Tapferkeit konditioniert. Daß eben diese Tugenden – Hingabebereitschaft, Treue, Tapferkeit – eigentlich, wie es ein intaktes Individualgewissen gefordert hätte, in allgemeiner Mitmenschlichkeit zu bewähren waren, mußte aus den Köpfen getilgt werden. Die Benutzung der echten moralischen Empfindungen zur Prägung auf pervertierte Vorstellungen führte zu der bekannten Umkehr des Pflicht-Neigung-Konfliktes: *Nicht* töten zu wollen, wurde zu einer bösen Versuchung, der man mit moralischer Kraft zu widerstehen hatte. Denn: »Du sollst töten!« war das neue moralische Gesetz.

Auf dieser Linie der Moral-Pervertierung dachte Himmler bekanntlich konsequent weiter, indem er 1943 in priesterlicher Attitüde seine SS-Vernichtungskommandos für ihre ruhmvolle Anständigkeit lobte, sich zu den befohlenen Massenmorden überwunden zu haben: »Von euch werden die meisten wissen, was es heißt, wenn 100 Leichen beisammen liegen, wenn 500 da liegen, oder wenn 1000 da liegen. Dies durchgehalten zu haben und dabei – abgesehen von menschlicher Schwäche – anständig geblieben zu sein, das hat uns hart gemacht. Dies ist ein niemals geschriebenes und niemals zu schreibendes Ruhmesblatt deutscher Geschichte.«[19]

Ich habe Zweifel, ob diese ideologische Indoktrination in den Köpfen nachvollzogen wurde. Entscheidend war wohl mehr das Brechen der Persönlichkeit und das Erzwingen totaler Hörigkeit. Mag sein, daß die Rückschau aus einem Abstand von 44 Jahren das Urteil beeinträchtigt. Aber bewußt erinnere ich mich nicht, daß in meiner Rekruten-Umgebung an viel mehr geglaubt worden wäre als daran, daß man unbedingt zu gehorchen, zu »spuren« hatte, um nicht unterzugehen. Allerdings wurde auch allgemein phantasiert, daß der Krieg bald siegreich zu Ende gehen würde. Der Erfolg in Frankreich und der weite Vorstoß nach Rußland nährten natürlich diese Erwartungen. Sie schürten eine diffuse euphorische Stimmung, welche die Verleugnung der vielfachen narzißtischen Kränkungen erleichterte. Aber diese wurden eben vor allem deshalb immer weniger empfunden, weil man auf eine regressive Verfassung schrumpfte, in der man sich hin und her schubsen lassen konnte, ohne sich noch aufzuregen. Ohne Gegenwehr ersparte man sich viele Schmerzen.

Wie sollte eine Soldatenausbildung, die das eingeborene Widerstreben gegen das Töten erfolgreich zurückdrängen will, das Ziel der Entpersönlichung vermeiden? Lese ich dieser Tage, wie Jürgen Fuchs seine DDR-Rekrutenzeit beschreibt,[20] finde ich fast alles wieder, was ich damals erlebt habe.

Soldat in Rußland

Mit beklommenen Gefühlen landete ich als noch 18jähriger bei meinem Artillerieregiment in Rußland, das sich gerade in »Ruhestellung« befand. Es war ausgangs des schweren verlustreichen Kriegswinters 1941/42. Wir kampierten in den kleinen hölzernen Blockhäusern eines weißrussischen Dorfes. Zusammen mit einem Neuankömmling verbrachte ich zwei unvergeßliche Wochen bei einer Bauernfamilie, bestehend aus Oma, einem jungen Paar und zwei kleinen Kindern. Was ich in dieser Hütte, die praktisch nur aus einem Raum bestand, in vierzehn Tagen an Liebenswürdigkeit, Einfühlung und Hilfsbereitschaft mit ansah und auch selbst empfing, hat mich angerührt und zugleich irritiert. Niemals gab es in dieser Familie ein hartes Wort. Es herrschte trotz der durch uns verursachten Unbequemlichkeiten eine ansteckend heitere Atmosphäre. Die Oma saß stundenlang auf dem Ofen und wiegte, eine gelegentlich leicht variierte Melodie summend, ein Baby in der Holzwiege, die an Seilen von der Wohnungsdecke herabhing. Alle in der Familie hatten offene Gesichter und gingen mit uns in einer so freundlichen Unbefangenheit um, daß wir uns in unserer Rolle als feindliche Eindringlinge ziemlich unbehaglich fühlten. Unerfreulich davon wich der barsche militaristische Ton ab, den ich bei unseren Leuten antraf, vor allem auch gegenüber den russischen »Hiwis«. Genau erinnere ich mich, daß ich mich verwirrt meinem deutschen Hausgenossen anvertraute und ihn etwa fragte: »Bist du nicht auch von diesen Menschen hier begeistert? Schau mal, wie liebevoll die miteinander, mit ihren Kindern und mit uns umgehen. Auch wie behutsam sie die Oma behandeln. Sind die nicht vielleicht menschlicher als wir? Und was haben wir hier eigentlich zu suchen?«

Diese Familie und andere freundliche Russen aus dem Dorf sind mir immer wieder in den Sinn gekommen, wenn ich in den folgenden Monaten die Verheerung sah, die wir mit unserem Krieg um uns herum anrichteten. Ich habe mich zutiefst geschämt – und doch alles mitgemacht. Ich konnte zwar als Richtkanonier meiner Haubitze nie sehen, wen oder was wir kilometerweit vor uns töteten oder zerstörten. Aber daß wir Tod und Vernichtung brachten, war natürlich jedem klar.

Vor der großen Offensive hatte ich noch mit Spannung einen Feldgottesdienst erlebt. Der Divisionspfarrer, mit einem großen silbernen Kreuz auf der Brust, hatte uns auf sehr seltsame Art Mut zugesprochen. Es sei eine entscheidende christliche Aufgabe für uns, unser Leben zur Niederwerfung der atheistischen bolschewistischen Russen einzusetzen. Statt dessen hätten sie uns auch einen agitierenden Propagandaoffizier schicken können.

Was ich in den folgenden Monaten an der Rußland-Front beobachtete und empfand, habe ich kürzlich mit meinen Eindrücken aus dem Fernsehfilm »Das Boot« (nach Lothar-Günther Buchheims Roman) verglichen. Den gleichen Typen bin ich begegnet. Ganz selten einmal einem unentwegten Gesinnungsnazi wie der eine Wachoffizier in jenem Film. Viel häufiger solchen, denen der Krieg und erst recht seine heroisierende propagandistische Ausschlachtung zum Halse heraushingen. Eine Masse einfacher Soldaten, die in ihrem Leben seit je nur ohnmächtig hin und her geschubst worden waren und in dumpfer Verbissenheit nur irgendwie durchkommen wollten. Dazwischen ein paar verlorene Jugendliche wie träumende Irrläufer. Im Fernsehfilm sind es der Fromme und der Verliebte, die jeweils gleich in ihre Klausur flüchten, sobald ihr Funktionieren nicht gebraucht wird, zur Bibel oder zum heimlichen Zwiegespräch mit der Geliebten.

Ich gehörte damals eher zur zweiten Kategorie. Ich lernte zwar schnell, wie ich mich bewegen mußte, um nicht unterzugehen. Da hielt ich mich an die Erfahrung der älteren Kundigen. Mit meinen Aufgaben am Rundblickfernrohr der Haubitze kam ich bald zurecht. Aber noch immer ist mir rätselhaft, wie ich es als normalsinniges Wesen monatelang fertigbrachte, die brutale Realität in ein flüchtiges Provisorium umzuphantasieren. Ich glaubte ganz sicher zu sein, daß dieses Inferno rasch vorübergehen müßte. Im übrigen träumte ich mich als unversehrbar. Ich hielt viel heimliche Zwiesprache mit denen zu Hause, las und schrieb, wann irgend ich konnte. Ich überbrückte die trostlose Szenerie mit dem Entschluß, sie nur als ein absurdes Intermezzo anzusehen und mein eigentliches Leben bald wieder dort fortzusetzen, wo es aufgehört hatte. In dem Film fand ich mich am ehesten in dem jungen U-Boot-Mann wieder, der ganze Briefserien an seine französische Freundin schreibt.

Wie lauten da die passenden psychopathologischen Diagnosen? Pubertäre Unreife? Neurotische Realitätsflucht? Regressive Icheinschränkung?

Aber was gilt dann für die anderen, die abgebrühten Profis, die sich mehr oder minder anästhetisch in dem Geschäft des Tötens routiniert eingerichtet hatten? Was etwa ist über den U-Boot-Kommandanten des Films zu sagen, der genau über den Wahnsinn seines Tuns im Bilde ist, das weder Volk noch Vaterland, noch der ihm anvertrauten Mannschaft dienlich ist? Was ist von dieser scheinbar so heroischen Stärke zu halten, die zwar in jeder katastrophalen Lage die Fassung und Übersicht zu wahren erlaubt, dennoch nichts an dem marionettenhaften mechanischen Gehorsam ändert? Diese Gestalt ist genau das Leitbild des Gesinnungsmilitarismus mit vielen Anklängen an die klassischen Herrenrasse-Merkmale: Ein kühner Jäger, als Menschenführer souverän, nobel und fair, zäh und unbeugsam – aber in absoluter Hörigkeit gefangen. Er weiß, daß er seinen Leuten und sich selber die äußerste Anstrengung für die schlechteste Sache abfordert. Aber er kann die Sache nicht aufgeben, weil sein Gehorsamsautomatismus das nicht zuläßt. Es ist der Typ, mit dessen Hilfe die Vollstreckung von Tausenden inhumaner Befehle möglich war und der Hitler garantiert hat, daß die Kriegsmaschinerie noch über Jahre perfekt funktionierte, als es in aussichtsloser Lage nur noch darum ging, weitere Millionen Menschen und Hunderte von Städten sinnlos zerstören zu lassen oder vielleicht noch zu retten.

Zu meiner eigenen Haltung in jenen Monaten an der Rußland-Front muß ich indessen noch eine wichtige Ergänzung oder Korrektur anbringen. Es trifft nur für längere Phasen zu, daß ich lediglich mit einem Teil meines Ichs bei der Sache Krieg war, während meine wesentlicheren Gedanken nebenherliefen. Zwischendurch kamen immer wieder prekäre Situationen, die mich wie die anderen bis zur letzten Faser erregten. Etwa auf einem Brückenkopf jenseits des Don, als wir von einer Übermacht angegriffen wurden und uns erstmalig als Zielscheibe eines massierten Stalinorgel-Feuers erlebten. Verwundete, Tote, Flüchtende – würden wir überrannt werden oder standhalten können? Plötzlich kommen dann annähernd solche Situationen zustande, wie sie der Film an der Stelle beschreibt, als das U-Boot, scheinbar hoffnungslos defekt, auf den Meeresgrund absinkt. So nahe am Sterben wird das Bewußtsein plötzlich überwach, und man spürt mit allen Sinnen das Leben, an das man sich festkrallen möchte. Und jetzt können auch Gefühle von Solidarität durchbrechen, wie man sie sonst kaum je gekannt hat. In der Angst sind alle ganz dicht beieinander. Einer hört fast des anderen Atem. Es ist, als fasse man einander an den Händen. Uns erging es auf jenem Brückenkopf und bei einigen anderen Gelegenheiten ähnlich wie jenen U-Boot-Männern im Film, die über sich die wasserbombenwerfenden Zerstörer hören. In diesem ohnmächtigen Elend kann es einem so vorkommen, als würden alle Fremdheiten, Antipathien, Ressentiments momentan ausgelöscht sein. Als wüßte man, daß der Tod, der vor Augen steht, uns ohnehin alle vereinigen würde. Und dann die Erlösung, wenn die Gefahr überstanden ist. Da schämt man sich der verflossenen kleinlichen Zwietrachten und Anödereien. Jeder denkt daran, daß er dem anderen mit verdankt, daß er wieder existiert.

So können abgekapselt vom Kriegswahnsinn Augenblicke des intensivsten solidarischen Lebensgefühls möglich werden. Der einzelne spürt in der Gemeinschaft plötzlich, was ihm die anderen wert sind und was er den anderen wert ist, mit denen zusammen er Todesnot besteht. Unwichtig wird, was sonst einander entfremdet: Sprache, Herkunft, Bildung, Interessen. Die Erfahrung, daß man sich, als man sich verloren glaubte, aufeinander verlassen konnte, geht tief.

Es ist dies die oft erörterte Paradoxie, daß das Drama der grauenhaftesten Unmenschlichkeit Situationen stiften kann, in denen sich Menschen plötzlich wieder voll beseelt fühlen, die vorher nur noch stumpf dahinvegetiert hatten. Auf einmal scheint Solidarität nicht mehr eine leere Floskel, sondern unmittelbar erlebte Gewißheit.

Mit der Schilderung solcher Situationen und Stimmungen aus dem Ersten Weltkrieg war meine Generation in den Schulen bis zum

Überdruß traktiert worden. Wir sollten durch die Dichter von Langemark und Verdun lernen, wie großartig es sei, sich heroisch dem Tod auszusetzen. Sie hatten zum Teil genau dieses Phänomen sehr echt beschrieben: Die jähe Aufhebung der Todesverdrängung – die wir sonst beherrschen – setzt tiefe Erfahrungen frei. Ich konnte jetzt einiges davon bestätigen. Nur: Hätten jene Dichter nicht in der Verarbeitung ihrer Erinnerungen bedenken müssen, daß ihre Worte zugleich als Botschaft der Toten beider Seiten verstanden würden? Und was hätte das Heer dieser Verstummten wohl dazu gesagt, der Nachfolgegeneration als Zeugen grandioser Erlebnisse statt als Marionetten eines sinnlosen Vernichtungswerks vorgeführt zu werden? Die Botschaft der Überlebenden ist nichts wert, wenn in ihr nicht der Auftrag der Getöteten enthalten ist. Ich bin mir dessen sicher, daß meine im letzten Krieg gefallenen Freunde, wenn sie es noch könnten, sich mit allen Kräften gegen jeden Versuch wehren würden, die Szenerie, die zu ihrem Tod geführt hat, literarisch oder sonstwie zu verklären. Wir Überlebenden haben unsere Mitschuld zu tragen, anstatt uns eine verlogene Selbstrechtfertigung dadurch zu erschleichen, daß wir durch unpassendes Rühmen das gemeinsame Versagen vertuschen.

An den hin und wieder durchbrechenden Solidaritätsgefühlen, die ich zuvor zitierte, ist zudem höchst fragwürdig, daß sie den Gegner ausschließen. Je intensiver man in Kampfsituationen verwickelt wird, um so größer wird die Versuchung, auf der anderen Seite nicht mehr Menschen, sondern nur noch den pauschalen Feind zu denken. Ihr oder wir. Die Bedingung für das beschriebene auflebende starke Wir-Gefühl ist die absolute Polarisierung. Im Moment des Vernichtetwerdens oder Vernichtens entfallen alle Differenzierungen.

Und genau dies wissen die Herren der Kriegsdramaturgie. Sie wissen, daß die Kampfsituation an sich die eigenen Einheiten zusammenschweißt und die Vorstellung und das Empfinden für die Menschen auf der anderen Seite lahmlegt. Die alliierten Marschälle und Politiker hatten diese Regel aus den Augen verloren, als sie gegen Kriegsende die deutschen Städte zerbombten, um die Bevölkerung gegen die Nazi-Führung aufzubringen. Statt dessen kitteten sie gerade damit die bröckelnde Durchhaltebereitschaft und unterstützten die dämonisierende Feindbildstrategie der Hitler-Propaganda.

Während meiner Zeit an der Rußland-Front wurden systematisch Gerüchte geschürt, daß die Russen alle Gefangenen verstümmelten oder töteten. Wenn ich Tod und Verwüstungen bedachte, die unser Überfall diesem Land täglich brachte, konnte auch ich mir vorstellen, daß die russischen Soldaten uns fürchterlich hassen müßten. Ich wollte ihnen wahrlich nicht in die Hände fallen. Doch in einer Situation war das anders:

Unsere Truppe hatte ein Dorf eingenommen. Abends waren die Russen im Gegenangriff in dieses Dorf eingebrochen. Ich begleitete als Funker unseren vorgeschobenen Beobachter, der in dem Dorf unseren Bataillonsgefechtsstand aufsuchen sollte. Wir verirrten uns und hörten plötzlich neben uns die Stimmen russischer Soldaten. Unentdeckt krochen wir zurück und erreichten schließlich den Bataillonsgefechtsstand. Von den Russen, etwa 200 Meter entfernt, klang immer lauteres Stimmengewirr herüber. Schließlich hörten wir sie Lieder singen. Spontan kam in mir der Wunsch hoch, rüberzulaufen und mich zu ihnen zu setzen...

Wie gesagt, hatte ich die Wunschphantasie, daß der grausige Spuk dieses Krieges bald vorüber sein müßte, bis zur inneren Gewißheit befestigt. Für mich persönlich ging diese Vorstellung tatsächlich – jedenfalls fürs erste – in Erfüllung. Und das kam so: Irgendwann auf dem Vormarsch hatte eine russische Bauernfamilie an mich appelliert, ihr krankes Kind anzuschauen. Obwohl ich noch so gut wie keine medizinischen Kenntnisse hatte, hatte ich dem Jungen in den entzündeten Hals geschaut. Ich hatte kalte Hals- und Beinwickel empfohlen. Bald danach erkrankte ich an Diphterie. Mein Hals schwoll zu, so daß ich fast erstickt wäre. Aber nach wenigen Tagen Krankenlager konnte ich zunächst, obwohl noch ziemlich geschwächt, weiter mitmachen. Wir zogen in der 6. Armee zum Don-Bogen Richtung Stalingrad, als ich eines Tages plötzlich meine Stimme verlor und nicht mehr schlucken konnte. Versuchte ich Tee oder Wasser zu trinken, lief die Flüssigkeit zur Nase wieder heraus. Ich kam mir damit eher lächerlich vor, da ich mich sonst nicht krank fühlte und keine Schmerzen hatte. Aber in der Hitze war es eine Plage, nicht trinken zu können.

Der Truppenarzt fand nichts und schickte mich zum Feldlazarett. Der dortige Internist nahm die Sache wiederum so ernst, daß er mich gleich für einen Transport ins Heimatlazarett vorsah. Ich hatte zwiespältige Gefühle, meine Leute im Stich zu lassen. Aber der Internist im Lazarett hatte seine Maßnahme wohl bedacht. Tatsächlich litt ich an den Anfängen einer postdiphterischen Polyneuritis. Die unscheinbare Lähmung des Gaumensegels war erst der Anfang des Prozesses. Allmählich folgten Lähmungen der Arme und Beine. Aber die überfielen mich erst, als ich bereits wieder in Deutschland war. So entging ich dem Ende in Stalingrad. Ich weiß nicht, ob jemand und gegebenenfalls wer von meiner Truppe Stalingrad überlebt hat. Während dieser grausigen Schlacht lag ich, zunächst nahezu bewegungsunfähig, in einem Berliner Lazarettbett.

Krankheit und Wiederbelebung

Anfänglich bereiteten mir meine Lähmungen große Angst. Sie zerstörten meine geheime narzißtische Illusion der Unversehrbarkeit. Daß ich meine Bewegungsfähigkeit wiedererlangen würde, wie man mir versicherte, bezweifelte ich. Wollte man mich vielleicht nur trösten? Aber mit den ersten Zeichen der Besserung lebte ich rasch auf. Ich ließ mir eine kleine philosophische Bibliothek ans Bett bringen und las wie besessen. Ich konnte mit allen Energien »die Höhle der Innerlichkeit« wieder besetzen und hatte das große Glück, als Zimmergenossen in dem Lazarettsaal einen etwa gleichgesinnten jungen Mediziner anzutreffen, mit dem mich fortan eine lange Freundschaft verbinden sollte. Er war Halbjude, mir an Bildung und Reife beträchtlich voraus. Er weihte mich unter anderem in die Lehre Rudolf Steiners ein, die ihn damals besonders bewegte. Auch wußte er sehr viel über Buddhismus und chinesische Philosophie, was mich zu einschlägiger Lektüre anregte.

Als Lazarettpatienten waren wir für eine Weile vor jedem Zugriff des Militärapparates geschützt. Ich erinnere mich, daß ich mich in diesen Monaten viel vollständiger und lebendiger erlebte als in der ereignisreichen Hektik der Vormonate an der Rußland-Front. Rückblickend verlor jene beklemmende Wirklichkeit an Gewicht. Sie erschien mir jetzt eher wie ein großer Spuk, aus dem ich zur normalen Existenz wiedererwacht war. Meine Schwäche, meine Gehbehinderung bedeuteten – als ihre Heilbarkeit gewiß wurde – so gut wie nichts gegenüber der Energie, die ich aus den Gesprächen mit dem Freund, der Lektüre und nicht zuletzt aus der Nähe der Eltern und einer Freundin schöpfen konnte. Aber dann kam die Nachricht, daß zwei gute Freunde gefallen waren. Und es kam das Ende von Stalingrad. So hatte mir meine Krankheit also das Leben gerettet. Insgeheim fragte ich mich, ob ich die Lähmung vielleicht sogar unbewußt produziert hatte, um dem Inferno zu entkommen. Zwar hatte ich nachgelesen und auch vom Neurologen gehört, daß es sich um eine klassische Diphterie-Komplikation mit den bekannten »absteigenden« Nervenlähmungen und Reflexausfällen handelte. Aber warum war ich damals als einziger meiner Umgebung krank geworden? Und hatte ich nicht inständig phantasiert, daß der Krieg rasch zum Ende kommen müßte? Hatte ich es vielleicht unbewußt bewirkt, ihn wenigstens für mich zeitweilig zu beenden?

Damit verband sich die dumpfe Idee des unverdienten Überlebens, die mich in Zukunft, vor allem nach dem Krieg, immer wieder befiel. Eher eine Stimmung, eine diffuse Bedrücktheit als eine klare Idee. Hatte ich mich etwa auf Kosten der anderen gerettet?

Das klare Denken hörte auf, wo ich die Zusammenhänge nicht mehr hätte ertragen können. Das Massensterben in Stalingrad – also der Kameraden, mit denen ich vor kurzem noch zusammengelebt hatte – und den Tod meiner beiden Freunde erfuhr ich, ohne es voll realisieren zu können. Viele meiner Generation machten ja damals eine Erfahrung, die sonst erst alten Menschen geläufig ist. Diese erleben es, wie wir wissen, als deprimierende Verarmung, als Schrumpfung ihres Selbst, wenn immer mehr Gleichaltrige um sie herum sterben. Es ist noch wenig untersucht, was in Heranwachsenden vor sich geht, die den Tod einer Masse von Altersgenossen erleben. Und was es für sie bedeutet, wenn sie obendrein zumindest ahnen, daß dieser Tod nicht bloß tragisches Schicksal ist, sondern dem Dienst an einer ungerechten Sache folgt, in die sie selber verstrickt sind.

Mein Lazarett-Freund wußte mehr über die Juden-Verschleppung als ich, aber die bereits 1941 in Gang gekommenen Maßnahmen zur »Gesamtlösung der Judenfrage«, mit denen Göring Heydrich beauftragt hatte, waren uns unbekannt. Ich halte es für gut möglich, daß ich damals schon mehr hätte begreifen können, wenn ich bestimmten Anhaltspunkten konsequent nachgegangen wäre. So hielt ich mich aber lieber daran, daß der jüdische Zahnarzt unserer Familie immer noch in dem Hause praktizierte, in dem wir zur Miete wohnten. Von ihm ließ ich mich auch behandeln, als ich wieder gehen konnte.

Der Lazarettarzt entließ mich mit dem Urteil: »3 Monate gvH«, das heißt »garnisonverwendungsfähig Heimat«. Das erlaubte mir, Studienurlaub für ein Semester Medizin zu beantragen. Ich erhielt die Bewilligung und wurde dann automatisch in die Sanitätsgruppe übernommen. Ich würde also künftig nichts mehr mit Haubitzen oder Gewehren zu tun haben. Vielmehr stand ich davor, eine – wie ich meinte – zutiefst pazifistische Wissenschaft zu erlernen und alsbald hilfreich anzuwenden.

Es schien die Patentlösung schlechthin zu sein: Aus Gewalt und Destruktion in einen karitativen Bereich umsteigen zu können, sogar von Amts wegen zu müssen. Mit Eifer warf ich mich auf das medizinische Studium, nebenher alle Möglichkeiten nutzend, philosophische und psychologische Veranstaltungen zu besuchen.

In der vorklinischen Medizin stopfte ich brav das für die Prüfungen nötige Sachwissen in mich hinein. Ich fragte nicht danach, woher die Leichen kamen, die wir in der Anatomie präparierten, woher der Anatomie-Diener die Schädel besorgte, die wir ihm für Geld oder Lebensmittelmarken abkauften, um uns alle Knochenecken, -kanten und -höhlungen in Ruhe einprägen zu können. Der Druck fortlaufender Kontrollen und Zwischenprüfungen ließ uns zu Schülern regredieren, die gefügig alles auswendig lernten, was es am verdinglichten Menschen an Knochen, Muskeln, Nerven, Gefäßen, Säften, physikalischen und chemischen Prozessen gibt. Anfängliche Gefühle von Unbehagen, bisweilen von regelrechter Übelkeit beim Herumschneiden an toten Menschen und beim Experimentieren an lebenden Fröschen vergingen nach und nach. Es gehörte sich eben, solche Anwandlungen zu überwinden. Auch den Mädchen schien das unschwer zu gelingen.

Zynismus half, peinliche Gefühle zu unterdrücken. Der berühmte Anatomie-Professor gab ein Beispiel: Einmal hatten Studenten den Penis einer Leiche in die Handtasche einer Studentin gesteckt. Als die junge Frau ihren Fund entsetzt dem Professor zeigte, hielt dieser das Organ an einer Pinzette hoch und fragte: »Wer von den Anwesenden hat denn dieses hier in der Handtasche der Kollegin – vergessen?« Viel Gelächter, ein toller Professor!

Die meisten anderen vorklinischen Lehrer erlebte ich eher als Muster an Sachlichkeit, ganz darin aufgehend, den Bau, die Zusammensetzung, das Funktionieren der Maschine Organismus zu analysieren – im Vergleich zu Pflanzen, Fröschen, Säugern. Diese Haltung der vollkommenen Objektivität und Abstraktion erfuhr ich als plausible Voraussetzung für eine erfolgreiche Bearbeitung der morphologischen, biochemischen und biophysikalischen Probleme. Daß es schwierig ist, diese verdinglichende Perspektive so zu kontrollieren, daß sie nicht alles durchdringt und die Korrumpierung moralischer Maßstäbe ermöglicht, ist mir damals noch nicht klargeworden. Bei mir selbst sehe ich nachträglich diese Gefährdung im Ansatz darin, daß ich damals zum Beispiel nicht danach fragte, woher die Leichen und die Schädel in der Anatomie kamen. Stammten sie vielleicht, wie mal einer vermutete, von den Hinrichtungsstätten der SS oder des Volksgerichtshofes?

Einer der bedeutendsten Hirnforscher jener Zeit, J. Hallervorden, untersuchte 1942 die Gehirne von 500 Schwachsinnigen, die in der Anstalt Görden bei Brandenburg vergast wurden. Laut Benno Müller-Hill sagte Hallervorden später seinem amerikanischen Vernehmungsoffizier: »Ich hörte, daß sie das tun würden, und so ging ich rüber zu ihnen und sagte ihnen: ›Schaut mal Leute, wenn ihr all diese Menschen umbringen werdet, dann nehmt doch wenigstens die Gehirne raus, daß das Material benutzt werden kann.‹ Sie fragten mich: ›Wie viele können Sie untersuchen?‹ Und so sagte ich ihnen eine unbegrenzte Zahl – ›Je mehr, desto besser.‹ Ich gab ihnen Fixative, Gefäße und Instruktionen für die Entnahme und Fixierung der Gehirne, und sie kamen und brachten sie mir wie der Lieferwagen eines Möbelgeschäfts ...«[21]

Ich weiß nicht, ob Hallervorden die »Euthanasie« billigte oder mißbilligte. Vielleicht hat er sie mißbilligt, aber zumindest ließ er keine Scheu erkennen, sich der verbrecherisch Ermordeten um seiner Forschungsinteressen willen zu bedienen. Die Verantwortung für die Vergasung erschien ihm eine Sache, die Aufgabe, eine einzigartige Chance für die Forschung zu nutzen, eine andere. Die Arbeit an dem »Material«, das von den Getöteten übrigblieb, wurde nicht mehr als eine Handlung erkannt, die moralisch mit der Vorgeschichte verwikkelt war.

Während ich den Menschen als Gebilde von Zellen, Geweben, Flüssigkeiten, chemischen und physikalischen Reaktionen kennenlernte, konnte ich, was dabei ausgeblendet wurde, in meinem philosophischen Neben- oder Hauptstudium verwirklichen. Die besinnlichen Veranstaltungen bei dem Philosophen, Pädagogen und Psychologen Eduard Spranger wurden für mich zu einer Labsal. Am meisten profitierte ich bei ihm in einem Seminar über platonische Dialoge. Dieses Suchen nach der Wahrheit im Gespräch, im unentwegten Nachfragen, wie es uns Sokrates vorführte, elektrisierte mich nicht nur als Methode, sondern als humane Lebensform schlechthin.

Entscheidend waren ja dabei nicht die Antworten, die sich immer wieder als unzulänglich erwiesen, sondern die von Mal zu Mal vertieften Fragen, das Sich- und Miteinander-in-Frage-Stellen überhaupt. Das Eingeständnis, niemals fertig, sondern immer wieder offen zu sein und bescheiden weiterzusuchen – und dies miteinander im wechselseitigen Anregen, Zuhören, Respektieren, aber auch Kritisieren. Da ging es nicht um eine Bewältigung, wie sich viele physikalische und chemische Daten am Organismus endgültig messen und definieren lassen. Nicht um ein In-Griff-Nehmen, sondern um ein Sich-miteinander-Entwickeln in einer Partnerschaft, deren Struktur zum Wesentlichen des Prozesses gehört. Zwar hat Sokrates gegenüber seinen Schülern stets einen Vorsprung, aber nicht durch die Macht seines Wissens, sondern durch seinen überlegenen Mut zum Zweifeln. Er erträgt mehr Unsicherheit und lädt immer wieder dazu ein, das scheinbar schon sicher Gewußte immer wieder neu zu untersuchen.

Ich glaube bestimmt, daß die Befriedigung an einem solchen Grundmuster von Dialog wesentlich dazu beigetragen hat, mich später zur Psychoanalyse und psychosomatischen Medizin zu führen. Eduard Spranger besaß übrigens die erstaunliche Gabe, die Atmosphäre der sokratischen Gespräche im Seminar zu reproduzieren. Er brachte es fertig, daß wir jungen Anfänger die Scham überwanden, unsere oft noch sehr unausgegorenen Ideen einzuwerfen. Niemals habe ich erlebt, daß er eine oder einen von uns so kritisierte, daß es hätte einschüchtern können. Was auch immer uns einfiel – er nahm es ernst und holte aus unseren Überlegungen meist mehr heraus, als uns beim Aussprechen bewußt gewesen war. Er zeigte uns: Es gibt keine dummen, sondern höchstens vorläufige, unvollkommene Gedanken. Jeder Gedanke bedeutet einen Schritt, den man weiterverfolgen kann, vielfach dadurch, daß gerade seine Unvollkommenheit oder Einseitigkeit die Bewegung des Denkens in Gang hält...

Damals war ich weit davon entfernt, mich als Forscher oder Therapeuten vorzustellen, der einst versuchen würde, diese Seminarerfahrungen aktiv anzuwenden. Entscheidend war die innerliche Stärkung, die therapeutische Wirkung, die ich erfuhr. Ich fühlte Phantasien und Wünsche bestätigt, die ich weder in dem naturwissenschaftlich-technischen Studienbereich noch in der militaristisch getönten Szenerie unserer Studentenkompanie zur Geltung bringen konnte. Ich kam auf die Idee, auch meinen Kollegen in der Studentenkompanie davon abzugeben, wovon ich so sehr profitierte. Von unserem Kommandeur besorgte ich mir die Erlaubnis, der Kompanie einen Vortrag über Philosophiegeschichte zu halten. Dieser gelang mir dann auch ganz gut, nach sehr eifriger Vorbereitung. Anschließend erwirkte ich über den Kommandeur eine Einladung an Eduard Spranger zu einem Vortrag über »Ethik und Medizin«. Spranger ließ sich zwei Monate zur Präparation Zeit und lieferte uns dann ein Referat, das den Gegensatz zwischen humanistischer Ethik und Militarisierung so kraß wie nur denkbar herausstellte.

Es gab dann noch eine Erfahrung mit Spranger, über die ich nicht damals, sondern erst viel später gründlicher nachdachte. Eines Tages mokierte er sich über die vollständige Abtrennung der Psychologie von der Philosophie, die 1941 durch die Schaffung der Diplompsychologen-Ausbildung erfolgt war. Er meinte, die Isolierung des Studienfaches Psychologie dürfe höchstens auf die Dauer des Krieges beschränkt sein. Jetzt brauche man wohl so etwas wie psychologische Ingenieure, die psychische Begabungen und Fertigkeiten messen könnten, um vor allem für die Wehrmacht spezielle Nachwuchsgruppen auszulesen. Hieß es doch auch im offiziellen Vorspann zur Diplompsychologen-Ordnung (DPO): »Die wachsenden Anforderungen, die Staat, Wehrmacht und Wirtschaft an die Psychologie stellen, machten es notwendig, die Ausbildung der Fachpsychologen auf eine neue Grundlage zu stellen.«[22]

Vor allem die Wehrmachtspsychologen hatten gegenüber dem Ministerium auf eine Verabschiedung der neuen Studien- und Prüfungsordnung gedrängt.[23] Der Erfolg stellte sich ein, weil – wie Ulfried Geuter in seinem glänzenden Buch »Die Professionalisierung der deutschen Psychologie im Nationalsozialismus« gezeigt hat – die Psychologie es bereits verstanden hatte, sich für Staat, Wehrmacht und Wirtschaft nützlich zu machen: »Die Professionalisierung der Psychologie im Nationalsozialismus kam dadurch voran, daß mit den ›normalen‹ Theorien und Methoden der Disziplin das praktische Bedürfnis nach Steuerung des Einsatzes von Menschen befriedigt werden konnte. Ihre ›technologische‹ Seite entsprach den Anforderungen, die mit dem Vierjahresplan von 1936 und mit Kriegsvorbereitung und Krieg an die Wissenschaft gestellt wurden.«[24]

Ich begriff damals noch nicht klar, warum sich Spranger so aufregte und Psychologie als selbständiges Studienfach später wieder aufgelöst zu sehen wünschte. Seine Sorge war, daß eine von der Philosophie so abgespaltene Psychologie sich verengen könnte, einerseits zu einer den Menschen verdinglichenden Naturwissenschaft, andererseits zu einer Lehre psychologischer Anpassungstechniken im Dienste von Wirtschaft und Militär. Wie recht sollte er behalten.

Um so deutlicher spürte ich, welche Art von Psychologie mir selbst weiterhelfen sollte. Ich suchte als Gegengewicht zu dem Kollektivismus und Militarismus Klarheit über mich selber und einen Weg zum »Umgang des Menschen mit dem Menschen« (Viktor von Weizsäcker). Und da fühlte ich mich in der Tat beim Philosophieren im Geist der sokratischen Dialoge besser aufgehoben als bei manchen sporadisch besuchten Veranstaltungen angepaßter Fachpsychologen. Wie ich erst später verstand und wie Geuter in dem genannten Buch ausführlich belegt, erkaufte ja die Fachpsychologie ihre Verselbständigung damals gerade dadurch, daß sie sich dem Staat dienstbar machte und den dehumanisierenden Charakter der Nazi-Ideologie und des Nazi-Totalitarismus hinnahm, als wäre es nicht ihre ureigenste Aufgabe gewesen, diesen kritisch zu entlarven:

»Keiner fragte öffentlich nach dem Krieg, warum die Psychologie von ihren Anschauungen her nicht gegenüber dem Nationalsozialismus widerständig war. Statt dessen wurde überlegt, ob man ›pflichtbewußt‹ die beruflichen Aufgaben wahrnahm und auf die Einhaltung wissenschaftlicher Standards achtete. Und allein dies wird dann manchmal als anti-nationalsozialistische Haltung ausgegeben – als wäre die Anwendung rationaler wissenschaftlicher Mittel an sich schon anti-totalitär ... Wird Sozialwissenschaft auf soziale Technologie reduziert, bleibt sie gegenüber ihrer Vereinnahmung durch diktatorische Verhältnisse theoretisch hilflos.«[25]

Spranger war nicht im offenen Widerstand. Aber seine konspirativen Kontakte mit Widerständlern trugen ihm verschiedene Verhaftungen ein, die zum Ausfall unserer Seminare führten. – Die einschneidendste Erfahrung vor einem erneuten Kriegseinsatz traf mich 1944 aber nicht als Studenten, sondern wiederum als Patienten.

Psychosomatische Revolte

Zur vorklinischen medizinischen Ausbildung gehörten vier Wochen Krankenpflegedienst. Ich setzte alles daran, in ein Lazarett kommandiert zu werden, das einem brandenburgischen Dorf benachbart war, in dem inzwischen meine Eltern wohnten und in welchem ich einen Teil meiner Kindheit und viele Ferien verbracht hatte. Lange hatte ich davon geträumt, diese Gegend wiederzusehen.

Ich gelangte genau in dieses Lazarett, aber es wurde für mich zur Hölle: Der Kasernenhofton war der gleiche wie einst beim Rekrutendrill. Der mißmutige chirurgische Chef und der autoritäre »Spieß« (Hauptfeldwebel) hatten nach unten hin eine Kettenreaktion von Herumnörgeleien, Sanktionen und kleinen Schikanen in Gang gesetzt. Es wurde verbissen und schwer gearbeitet, aber alles geschah in unfroher Hektik.

Ich hatte von morgens sechs bis abends neun auf einer Schwerverwundeten-Station zu schaffen. Die Versorgung der vielen Patienten, von denen etwa die Hälfte in Beckengips lagen, erschöpfte mich zwar, aber ich hätte sie gern geleistet, wäre nicht das ewige barsche Herumkommandiert- und Zurechtgewiesenwerden gewesen. Vor allem dem Spieß bereitete es sadistische Lust, mich herunterzuputzen und mir immer noch zusätzliche Arbeiten anzuhängen.

Immer weniger konnte ich meine Wut beherrschen. Eines Abends fand mich der Spieß auf dem Bett eines Schwerverwundeten sitzen, den ich gerade versorgt hatte. Unverzüglich herrschte er mich an und ließ mich zur Strafe minutenlang vor dem Bett stramm stehen, als hätte ich Gott weiß was für ein Delikt begangen. Am nächsten Morgen hatte ich eine Angina mit Fieber. Ein paar Tage wurde ich auf der inneren Abteilung behandelt. Dann ging es weiter – mit der Schufterei im Klima eines Militärgefängnisses. Fließbandbetrieb an den Patienten wie in der Fabrik, ständig mißtrauisch kontrolliert und diszipliniert. Meine aufgestaute Empörung war grenzenlos.

Eines Nachts erwachte ich mit so ungeheuren Schmerzen in den Füßen, daß ich nur kniend in den Waschraum rutschen konnte. Auch morgens konnte ich noch nicht gehen. Man schickte mir Krücken und röntgte mich: nichts! Am nächsten Tag taten obendrein Schulter– und Armgelenke weh. Leichtes Fieber trat hinzu. So gern mich Chef und Spieß der Simulation überführt hätten – eine Blutsenkung von 114/120 (ich habe sie nie vergessen) machte ihnen einen Strich durch die Rechnung. So landete ich in einem in der Nähe gelegenen Rheuma-Lazarett – in den Händen eines der halbdutzend psychosomatischen Ärzte, die es damals in Deutschland gab. Stabsarzt Hollmann war Schüler Viktor von Weizsäckers, bei dem er in Breslau gearbeitet hatte.

In wenigen Unterhaltungen hatte er den Hintergrund meines rheumatischen Fiebers herausgearbeitet. Ich konnte den ganzen Wust an Verzweiflung, Verbitterung, Empörung herauslassen und mir dazu darüber klarwerden, wie sehr meine Abspaltungstechnik mich schon lange zuvor an den Rand des Zusammenbruchs gebracht hatte. Wir dachten über die Merkwürdigkeit der Parallele nach: Zwei Jahre zuvor hatte es im Hals angefangen, bevor Arme und Beine gelähmt wurden. Jetzt der gleiche Ablauf: Halsentzündung, dann Gehunfähigkeit. Damals eine echte Diphterie mit echter Polyneuritis. Jetzt eine echte Angina mit echter Gelenkentzündung und echter Blutsenkungserhöhung. Damals möglicherweise, jetzt sicher Ausdruck einer psychosozialen Krise: Schwere Kränkung, wahnsinnige Wut, Unfähigkeit, sich praktisch zu wehren. Dann durch die Krankheit Befreiung aus dem Dilemma, aber Buße in Form der Entzündung und der Schmerzen.

Mir fiel es wie Schuppen von den Augen. Wichtiger noch als die schlagartig erhellende Erkenntnis war die Erfahrung der Restituierung als Person. Ich war diesmal nicht ein Bündel naturwissenschaftlicher Befunde, sondern nach aller elenden Demütigung plötzlich wichtig mit allem, was ich fühlte, erinnerte und dachte. Hollmann war neugierig auf mich, hatte Zeit für mich und schien um so mehr befriedigt, je ausführlicher und vollständiger ich ihm erzählte, was er mir schließlich als den psychogenen Hintergrund meiner

Krankheit mit einigen verbindenden Interpretationen zurückspiegeln konnte. Ähnlich wie in den Spranger-Seminaren war ich Partner einer Zusammenarbeit.

Damit war die Krankheit noch lange nicht behoben. Aber ich war ihr nicht länger nur kläglich ausgeliefert. Sondern ich verstand sie. Ich konnte sie mir gewissermaßen aneignen. Das war ein erster wichtiger Schritt. Aber es folgte ein weiterer, nicht minder wichtiger: Der innere psychosomatische Prozeß war ja bezogen auf die soziale Kränkung. Da war dieser Tyrann von Spieß, da war diese deformierte, inhumane Lazarettstruktur, die diesen Spieß erst ermöglichte. Und da war diese totalitäre Kriegsgesellschaft, die aus Krankenhäusern Wartungsbetriebe zur Remilitarisierung von Beschädigten machte. Folgerung?

Krankheit kann – wiewohl Störung, Versagen im biologischen Sinn – ein Aufbegehren der Vernunft gegen irrationale Destruktion sein. Die pathologische Abweichung kann ein Signal sein, das den Weg von der psychosomatischen Subversion in die Richtung des kritischen sozialen Handelns weist.

Hollmann hatte in mir rasch einen gelehrigen Schüler. Ich durfte zahlreichen Gesprächen beiwohnen, die er mit anderen Patienten führte. Nicht selten fand er als Krankheitsgrund, daß ein Patient an dieser oder jener Kriegserfahrung gescheitert war. Hollmann behandelte nicht nach dem Muster vieler Kriegspsychiater, die etwa mit schmerzhaften Elektroreizen den traumatischen Druck des Kriegseinsatzes noch an Leidensintensität überboten. Sondern er ließ den Patienten Zeit, ließ sie sich erholen und befreite manchen durch großzügige Gutachten von Beanspruchungen, denen sie nicht gewachsen waren. Er verhielt sich zuerst als Arzt und erst in zweiter Linie als Sanitätsoffizier – obwohl es ihm umgekehrt vorgeschrieben war.

Mir selbst half er aus einer gefährlichen Bredouille. Eines Tages geriet ich heftig mit dem im Lazarett amtierenden nationalsozialistischen Führungsoffizier aneinander. Jener Polit-Hauptmann bewertete meine Auflehnung als kriegsgerichtsreif. Ohne daß mir das Ausmaß der Gefahr bewußt wurde, gelang es Hollmann, den schon zu offizieller Meldung entschlossenen Führungsoffizier zu beschwichtigen. Welche Mühe ihn das gekostet habe, verriet er mir und anderen erst nach Kriegsende. Im Schonraum der Klinik hatte ich unterschätzt, wie gering mein Spielraum für unbotmäßiges Verhalten war.

Die durch den Partei-Offizier erlittene Schlappe warf mich zurück. Aber um diese Zeit lernte ich, die Beziehung zwischen innen und außen besser zu verstehen. Ich war erwachsener geworden und empfand mit zunehmendem Unbehagen die Widersprüchlichkeit meines Verhaltens. Wohl fühlte ich mich, wenn ich nicht über die kleine menschliche Umwelt des Lazaretts hinausdachte. Aber der Krieg draußen, in den ich bald wieder geraten würde, wenn auch als Sanitäter, erschien mir immer absurder. Aber was konnte selbst so einer wie Hollmann dagegen ausrichten?

Auch er konnte die Verhältnisse nicht ändern. Aber er konnte Menschen wie mich zur kritischen Besinnung bringen. Er konnte Destruktionsprozesse, die von außen in die Menschen hineinwirkten, aufhalten. Er konnte uns Patienten zeigen, daß wir selbst, als Personen, wichtig waren und nicht nur als Instrumente des Machtapparates. Und er bewies durch sein Beispiel und den Stil seiner Institution, wie im Kontrast zu den menschenverachtenden Strukturen des Apparats Umgangsweisen aussehen können, in denen Menschen sich miteinander als Menschen erleben. Das alles war schon sehr viel.

Wieviel das bedeutete, wurde mir erst sehr viel später klar, als ich erfuhr, wie zu eben dieser Zeit viele andere Militärärzte mit psychisch und psychosomatisch kranken Soldaten verfuhren. Sie betrieben ihre Lazarette eher wie Straf- und Erziehungsanstalten. Sie führten gegen die Kranken einen Kampf wie gegen getarnte Meuterer. Die von ihnen benutzten sogenannten therapeutischen Methoden waren zum Gutteil sadistische Instrumente, um den Widerstand des Patienten zu brechen.

Im selben Jahr 1944, als ich im Lazarett bei Hollmann lag, rühmte der Psychiater Brockhausen auf einer Tagung in Berlin folgendes Verfahren zur Behandlung von sogenannten Kriegsneurotikern: »Aus verschiedenen Gründen ist es besonders wichtig, bei der Behandlung dieser psychogenen Fälle möglichst schnell zu einem vollen Erfolg zu kommen. Für ein besonders geeignetes Hilfsmittel halte ich den Konvulsator von Siemens-Reiniger. Doch bringe ich nicht die zur Auslösung eines generalisierten Krampfanfalls erforderlichen Dosen zur Anwendung, sondern wähle die überhaupt geringste anwendbare Dosis 200 mAmp pro Zehntelsekunde. Die mobilen Elektroden werden an den Schläfen angelegt wie bei der Elektrokrampfbehandlung der Psychosen. Dann erlebt der Patient den elektrischen Schlag bei vollem Bewußtsein. Ein Patient wird vielleicht schon bei einmaliger Anwendung seine Störung restlos verlieren, während ein anderer erst nach wiederholten Versuchen den Kampf aufgibt.«[26]

Nicht ganz so rigoros ging ein bekannter Psychotherapeut vor, nach dem Kriege Professor und Direktor eines bekannten psychotherapeutischen Instituts. Er brüstete sich noch in einem 1961 (!) erschienenen Sammelbandartikel seiner großartigen Erfolge in der Therapie von 1400 Kriegsneurotikern. Was er mit diesen Patienten machte, nannte er »Elektrosuggestivbehandlung«. Er traktierte die »neurotischen« Soldaten mit schmerzhaften Stößen von »kräftigem galvanischem Strom«, nachdem »anfängliche Versuche mit milderem Faradisieren, mit längerem Abwarten in der unerfreulichen Umgebung eines geschlossenen Wachsaals, mit analytischen Aussprachen, mit suggestivem Zureden und Ermahnungen, mit Bädern, gemeinsamen Übungen und Massagen« nur unzureichend gewirkt hatten. Also war – so schreibt er – »eine so unangenehme Behandlung ... ein in dieser Stärke höchst eindrucksvolles, den ganzen Körper aufwühlendes Erlebnis« – er meinte damit die elektrischen Schläge – nicht zu umgehen. Die meisten Patienten hatten bereits nach einem solchen »aufwühlenden« Schmerzreiz genug, nämlich 69 Prozent. Nur eine Minderheit benötigte noch einen weiteren Stromstoß. Bei 97 Prozent der Patienten trat schließlich ein, was der Autor als völlige Wiederherstellung oder gute Besserung bezeichnet. Offenbar war es geglückt, den Patienten so viel Angst vor weiteren so eindrucksvoll aufwühlenden Schmerzerlebnissen einzujagen, daß die Leute auf der Stelle dem Lazarett wieder zu entkommen versuchten.[27]

Leicht hätte ich auch in die Hände eines derartigen »Psychotherapeuten« fallen können. Bei Karl-Heinz Roth[28] kann man nachlesen, daß und wie solche und ähnliche Methoden in der Militärmedizin des Zweiten Weltkrieges offiziell auf Kongressen diskutiert und propagiert wurden. Einige dieser Ärzte scheinen sich bewußt gewesen zu sein, daß sie primär in der Absicht handelten, den Krieg gewinnen zu helfen. Viele andere mögen gar nicht bemerkt haben, daß sie mit ihrem Handeln gegen ihre ärztlichen moralischen Pflichten verstießen. Mit künstlich erzeugten Schmerzen und Ängsten krankhafte Beschwerden zu übertrumpfen, bewerteten sie unter Kriegsverhältnissen als durchaus angebracht. Den Schaden sahen sie durch den Nutzen geheiligt. Den Nutzen bewerteten sie nach dem Gesundheitsbegriff des Krieges, in dem eben nicht mehr nach individuellem Wohlbefinden, sondern nur noch nach Kampftauglichkeit gefragt wurde. Durch die Verinnerlichung dieses Maßstabes wurde die Anpassung zum Teil gar nicht mehr als Anpassung durchschaut, vielmehr konfliktfrei gehandhabt. Und so wetteiferte man dann auf manchen Tagungen, wer mit noch schärferer Drangsalierung die »Heilung« seiner Kriegsneurotiker am schnellsten bewirken konnte. Nicht auszudenken, was durch ärztliche Gewalt dieser Art an inneren Zerstörungen in den Menschen angerichtet wurde. Deutlich sind jedenfalls die inneren Deformierungen der Ärzte, die selbst nach dem Krieg ohne Scham rühmend auf ihre »Erfolgsstatistiken« zurückblickten und denen die fatale Militarisierung ihres Bewußtseins nie mehr zum Problem geworden ist.[29]

Erst im Kontrast zu dieser Sorte Militärmedizin kann ich ermessen, was die Arbeit meines Arztes damals wert war. Wo Soldaten aus Angst, Verzweiflung, Schuldgefühlen, Wut an Unrecht, Schikanen, militaristischer Gewalt krank geworden waren, behandelte er nicht rigoros gegen die Krankheit als Übel an. Er billigte den Menschen das Recht zu, krank zu sein. Er ließ ihnen Zeit, sich zu fassen, nachzudenken, sich pflegen zu lassen und sich selber zu pflegen. Er stützte ihre Widerstandskraft, soweit er konnte. Aber nie habe ich erlebt, daß er – vom medizinischen Bereich abgesehen – Verhaltensrezepte verteilt hätte. Seine politische Haltung erblickte ich gerade darin, daß er konsequent Arzt blieb, was allerdings hieß, daß er subversiv dem Druck widerstand, die Patienten um jeden Preis wieder prompt für die Kriegsmaschinerie verfügbar zu machen. Nicht, als was sie gebraucht wurden, behandelte er sie, sondern als Menschen mit dem Anspruch auf Wohlbefinden. Das war seine ärztlich sittliche Entscheidung, die damals nicht geringen politischen Mut voraussetzte.

Mir hatte er zu entdecken verholfen, daß meine Krankheit aus der unverarbeiteten Empörung hervorgegangen war. Und er hatte mir sichtbar gemacht, wie meine Reaktion durch mancherlei biographische Vorerfahrungen gebahnt worden war. Allerdings hatte er strikt die sonst vielen analytischen Therapeuten eigene Tendenz vermieden, die aktuell auslösenden sozialen Verhältnisse zu relativieren. Er ließ mir meine Wut über das soziale Hier und Jetzt. Er respektierte, daß ich zu meinem Protest stand, wie immer der auch in der Form mißraten war. Meiner Verantwortung überließ er es, was ich daraus machen würde.

Befreit, gefangen, am Ende

So gehörte ich zu den durch gnädige Zufälle Privilegierten, denen dabei geholfen wurde, wenigstens der vollständigen innerlichen Vereinnahmung durch die totalitären Verhältnisse zu widerstehen. Wer hatte damals schon in meinem Alter Gelegenheit zu solchen Begegnungen, wie sie mir immer wieder gerade in verzweifelten Krisensituationen geboten wurden. Zwar konnte ich mir weniger und weniger die Mitverantwortung für die entsetzlichen Dinge ausreden, die ich sah oder von denen ich erfuhr. Die Wände der »Höhle meines Innerlichen« waren längst durchlässig geworden, und ich konnte nicht mehr, wie noch Jahre zuvor, längere Phasen darüber hinwegträumen, was sich um mich herum zutrug. Aber ich war meiner selbst sicherer geworden. Und ich hatte nun in den letzten Jahren mehrmals die Erfahrung gemacht, daß innere Klärung und Stabilisierung Hand in Hand gingen mit einer bestimmten Form sozialer Beziehungen. Allein dort, wo man einander wechselseitig zuhört und nicht einer den anderen zum Instrument oder zur Sache degradiert, kann man aufleben und sich vollständig fühlen. Dagegen hatte sich mein Mißtrauen zur Gewißheit verstärkt, daß jede Ideologie, die den Menschen nur als Masse, Rasse, Hilfsarmee für die Durchsetzung noch so leuchtender abstrakter Ziele einschätzt, nichts wert ist. Ich wollte fortan wissen: Wieviel gilt dieser oder jener Politik der Mensch als Subjekt? Oder wo machen sich nur einige zum Subjekt und verdinglichen die anderen?

In den letzten Kriegsmonaten, die ich als sogenannter Feldunterarzt in einem Ortslazarett an der Italien-Front verbrachte, bedrängte uns unablässig die Frage: Wie wird das alles zu Ende gehen? Was wird Hitler, was werden die anderen noch zerstören? Was werden sie mit uns machen? Wie lange werden sie uns gefangenhalten? Wen werden wir, wenn sie uns einmal loslassen, zu Hause noch vorfinden?

Als Laborleiter der Inneren Abteilung hatte ich vor allem Blut auf Malaria, Urin auf Gallenfarbstoffe und Eiweiß, Harnröhrenabstriche auf Gonokokken zu untersuchen. Es blieb genug Zeit zum Lesen. Ich entdeckte Dostojewskij. Seine Romane »Aufzeichnungen aus einem Totenhaus« und »Raskolnikoff – Schuld und Sühne« gingen mir nahe. Beide Bücher hatten, auch wenn ich nicht genau wußte in welcher Weise, damit zu tun, wie ich mich fühlte.

Dann brachen bei uns in Italien die Amerikaner durch. Aus dem geordneten Rückzug wurde chaotische Flucht. Bei passender Gelegenheit setzten wir uns zu dritt ab. Teils zu Fuß, teils per Fahrrad mogelten wir uns durch verschiedene Kontrollen und Auffangstellen hindurch, teils auch daran vorbei, und gelangten über Verona, Gardasee, Meran, schließlich über das tiefverschneite Hochjoch nach Nordtirol. Zu zweit stapften wir noch über das Winnebachjoch weiter und fanden endlich, total erschöpft, schneeblind, ich im Restzustand einer Gelbsucht, Zuflucht im Sellraintal. Wir feierten die Befreiung in einem Österreich, das am Tag zuvor noch Deutschland gewesen war.

Dort begegnete ich erstmalig einer Reaktion, die ich dann auch in unserem Land wiederfand: Es wurde als Erfüllung langgehegter Sehnsucht umgedeutet, die Nazi-Führer los zu sein. Endlich war der Alptraum überwunden, die schreckliche Verbrecherclique davongejagt. Immerhin hatten die Österreicher noch einige formale Vorwände, um sich die exkulpierende Opfertheorie einzureden. Aber hatten sie nicht ihren ursprünglichen Landsmann noch ein paar Jahre zuvor einhellig als den großen Befreier bejubelt? Und waren sie ihm nicht – von kleineren Widerstandsnestern abgesehen – genauso hörig gefolgt wie ihre nördlichen Nachbarn?

Bei den kleinen Bergbauern, die uns zunächst weiterhalfen, war diese Entfremdung freilich noch kaum zu spüren. Erst recht nicht bei dem kommunistischen Schlosser, mit dem ich wie im friedlichsten Urlaub eine Woche lang Ötztaler und Stubaier Berge bestieg. Um so mehr dann bei den Innsbruckern, in deren Stadt ich – verrückt, aber wahr – als »Werwolf«-verdächtig von den französischen Besatzern ins Gefängnis gesteckt wurde. »Werwölfe« hießen in Bergverstecken vermutete Nazi-Aktivisten, von denen man Aktionen nach Guerillamanier erwartete. Ein banaler, aber für mich überaus fataler Irrtum, der erst ein halbes Jahr später durch meinen Freispruch vor dem französischen Militärgericht korrigiert wurde.

Die Anpassung an die neuen Verhältnisse geschah in Österreich, soweit ich feststellen konnte, auf eine elegante, geräuschlose Art: In Tirol etwa verschwand ein stattlicher Teil der Nazi-Prominenz prompt in der Universitätsklinik. Dort hatte man eine gemütliche Häftlingsabteilung eingerichtet, in der sich Spitzen aus der regionalen Polizei, der Wirtschaft und aus dem öffentlichen Leben sammelten, zusammen mit hochgestellten politischen Kollaborateuren aus den Balkanländern. Ich traf die ehemals mächtigen Herrschaften dort, als ich wegen immer noch vorhandener Gelbsuchtsymptome zeitweilig ihr Bettnachbar wurde. Alle waren angeblich plötzlich erkrankt und wurden mit größter Fürsorglichkeit und Ehrerbietung betreut.

Wie unberührt erhob sich das offizielle Österreich aus den Trümmern des Krieges. Abgewandelter Rassismus entdeckte nun die unangenehme fremde Spezies der deutschen »Piefkes«, deren Austreibung mit nicht gerade zimperlichen Methoden organisiert wurde. Mit einem kleinen Geldbetrag und eng bemessenem Reisegepäck verlud man die verbliebenen lästigen »Reichsdeutschen« in Güterzüge und schickte sie über die Grenze. Darunter waren viele Frauen mit Kindern, deren Männer zuvor in Österreich gearbeitet hatten und nun gefallen oder vermißt waren oder in alliierten Gefangenenlagern ausharrten. Eine Mutter mit vier Kindern traf ich auf dem Ausgewiesenen-Transport, in den ich selbst nach meiner Haftentlassung verfrachtet wurde. Auf jedem deutschen Bahnhof schaute sie hinaus und überlegte, ob sie hier wohl aussteigen sollte. Angehörige hatte sie nicht mehr.

Es gab aber auch ein anderes Österreich. Die einfachen Leute, über die man immer nur so oder so verfügt hatte, ließen am wenigsten Fremdheit spüren. Im Gefängnis hatte ich, abgesehen vom Wachpersonal, kaum antideutsche Ressentiments angetroffen. Dafür mitunter Beweise bewegender Solidarität, vor allem – wen wundert's – von den Ärmsten und Schwächsten. Eine Begebenheit, die mir naheging, habe ich damals aufgezeichnet:

Josef P. war einer der sechs, die mit mir am selben Tag ins Gefängnis gesteckt worden waren. Der kleine blasse Mann benahm sich in der Zelle wie geistesabwesend. Er redete kein Wort. Bei den Hofgängen morgens schleppte er sich nur so dahin. Sonst saß er stundenlang in sich versunken in der Zellenecke oder verkroch sich auf seinem Strohsack. Die Wachbeamten scheuchten ihn immer wieder auf, weil es verboten war, sich tagsüber hinzulegen. Nachdem ich ihn mehrfach angesprochen hatte, rückte er mit seiner Geschichte heraus: Er war Postarbeiter und hatte sich einmal von einem Kollegen verleiten lassen, mit diesem zusammen Schnaps über die Grenze zu schmuggeln. Dabei hatte man ihn gefaßt. Es strengte ihn an, mir die Geschichte zu erzählen. Er war ein schwerer Stotterer.

Eines Morgens holte man ihn zur Vernehmung. Nach einer halben Stunde kam er zurück – verstört, mit hochrotem Kopf. Er konnte uns keine Auskunft geben und gestikulierte nur aufgeregt und hilflos. Offenbar versagte ihm die Sprache. Einige Zellengenossen lachten ihn aus und wurden später wütend: Dem Untersuchungsrichter möge er vormachen, was er wolle, aber vor uns solle er gefälligst mit dem Simulieren aufhören. Das sei albern. Er wurde fast rasend und kritzelte auf einen Zettel: »Ich kann wirklich nicht sprechen.«

Ich hatte Mühe, die anderen zu beschwichtigen. Im Knast wird leicht zum Ärgernis, wer sich gehenläßt, denn hier fällt allen die Selbstbeherrschung schwer. Aber ich merkte, daß Josef sehr überfordert war. Seine Teilnahmslosigkeit wurde beunruhigend. Eines Tages nahm sich der Arzt seiner an. Man führte ihn zur Untersuchung in die Uni-Klinik. Danach war er wie verwandelt. Zwar sprach er nicht, aber wir merkten, daß man ihm die Entlassung zugesagt hatte. Am nächsten Abend holte man ihn ins Büro und händigte ihm zur Entlassung seine Sachen aus. In der Zelle zurück umarmte er erst mich, dann alle anderen, weinte hemmungslos vor Glück. »Frei, frei, frei!« stammelte er nur. Mir gab er einen Zettel mit seiner Adresse. Unbedingt solle ich ihn besuchen, wenn auch ich irgendwann freikommen würde.

Als ich ihm ein paar Monate später in die Freiheit nachfolgte, suchte ich ihn eines Abends auf. Zusammen mit seiner dürren Frau hauste er in einer winzigen Stube, in die furchtbarer Lärm von einem darunter gelegenen Wirtshausgastraum drang. Ein Bett, ein kleiner Tisch, zwei Stühle und ein größerer alter Koffer anstelle eines Schranks waren die ganze Einrichtung.

Er freute sich unbändig, umarmte mich: Wie schön, daß ich jetzt auch wieder frei sei. Seine Frau war eingeweiht. Josef nahm ihre und meine Hand und drückte sie zusammen. Voller Aufregung zog er seine Frau zu dem Koffer hin, und nun packten beide ihre ganze dürftige Habe an Kleidung und Wäsche aus. Bestimmt hätte ich nichts weiter zum Anziehen. Ich solle nehmen, was immer ich brauchen könne. Vielfach geflickte Socken, zusammengestückelte Unterhosen, ein paar vergilbte Hemden standen mir zur Auswahl. Hätte ich nicht schließlich ein paar Socken ausgewählt, wären beide todunglücklich gewesen.

Aber ich müsse doch auch Hunger haben. Die Frau war ein Weilchen verschwunden, und dann hatte sie – von Nachbarn? – einen feinen Teller und ein Messer für mich. Sie hätten schon – ich mochte es nicht recht glauben – Abendbrot gegessen. Ich bekam Brot und Käse und sollte mich ja satt essen. Als ich schließlich aufbrach, mußte ich versprechen, zu ihnen zurückzukehren, wenn ich zu Hause in Deutschland keinen mehr vorfände. Sie seien zwar arm, aber sie würden gern für mich sorgen.

Es stand mir genau das bevor, was die beiden vorausgesehen hatten. Als ich wenige Wochen später unser halbzerstörtes Mietshaus in Berlin betrat, fand ich in den von einer Sprengbombe halbwegs verschont gebliebenen zwei restlichen Zimmern unserer alten Wohnung im dritten Stock ein ungarisches Paar: Ob ich denn nicht wüßte, daß meine Eltern schon im Juni 1945 umgekommen seien? Wie? Das sei auf dem Dorf passiert, wo sie wegen der Bomben gelebt hätten. »Die Russen ...« Daß es ein bestialischer Mord gewesen war, und was meine Mutter zuvor hatte ausstehen müssen, sollte ich erst später erfahren. Es war auf einem Spaziergang passiert, zwei Monate nach Kriegsende, zwei betrunkene russische Soldaten mit Messern ...

Einen Tag nach diesem Schock fing ich an zu fiebern: Lungenentzündung, Krankenhaus. Dort lag ich mehrere Wochen. Das Fieber war längst weg, der Lungenbefund wieder in Ordnung. Aber ich konnte, wollte nicht gesund werden. Ich konnte mich nicht auf den

Beinen halten. Wieder einmal waren es die Beine. Ich erinnere mich, wie ich, von dem Internisten und zwei Schwestern kritisch beäugt, eine Art Gehtest absolvierte. Ich ging ganz ungelenk – und schämte mich. Natürlich spürte ich, daß es nicht an den Beinen lag.

Gegen, ohne, mit Vergangenheit weiterleben?

Endlich doch entlassen, fuhr ich unverzüglich in das Dorf, wo meine Eltern umgekommen waren, und fragte jeden, den ich traf, was er von den Umständen des Mordes wußte. Das wenige, das ich erfuhr, war grausig. Weinen konnte ich nicht. Eltern meines Freundes, die ich in Berlin besuchte, irritierten meine oberflächliche Gefaßtheit und der Eifer, mit dem ich rasch mein Dasein organisierte, mich mit dem Nötigsten versorgte und ein Stipendium zum Weiterstudium erstritt.

Ich funktionierte, aber ich lebte eigentlich noch nicht wieder. Jahrelang hatte ich phantasiert, meine Jugend genau an dem Punkt weiterzuleben, an dem man sie unterbrochen hatte. Nun kam ich mir wie ein zermürbter Alter vor, der alle überlebt hat und mit endgültiger Isolation fertig werden muß. Die Frage, warum ich selbst noch da war – die ich schon seit Stalingrad kannte –, kam wieder in mir hoch.

Ich hatte mir so viel vorgenommen, was ich für meine Eltern noch hätte tun, was ich an ihnen hätte gutmachen wollen. Aber es ging noch um vieles mehr. Wir alle, die wir jetzt in diesem Elend und in dieser Stadt der Ruinen und Scherben herumkrochen, durften nicht hinausschreien: Was habt ihr, die Sieger, uns angetan! Wir konnten nicht gerecht leiden, wenn wir nicht Widerständler oder Verfolgte gewesen waren. Wir selbst hatten – genau bedacht – unsere Angehörigen mit umgebracht, unsere Häuser mit zerstört, andere Länder mit verwüstet, die Juden mit ermordet. Jeder von uns steckte als Urheber mit in allem Leid, das Deutsche angerichtet oder herausgefordert hatten. Da half es nichts, sich mit Literatur, Philosophie, Musik, Religion innerlich halbwegs intakt gehalten, vielleicht einigen Juden geholfen, als Mediziner karitativ gewirkt zu haben. Wer nicht mehr Kind war, hatte für alles einzustehen.

Damals wie später beneidete ich manchen, der von sich sagen konnte, gerecht zu leiden: vertriebene Juden, KZ-Geschädigte, Hinterbliebene von Verfolgten. Die durften erzählen und Mitgefühl dafür beanspruchen, was ihnen angetan worden war. Ich hatte zu schweigen. Weil ich und meinesgleichen Hitler nicht gehindert, sondern mitgemacht oder ihn zumindest hatten gewähren lassen, hatten die Russen, die Amerikaner, die Engländer die von uns versäumte Pflicht getan. Unsere Millionen Toten waren gerechte Opfer – nur im gerechten Krieg der anderen.

Aber wie gerecht waren die Sieger wirklich? Wie die meisten Menschen meiner Umgebung wollte ich zunächst daran glauben, daß sie es seien. Die Mörder meiner Eltern waren für mich nicht »die Russen«. Ich wußte ja, was unser Angriffskrieg den Russen angetan hatte. Sie, nicht wir, waren die ursprünglich Überfallenen. Den Siegern verdankten wir, daß es jetzt mit Gestapo, Terror, Tod und Zerstörung ein Ende hatte.

Wir West-Berliner begegneten »unseren Amerikanern« mit einem gewaltigen Vertrauensvorschuß. Sie würden uns beistehen, ein neues, besseres Leben aufzubauen. Aber mir gelang nicht, was viele bald fertigbrachten, nämlich mir von ihnen so etwas wie eine neue Identität zu borgen. Erst später verstand ich, wie dieser Prozeß damals massenweise ablief. Er begann mit großer Selbstunsicherheit. Ich traf alte Bekannte, die mir früher als kraftvoll und selbstbewußt imponiert hatten und die jetzt nur noch ein Schatten ihrer selbst waren. Ihre Identifizierung mit dem System hatte sie einst in einem Maße geschützt, daß sie als volle Persönlichkeiten erschienen waren, ohne es zu sein. Sie hatten narzißtisch gezehrt von der Partizipation an dem durch die Begriffe Volk – Reich – Führer benannten Großgebilde und für Stärke gehalten, was eigentlich enorme Abhängigkeit war. Was sie dachten, war immer schon von oben vorgedacht. Und zu dieser geistigen Steuerung war die komplette Verplanung und Durchorganisation ihres praktischen Daseins im totalitären System gekommen. Nun enthüllte sich das Maß ihrer Entpersönlichung und zugleich ihre Orientierungslosigkeit.

Typisch war das Bild der aus Gefangenschaft heimkehrenden »Helden«, die von ihren weniger deformierten Frauen wie hilflose Kinder an die Hand genommen und wieder lebensfähig gemacht werden mußten. Aber wer sagte ihnen jetzt, wer sie waren, welche Sprache sie sprechen, welchen Konzepten sie folgen sollten? All das lieferten uns im Westen umgehend die Sieger, an deren Spitze die Amerikaner. Die funktionierten wie ein neues Animationssystem, das die Identitätsleere ausfüllte. Es war durchaus keine mühsame, sondern eine ersehnte, rettende Anpassung, freilich ein eher mechanischer Prozeß; eine Flucht aus einer Hörigkeit in die nächste. Aber zum Schutz der Selbstachtung mußte man sich natürlich als eigene Überzeugung einreden, was in Wirklichkeit nur vertauschte Abhängigkeit war. Das scheinbar schlagartig funktionierende demokratische Gewissen schlug von außen. Es sprach Englisch. Ein Volk von verwaisten Kindern war in neuer Vormundschaft untergekommen.

Und so stellte sich bei uns das »Österreich-Syndrom« in abgewandelter Form dar: Hitler hatte in uns nur unterdrückt, was wir immer schon gewesen waren – Anhänger der nordamerikanischen Bürgerideale, geistige Halb-Amerikaner. Jetzt durften wir endlich sein, was wir längst schon geworden wären, hätte man uns nur gelassen.

Natürlich probierte auch ich damals alles aus, was der moralischen Selbstschonung diente. Wenn ich es vielleicht schwerer als manche andere hatte, mich auf die geschilderte Weise zu entlasten, so rührte das von meiner Vorgeschichte her, die mich vor dem Maß an innerer Anpassung bewahrt hatte, die jetzt viele zur automatischen Amerikanisierung trieb.

Seit vielen Jahren war den Leuten stereotyp eingehämmert worden: Ihr seid die edelste Rasse, die stärksten Soldaten, die Tüchtigsten, Anständigsten, Tapfersten, die Retter der Welt. Selbst in den letzten Jahren der katastrophalen militärischen Rückschläge hatten Radio, Presse und Filmwochenschauen noch in einem fort Triumphe bejubelt: Fluchtbewegungen hießen erfolgreiche Rückzugsschlachten; von Niederlagen blieben nur die schweren Verluste übrig, die man dem Gegner zugefügt hatte; die Wunderraketen V 1 und V 2 und weitere bereitgehaltene Geheimwaffen hatten dazu gedient, den Mythos vom unbezweifelbaren Endsieg zu befestigen. Schwäche, Elend, Niederlagen – das war Geschichte, Dolchstoß, Versailles, Weimarer Verzichtspolitik. Auch moralisch war jeder Selbstzweifel gelöscht worden. Schuld war das Monopol der anderen, der Juden, der Plutokraten, der Bolschewisten. Die Propaganda hatte sich der unbewußten Tendenz bedient, die Angst vor der nahenden Katastrophe mit manischer Überkompensation zu bewältigen. Allzu vielen war es nur recht gewesen, sich immerfort neue Argumente zur Verleugnung des bevorstehenden Zusammenbruchs einreden zu lassen, der ja auch zur inneren Katastrophe zu geraten drohte.

Wie konnten nun der Schock, die totale Niederlage, die absolute moralische Demütigung durch Auschwitz bequemer bewältigt werden als durch blitzschnellen Parteiwechsel? War es nicht *die* Rettungschance, schleunigst sich selbst und die Welt so umzudenken, daß man für die Sieger ihresgleichen wurde?

Bedeutende amerikanische Experten täuschten sich damals, als sie die deutsche Umerziehungswilligkeit überschätzten. Die rasche äußere Anpassung, die sie verwundert registrierten, verbarg ihnen die Oberflächlichkeit der Identifizierung. Und noch weniger durchschauten sie die Erwartung großer Teile der Besiegten, daß es für diese, nur unter neuen Vorzeichen und in vertauschter Abhängigkeit, mit dem Siegen weitergehen sollte – gegen den alten, neuen Feind im Osten. Die rasche Entfremdung zwischen den westlichen Siegermächten und den Sowjets rekanalisierte das eingeübte Projektionsmuster – für die Westdeutschen.

Alsbald tauchten Phantasien auf: Hätten die Amerikaner doch auf Ribbentrop – später auf Himmler – gehört, als die ihnen einen frühen einseitigen Waffenstillstand im Westen angeboten hatten! Wie leicht hätte man, Seite an Seite, das weitere Vordringen der Russen nach Zentraleuropa noch aufhalten können!

Seite an Seite! Ihr und wir, wir Abendländer, wir Antikommunisten, wir Hüter des Christentums! Hätten wir, hättet ihr nur früher begriffen, daß wir eigentlich zusammengehören, daß wir im Grunde eins sind! Nun, da wir Adolf Hitler und seine Verbrecherhorde los sind, werden uns nichts und niemand mehr hindern, mit euch zu marschieren.

Alexander und Margarete Mitscherlich haben später in ihrem Buch »Die Unfähigkeit zu trauern« vornehmlich den Mechanismus der Verleugnung beschrieben, der zur Abwehr einer unerträglichen Melancholie führte:

»Die Konfrontation mit der Einsicht, daß die gewaltigen Kriegsanstrengungen wie die ungeheuerlichen Verbrechen einer wahnhaften

Inflation des Selbstgefühls, einem ins Groteske gesteigerten Narzißmus gedient hatten, hätte zur völligen Deflation des Selbstwertes führen, Melancholie auslösen müssen, wenn diese Gefahr nicht durch Verleugnungsarbeit schon in statu nascendi abgefangen worden wäre ...«[30]

Die Mitscherlichs maßen dem Identitätsverlust eine überragende Bedeutung bei, den die Deutschen damals erlitten hätten, als sie ihren »idealen Führer« verloren hatten. Es könnte aber sein, daß dieser Identitätsverlust deshalb gar nicht so bedeutend war, weil das, was man Identität nennt, nur sehr mangelhaft ausgebildet worden war. Hitler war vermutlich bei weitem nicht in dem Maße als Ich-Ideal innerpsychisch *integriert* worden, wie es den Anschein hatte. Daß er so rasch nach Kriegsende ausgetauscht werden konnte, spricht dafür, daß ein Höchstmaß an regressiver Hörigkeit im Spiele war, wie es etwa Hannah Arendt[31] am Beispiel von Adolf Eichmann herausgearbeitet hat. Nur der präsente *äußere* Hitler hatte die Macht gehabt, einem Heer von praktisch Selbstentmündigten die so inständig gehegten überkompensatorischen Größen- und Überwertigkeitsträume zu erhalten. Hitlers Präsenz, der suggestive Rapport zwischen ihm und der infantilisierten Masse hatte das System in Funktion gehalten. Nicht ohne Grund waren die Begriffe Pflicht, Gehorsam, Treue so himmlisch verklärt worden. Dabei ging Treue in Gehorsam auf und Ehre in Treue. Das SS-Motto »Unsere Ehre heißt Treue« sollte die Verknüpfung des Ehrbegriffs mit sittlicher Selbstverantwortung löschen. Absolute Hitler-Ergebenheit war alles zugleich: Pflicht, Treue und höchste Ehre. Nur einer durfte sagen: Ich will. Für die anderen hieß es: Er will.

Dieser kollektive Entmündigungs- beziehungsweise Selbstentmündigungsprozeß war im großen ähnlich abgelaufen wie in der berichteten Rekrutenschulung, unter der fördernden Bedingung, daß Hitler inhaltlich genau befohlen hatte, was als narzißtischer Erlösungstraum bereits im Vorbewußten dämmerte und nur abgerufen werden mußte.

Es war sicherlich oft nicht einmal gelogen, wenn später viele als subjektives Bewußtsein beteuerten, sich nicht *selbst* für Schlimmes verantwortlich gefühlt zu haben, das unter ihrer Mitwirkung geschehen war. Aber daß diese Preisgabe des *Selbst*, die Externalisierung der moralischen Verantwortlichkeit, eher eine noch größere Schuld war, sollte keiner weiteren Erläuterung bedürfen.

Jedenfalls war es unter diesem Aspekt eigentlich ganz natürlich, daß nun ausgerechnet diejenigen sich im Boot der Sieger am raschesten einzurichten wußten, die sich zuvor konfliktlos hochgedient hatten. Als geübte, reibungslos funktionierende Gehilfen der Macht machten sie sich erneut unentbehrlich, und es fiel ihnen nicht schwer, sich mit einer übergestülpten neuen Ideologie an das Sieger-Hilfs-Ich anzukoppeln.

Viel schwerer hatten es die Trauernden, die Hitler wirklich geliebt hatten. Und erst recht die Scharen der im Hitler-System zermürbten Gruppen der Zweifler, der Außenseiter, der Leidenden. Viele waren zu entmutigt, um nun noch die späte Chance wahrzunehmen, aus der Unterdrückung auszubrechen und ihre ewig frustrierten Ansprüche durchzusetzen. In diesen Kreisen wurde die Depression ausgetragen, welche jene virtuosen Stehaufmännchen vermieden. Hier fanden sich die Sensiblen, die Schlaflosen, denen die Bilder von Auschwitz, von Treblinka, vom Volksgerichtshof nicht mehr aus dem Kopf gingen. Und die sich zugleich mit der immerfort wiederkehrenden Frage quälten, wie sie vor den eigenen toten Angehörigen und Freunden dastanden.

Es mag einem die zynische Typeneinteilung in die »Winners« und die »Losers« einfallen. Die einen sind immer oben, die anderen immer unten. Die einen sind die Meister im Verdrängen, die anderen die ewigen Träger des Verdrängten, die den Schuldigen auch noch deren Schuld, deren vermiedene Trauer abnehmen und die in der Gesellschaft die Dauerherrschaft einer unentwegt selbstgerechten Machtelite stabilisieren.

Mir wurden diese Zusammenhänge deutlicher, als ich einem der von den Nazis Gebrochenen nahekam. Ich hatte mich nach meiner Rückkehr bald mit einer jungen Lehrerin, meiner künftigen Frau, verbunden. Ihr Vater war als religiöser Sozialist bereits 1932 in Thüringen als Pädagogikprofessor zuerst degradiert, später frist- und pensionslos entlassen worden. Immer wieder von der Gestapo überwacht, hatte er 13 Jahre gelitten, zunehmend selbstunsicher und mit schwindender Arbeitskraft. Müde und angewidert sah er nun viele der ehedem aalglatt angepaßten Typen aus dem Wissenschafts- und

Kulturbetrieb schamlos wieder respektable Posten erschleichen – und sich gegenseitig zuschieben. Nach 13 Jahren Demütigung empfand er sich nicht mehr kräftig und standfest genug, noch einmal den Kampf aufzunehmen. Er erkannte, daß er immer noch der hoffnungslose Außenseiter war und daß die neue geheime Solidarität der Korrumpierten ihm gegenüber eher noch mitleidloser war als die frühere. Meine Frau und ich spürten, daß er sich um so inständiger von uns, von unserer Generation erhoffte, was er sich nicht mehr zutraute.

Ich hatte damals allerdings Mühe, ihm seine Resignation nachzusehen. So sehr mich bewegte, was er durchlebt hatte, so quälend empfand ich seine Schwäche. Ich hätte mir einen standfesteren Ersatzvater gewünscht. Einen, der jetzt ungebrochen den Mund aufgemacht und den ihm gebührenden Platz erstritten hätte. Ich verübelte ihm, worin ich ihm ähnlich zu sein fürchtete.

1947/48 schrieb ich meine philosophische Doktorarbeit. Als Thema hatte ich mir die »Phänomenologie des Schmerzes« ausgewählt. Unbewußt suchte ich wohl einen Weg, mit dem eigenen unbewältigten Schmerz umzugehen. Ich hatte noch nicht die Brücke zwischen meiner Vergangenheit und meinem Jetzt gefunden. Es gab ein altes und ein neues Leben und dazwischen ein dunkles Loch – Zerstörung, Tod, Mord. Jenseits lag meine Kindheit. Diesseits benahm ich mich wie ein Vierzigjähriger: tüchtig, praktisch, umsichtig. Hungern und Armut schreckten weder meine Frau noch mich. 1948 bekamen wir bereits unser zweites Kind. Alles wurde gemeistert. Aber unter allem schwankte der Grund. Inzwischen ist mir klar, daß ich, was ich nun theoretisch zu erforschen unternahm, eigentlich als therapeutische Selbsthilfe meinte. Dies widerfuhr mir nicht nur dieses Mal, sondern auch bei zukünftigen Forschungsvorhaben. Als Psychoanalytiker lernt man, daß überhaupt alle Forschungsinteressen, denen ein Wissenschaftler nachgeht, eng mit seiner Person und speziell mit seinen Konflikten zu tun haben.

So wollte ich also in meiner phänomenologischen Studie erfahren, wie ich denn endlich das bisher gescheute, von meinem Ich abgesperrte Leiden annehmen könnte, ohne darin unterzugehen. Ich las eifrig, was die Philosophen aller Epochen über den Schmerz gesagt und welche Einstellung zu ihm sie gelehrt hatten. Wichtig war mir, mit der militaristischen Heroisierung des Opfers und der Schmerzverdrängung abzurechnen, wie sie mir noch aus der Nazi-Zeit in den Ohren klang. Der Philosoph Hans Wenke (später Gründungsrektor der Universität Bochum) und der berühmte Chirurg Ferdinand Sauerbruch hatten ein Buch »Wesen und Bedeutung des Schmerzes« (Berlin 1936) geschrieben, in dem sie die »heroische Schmerzbekämpfung« über alles gepriesen hatten. Die heroische Einstellung gehöre zum »aktiven Lebensgefühl junger unverbrauchter Völker«. Hierbei begegne der einzelne dem Schmerz, »um vor sich selbst seine Kraft zu messen und der Welt den Beweis seiner Stärke zu geben«, und diese Haltung spiele deshalb in der Erziehung des preußischen Soldatentums zu Recht eine hervorragende Rolle.

Genau diese Haltung war mir zutiefst zuwider. Sie war der reinste Ausdruck der Herrenrasse-Mentalität. Die Unfähigkeit zum Leiden war zum Sieg der Stärke uminterpretiert. Infantiles phallisches Omnipotenzgehabe – »der Welt den Beweis der Stärke geben« erschien in einem verlogenen Glanz. Leicht verständlich, warum insbesondere die Soldatenerziehung sich ins Blickfeld drängte. Man brauchte Soldaten, die Schmerz und Leid wie jeden anderen Gegner auf der Welt unerschrocken niederzukämpfen gedrillt waren.

Nichts lag mir ferner, als mir die Verarbeitung von Schmerz ausgerechnet nach dem Muster einer militärischen Kampfszene vorzustellen. Ich suchte nach einer Haltung, Leiden »aneignen« zu können, ohne mich darin aufzulösen. Ich probierte in meiner Dissertation Formulierungen wie »Schmerz-Ausfühlen« oder: »Man sieht nicht weg von ihm [dem Schmerz, der Verf.], rückt ihn nicht ab, stemmt sich nicht heroisch gegen ihn und hat ihn auch nicht nur tragend oder hinnehmend an sich oder bei sich, sondern in seinem ganzen Gehalt in sich und ist selbst in ihm.« Wofür ich hier in der Sprache der Phänomenologie plädierte, war natürlich die Autosuggestion eines Vorsatzes. Ich wollte mir keine weitere Ausflucht gestatten.

Keinen rechten Ausdruck fand ich in meiner Arbeit für die Differenzierung zwischen ungerechtem, kämpferisch abzuwendendem und unerläßlichem Leiden. Ich wollte ja nicht Leiden an sich masochistisch verklären, nur lernen, unabwendbaren Schmerz, unabwendbare Schuld »auszufühlen«, ohne daran zu ersticken oder in blinde aggressive Projektion auszubrechen. Noch einen dritten

Fluchtweg lernte ich übrigens damals mit Hilfe von Max Scheler, dessen ethische und psychologische Schriften meine Arbeit begleiteten, zu durchschauen. Er hatte den Mechanismus beschrieben, daß und wie Leiden durch Flucht in aktiv herstellbare Beschwichtigungsformen umgangen werden kann. Diese wenig bekannt gewordene Theorie, schwer verständlich dargestellt unter dem Titel »Gesetz der Technik nach Surrogaten bei negativer Bestimmtheit der tieferen emotionalen Ich-Bestimmtheit«[32], half mir weiter. Genau das, was Scheler dort beschrieb, hatte ich bislang getan. Mit hektischen Aktivitäten hatte ich mir in den Jahren zuvor manche oberflächlichen Genugtuungen verschafft – als Kompensation für eine heimlich abgespaltene Verzweiflung.

Allerdings waren die damaligen Zeitumstände nicht gerade günstig für geduldige introspektive Besinnlichkeit. 1948/49 – die Phase meiner philosophischen Promotion und des Abschlusses meines Medizinstudiums – erlebten wir in West-Berlin die russische Blockade. Hungern zugunsten unserer beiden Kinder, frieren bei ewigem Mangel an Heizmaterial, oft kein Licht, kein Strom, kein Radio – weil die Kraftwerke phasenweise abgeschaltet waren –, da fehlte oft die Muße, den inneren Problemen geduldig nachzuspüren. Der Gehalt meiner Doktorarbeit litt darunter. Ich empfand es als notwendig, den Ansatz zur Selbstanalyse gründlich weiterzuführen. Dies tat ich mit Hilfe einer 1949 begonnenen psychoanalytischen Ausbildung.

Patient, Schüler, Mitglied in der irritierten Psychoanalytiker-Gemeinde

Da ich mit meiner Familie in West-Berlin lebte, war ich mit der erstrebten Ausbildung auf das Berliner Psychotherapeutische Institut angewiesen. Aber ich war unschlüssig, ob ich mich in die Hände dieses Instituts begeben sollte. Denn es wurde geleitet – man kann sagen: beherrscht – von Harald Schultz-Hencke. Strenggenommen waren in dem Institut zwar drei verschiedene tiefenpsychologische Richtungen vertreten: Jung, Freud und eben Schultz-Hencke. Aber Schultz-Hencke beanspruchte, in seine »moderne« Neo-Psychoanalyse die wertvollen Teile der älteren Lehren Freuds und Jungs integriert zu haben. Die Ausbildungskandidaten waren überwiegend in fast gläubiger Ergebenheit um ihn geschart. Um zu prüfen, was mich in diesem Institut erwartete, hatte ich einiges von Schultz-Hencke gelesen – und mich alles andere als angezogen gefühlt.

In seiner Beschreibung von Gesundheit und Krankheit klang allzu Bekanntes an. Etwa wenn ich in seinem Buch »Schicksal und Neurose« (1931) fand: »Geld, Geltung und Sexualität sind die Werte, zu deren Eroberung der Neurotiker in einer seiner Individualität angemessenen Weise nicht fähig ist.« Anschließende Versuche, den neurotischen Menschen zu beschreiben, führten zu Formeln wie: »Unfähigkeit zu erobern«, gehemmter »Besitzwille«, »Lähmung des Expansionstriebes«. In einer Krankenschilderung war dementsprechend fortwährend die Rede von: »Aggressionslähmung«, dann »Gehemmtheit« von Impulsen, fehlende »aktive erobernde Initiative«[33] usw. Zwar entging mir nicht, daß Schultz-Hencke sich in vielen umständlichen Windungen immer wieder zurücknahm und zum Beispiel seinen Leitvorstellungen »aggressive Aktivität« und »erobernde Initiative« die Schärfe zu nehmen versuchte. Auch sollte man nicht etwa Enthemmtheit gleich Gesundheit und Gehemmtheit gleich Neurose verstehen. Aber er nannte nun eben sein Hauptwerk

»Der gehemmte Mensch« (1940), und für Heilungsfortschritte in Neurosenbehandlungen fielen ihm zuerst immer Worte ein wie: mehr expansiv, erobernd, aggressiv sein können. Schließlich enthielt das Einleitungskapitel des »Gehemmten Menschen« eine Vision von befreiter Gesundheit, die kaum mißzuverstehen war: »Das Leben und Erleben geht dann weiter seinen Gang, der erobernd ist gegenüber der Welt, durch Siege und Niederlagen hindurch. Aber es wird auch hin und wieder ein Blick jenen seelischen Mitteln gelten, mit denen wir erobern, mit denen wir siegen und deren Mangelhaftigkeit wir zum Teil unsere Niederlagen verdanken.«[34]

Kein Wunder, daß dieses Buch noch Anfang des Krieges hatte erscheinen können. Unter Vernachlässigung seiner mühsam zu verfolgenden Differenzierungen und Relativierungen konnte es schlicht als psychologisches Plädoyer für eine Haltung des Eroberns und Siegens rezipiert werden. War dies nicht genau der »gesunde« Herrenrasse-Instinkt, wie man sich ihn in diesen Jahren wünschte?

Schultz-Hencke hatte seine Theorie lange vor der Nazizeit entwikkelt und war zu keiner Zeit Anhänger des Hitler-Regimes gewesen. Er betrachtete sich als Schüler der jüdischen Psychoanalyse, war Mitglied der alten Deutschen Psychoanalytischen Gesellschaft und hatte auch nach dem Kriege noch zunächst hartnäckig abgelehnt, sich organisatorisch von den Freudianern zu trennen, was ihm deren Sprecher Carl Müller-Braunschweig wiederholt nahegelegt hatte.[35]

Schultz-Hencke hätte kaum verstanden, warum er mir schon Unbehagen einflößte, noch bevor ich als Kandidat in sein Institut eintrat. Denn er war, wie ich später feststellte, ein zarter, überaus sensitiver Mann, der die Dominanz aus enormer narzißtischer Verletzlichkeit suchte. Jeder irritierte ihn, den er nicht fesseln konnte. So viel hat er gewiß von seiner verdeckten Passivität gewußt, daß er sich selbst nicht in der Nähe derer sehen konnte, die Enthemmtheit, Expansivität und Erobererinitiative in brutale politische Realität umgesetzt hatten.

Ich aber fühlte ihn durchaus in deren Nähe. Und dies beunruhigte mich, weil ich ja gerade in mir zu akzeptieren versuchte, was in seiner Theorie auf der Negativseite verbucht war. Aber war ich mir wirklich darin sicher, wie ich sein wollte? Zwar wußte ich, daß ich mich unwohl und unecht fühlte, wann immer ich jenes hochgelobte

Expansivverhalten darzustellen versuchte. Eher suchte ich jetzt den Mut, mich den Gefühlen auszusetzen, die mit meinen Verlusten und meinen Versäumnissen zusammenhingen. Etwa so, wie ich in meinem Dissertationstext das Leiden-können theoretisch entwickelt hatte. Aber ich war mir immer noch nicht sicher, ob in dieser Zielvorstellung nicht die Rationalisierung neurotischer Unmännlichkeit steckte. Natürlich spukte in mir noch irgendwo das rassenpsychologische Negativbild vom gemütvollen ostischen Sklaventyp. Die Mühe, die es kostete, sich einer über Jahre hinweg unablässig einwirkenden abwertenden Zuschreibung zu entziehen, hatte ich schon erwähnt. Sollte ich mich nun einem Tiefenpsychologen ausliefern, der meine Selbstzweifel und depressiven Züge, anstatt sie anzuerkennen, definitiv als pure neurotische Gehemmtheit entlarven würde?

Mein Freund aus dem Berliner Lazarett von 1942, inzwischen Assistent bei Viktor von Weizsäcker in Heidelberg, verschaffte mir einen Gesprächstermin bei seinem von uns beiden verehrten Chef. Dessen Rat sollte entscheiden.

Zu meiner Überraschung äußerte sich Weizsäcker über Schultz-Hencke zwar nicht gerade begeistert, aber immerhin vorsichtig anerkennend. Außerdem gebe es genügend andere Ausbilder und Lehranalytiker an dem Berliner Institut. Jedenfalls sollte ich, wenn ich weiter in Berlin wohnen würde, die Angebote dieses Instituts nutzen. Er bedauere, solche Chancen in seiner Jugend nicht gehabt zu haben. Zu seiner Zeit seien gründliche naturwissenschaftliche Studien eine vordringliche Vorbereitung auf psychosomatische Medizin gewesen. Jetzt sei wichtiger, sich mit den Kenntnissen und Fertigkeiten der Psychoanalyse auszurüsten.

Zurück in Berlin, grüßte ich Schultz-Hencke von Weizsäcker und meldete mich bei ihm an. Prompt mußte er mir versichern, daß er mit Weizsäckers Position nur sehr begrenzt übereinstimme. Ich war indessen nun entschieden. Allerdings suchte ich mir in Wolfgang Hochheimer einen außerhalb der Schultz-Hencke-Gruppe stehenden Lehranalytiker.

In der Analyse ging ich rasch an Themen heran, die mich vordergründig ängstigten – und ließ mir von Hochheimer zeigen, daß dahinter immer neue Konflikte hochkamen. An Jung geschult, ließ er mich Erstaunliches an meinen Träumen entdecken. Bald war ich sicher, daß er mich nicht an dem Maßstab jenes expansiven Verhaltensmusters bewertete, der mich an Schultz-Henckes Theorie irritierte. Aber es entging ihm nicht, daß in meiner Aversion gegen diesen mehr Ambivalenz verborgen war, als ich mir gern eingestand. Ich mußte immer wieder über Schultz-Hencke reden, voller bewußter Ablehnung – dennoch eigenartig fasziniert. Verlockend war für mich freilich auch, ein wenig die Spannung auszunutzen, die ich zwischen meinem Analytiker und Schultz-Hencke herausspürte. Daß dieser jenen mit seinen Herrschaftsansprüchen unter beträchtlichen Druck gesetzt hatte, konnte ich nicht übersehen.

Ich entdeckte hier also nebenbei, wie es sich auswirkt, wenn die Lehranalytiker-Gruppe eines analytischen Instituts an internen Konflikten krankt. Die verdeckten Machtrivalitäten, durch Schultz-Henckes mehr verschleierten als offen entfalteten Führungsehrgeiz geschürt, beeinträchtigten die Beziehungsstrukturen sowohl zwischen Lehranalytikern und Analysanden als auch innerhalb der Schülergruppe. Das paranoide Klima förderte teils unechte Bundesgenossenschaften, teils unechte Polarisierungen. In den Seminaren bekamen die Kandidaten zu spüren, wenn der Seminarleiter ihrem Lehranalytiker gram war. Und Freundschaften unter Kandidaten litten, wenn deren Analytiker in gegensätzlichen Lagern fochten.

Dies spielte sich noch vor dem Aufblühen der gruppendynamischen Forschung ab. Um so weniger waren die Verantwortlichen imstande, die augenfällige Gruppenpathologie zu bewältigen.

Ich sollte später noch zur Genüge ähnliche Beispiele von pathologischen Gruppenstrukturen an zum Teil hochangesehenen einheimischen und internationalen psychoanalytischen Instituten kennenlernen – in London, Paris u. a. In jedem Falle fiel auch die eine oder andere Persönlichkeit durch ihren besonderen aktiven Anteil an dem Konfliktgeschehen auf. Aber von Mal zu Mal wurde ich vorsichtiger mit dem Versuch, die Urheberschaft einseitig zuzuteilen. Rückblikkend sehe ich auch in Schultz-Hencke längst nicht mehr den Alleinschuldigen an jenem unersprießlichen Berliner Institutsklima. Zwar ist mir seine Neurosentherapie ebensowenig sympathischer geworden wie sein suggestives Omnipotenzgehabe. Aber ich habe inzwischen begriffen, daß damals weder seine Kollegen noch wir Kandidaten nur passive Opfer, sondern mehr oder minder mitverstrickt waren.

Eine kleine typische Szene mit ihm ist mir noch besonders gut in Erinnerung. Schultz-Hencke liebte es, uns in »Traum«-Seminaren mit der Demonstration hellseherischer Deutungskunst zu verblüffen. Er ließ sich ohne nähere Angaben einen Patiententraum erzählen, wußte vom Träumer meist nur Alter und Geschlecht. Dann entwickelte er im Gespräch mit uns Kandidaten aus dem Trauminhalt ein Geflecht von kunstvollen Interpretationen zu den vermuteten Konflikten und zur Struktur der Person. Was er da an Einfällen über mögliche psychologische Zusammenhänge hervorzauberte, war oft bestechend. Und am Ende solcher Seminare erhielt Schultz-Hencke zumeist von dem Kandidaten, der den Träumer kannte, Belege dafür, daß das Deutungsgemälde im großen und ganzen zutreffend gewesen sei. Die Stimmung solcher Seminare ließ auch kaum etwas anderes als einen solchen Ausklang in Anerkennung und Bewunderung zu.

In einem dieser Seminare ging es um eine junge Frau, die im Traum mit dem Fahrrad über Land auf einen Kirchturm zufuhr. Schultz-Hencke erging sich des längeren in Phantasien darüber, was wohl der Phallus für diese Frau bedeute und welche Probleme sie mit ihren eigenen phallischen Tendenzen habe. Ich konnte mir die Bemerkung nicht verkneifen, daß es sich aber um den Turm einer *Kirche* handle, was mich veranlasse, der Träumerin einen Bezug zu religiösen Problemen und zur Kirche zuzutrauen.

Tatsächlich kam am Ende der Stunde heraus, daß die Patientin sich ernsthaft überlegt hatte, ob sie in ein Kloster gehen solle. Aber aus dem Chor seiner Anhänger ließ sich der Meister bestätigen, daß seine Phantasien zum Phallusthema eher noch genauer den Punkt getroffen hätten. Wie hätte es bei der Magie der Sozialstruktur dieses Seminars auch anders sein können.

Als sich 1950 endlich sieben Freudianer von Schultz-Hencke lösten und ein eigenes Institut gründeten, schloß ich mich ihnen sogleich erleichtert an. Hochheimer mußte meine Lehranalyse infolge eines Aufenthalts in den Vereinigten Staaten abbrechen; ich konnte sie bei dem Freudianer Gerhart Scheunert fortsetzen. Von der zurückbleibenden Mehrheit des alten Instituts mißachtet und des Verrats bezichtigt, entfaltete die kleine Aussteigergruppe bald nichtsdestoweniger eine sehr gedeihliche Zusammen- und Ausbildungsarbeit. Wir wenigen Kandidaten, die in den ersten Jahren dort

Anschluß fanden, profitierten außerordentlich von dem liberalen, offenen Geist der »Dissidenten«, die uns in Wahrheit die echte Psychoanalyse zugänglich machten, wie sie bis zur Vertreibung der jüdischen Mitglieder der Deutschen Psychoanalytischen Gesellschaft am alten Institut floriert hatte.

Das Verhältnis zwischen Ausbildern und uns Ausbildungskandidaten war, an heutigen Institutsverhältnissen gemessen, ungewöhnlich. Es bestand eine Art partnerschaftliche Gemeinschaft. Wir Jungen erlebten die Älteren weniger als abgehobene Dozenten, eher als analytische Eltern in einer familiären Gruppenstruktur. Der Umgang in den Seminaren, die meist in den Wohnungen der Analytiker stattfanden, war persönlich und locker. Es war eine Gruppe ohne Macht, Einfluß – und praktisch ohne Geld. Das Geld war beim anderen Institut, das mit einer AOK-Poliklinik für Psychotherapie verbunden war. Ohne Anschluß an die Krankenkasse war damals mit Psychoanalyse aber kaum Geld zu verdienen. Während am Schultz-Hencke-Institut die AOK über die Poliklinik die Lehranalysen der meisten Kandidaten zu finanzieren half, mußten wir bei der Freud-Gruppe das Geld selbst aufbringen. Wir zahlten meist zehn bis fünfzehn, ganz selten auch einmal zwanzig Mark pro Lehranalysestunde. Kaum einer von uns hatte einen vollen Assistentenvertrag. Unsere Analytiker lebten also nicht von uns, sondern in der Mehrzahl von Tätigkeiten in Beratungsstellen, Heimen oder in freier Praxis. Daß eine psychoanalytische Ausbildung jemals die Anstellung in einer Klinik erleichtern oder nicht vielmehr erschweren würde, war für uns damals kaum vorstellbar. Das reine Interesse daran, Psychoanalyse zu vermitteln oder vermittelt zu bekommen, schuf die Verbindung zwischen Ausbildern und Kandidaten.

Wem die heutige Nüchternheit und Verschulung an den meisten analytischen Instituten als ideale Verwirklichung psychoanalytischer Abstinenz erscheint, mag über die Form unseres damaligen Gemeinschaftslebens die Nase rümpfen. Ich sehe es rückblickend umgekehrt. In unseren Lehranalysen wurde wohl genügend Abstinenz gewahrt. Andererseits regte es uns Kandidaten enorm an zu spüren, daß wir für die Stabilisierung der Gruppe und für die Pflege der Psychoanalyse in einer durchweg antianalytisch eingestellten Umwelt wichtig waren und daß die Älteren sich über unser Engagement freuten. Es förderte uns auch sehr, daß die ausbildenden Kollegen mit uns häufig auch die eigenen Fälle durchsprachen und nicht nur unsere therapeutische Arbeit supervisionierten. An den heutigen Instituten der Deutschen Psychoanalytischen Vereinigung stellen die Lehranalytiker leider nur noch selten eigene Fälle vor und liefern auch in Zeitschriften nur ausnahmsweise kasuistische Beiträge, die dann allerdings oft eher »Abziehbildern von schon gekannten Theorien gleichen«[36]. So lernten wir damals unsere Ausbilder nicht nur anschaulich in ihrer Behandlungsart, sondern auch persönlich viel näher kennen, als dies im modernen verschulten Betrieb an vielen Instituten der Fall zu sein pflegt, an denen sich die Lehrer in immer größere Distanz und Anonymität von den Kandidaten zurückziehen.

Wir wurden seinerzeit auch gelegentlich mit praktischen Aufgaben für das Institut beschäftigt, so hatte ich etwa die Restbestände der alten psychoanalytischen Bibliothek, die Carl Müller-Braunschweig in seiner Wohnung aufbewahrt hatte, durchzusehen und zu katalogisieren.

Aber da war noch ein spezielles Problem, das uns Kandidaten mit unseren Dozenten untergründig verband. Und zwar war dies die Beziehung zur traumatischen Vergangenheit. Unsere Lehrerinnen und Lehrer hatten es ja nun übernommen, an die Tradition des alten berühmten Berliner Instituts anzuknüpfen, das die Nazis zerschlagen hatten. Dieses Erbe anzutreten, hieß aber, sich noch einmal damit auseinanderzusetzen, wie sich die Zurückgebliebenen während und nach der Vertreibung der jüdischen Kollegen verhalten hatten. Wir spürten, daß es unseren Ausbildern sehr darum zu tun war, uns alles genau zu schildern – wie Carl Müller-Braunschweig zu Freud nach Wien gefahren war, warum man dessen Auskunft als Zustimmung zu den Kompromissen ausgelegt hatte, unter denen die Berliner Gruppe sich zur Weiterarbeit an dem »Deutschen Institut für Psychologische Forschung und Psychotherapie« (später umbenannt in »Reichsinstitut für Psychologische Forschung und Psychotherapie im Reichsforschungsrat«) entschlossen hatte. Wir empfanden sehr stark, daß Unbehagen und Zweifel verblieben waren. Hätte man sich besser wehren können? Hätte man die Gruppe gleich auflösen sollen? Hatte man die jüdischen Kollegen verraten oder umgekehrt das Mögliche getan, um ihr Werk für die Zukunft zu bewahren?

Jedenfalls wurde uns Jüngeren vermittelt, daß das Geschehene noch nicht voll verarbeitet war. Wir bemerkten unter den Älteren gewisse Differenzen in dessen Bewertung. Ich scheue mich zu benennen, bei wem ich mehr beziehungsweise weniger Selbstzweifel feststellte. Jedenfalls mochten die Älteren darüber miteinander nicht in Konflikt geraten. Wir Jungen fühlten, daß wir hier eine lange noch nicht bewältigte Last mittragen mußten. Im übrigen hatten wir Ausbildungskandidaten ja auch einen Anteil an Auschwitz. Es war nicht nur ein Scheitern der anderen.

Wenige Jahre später habe ich in meinem Buch »Eltern, Kind und Neurose« (1963)[37] eine systematische Theorie darüber vorgelegt, wie sich unbewältigte Konflikte von einer Generation auf die nächste fortpflanzen. Ich verwertete dazu Erfahrungen aus meiner Familie, der Familie meiner Frau sowie aus familiendynamischen Studien meiner kinderpsychotherapeutischen Tätigkeit. Daß seinerzeit zwischen unseren »psychoanalytischen Eltern« und uns Ausbildungskandidaten ähnliches geschah, wie ich es als unbewußte Rollenzuweisung von Eltern an Kinder erläutert habe, ist mir erst allmählich aufgegangen.

Offen und locker sprachen wir über alles am Institut – bei der Erörterung der politischen Vorgeschichte des Instituts aber war immer etwas Druck und Spannung zu verspüren. Ich konnte meinem Analytiker kaum zuhören, als er mir erzählte, wie seine eigene Analyse durch die Emigration von Therese Benedek unterbrochen worden war und was er danach getan hatte. Und ich mochte auch bei Käthe Dräger nicht nachbohren, wie sie als ehemalige Kommunistin mit den damaligen Kompromissen fertig geworden war. Um so mehr fühlten wir uns alle angeregt, wenn die Erinnerung an die imposanten großen Gestalten des alten Instituts wiederbelebt wurde. Wenn wir in deren Geist einen neuen Anfang machten – wäre das nicht ein Stück Aufarbeitung des Scheiterns?

Nun hatte die Müller-Braunschweig-Gruppe immerhin durch die Aufgabe der opportunistischen Mitarbeit im Schultz-Hencke-Institut einen Schritt zur Wiedergewinnung ihrer psychoanalytischen Identität getan. Und wenigstens äußerlich organisatorisch war die zerrissene Verbindung zu den Vertriebenen wiederhergestellt, als die Gruppe bald wieder in die »Internationale Psychoanalytische Vereinigung« aufgenommen wurde.

Allerdings bewahrte die Mehrzahl der amerikanischen, der britischen und auch der holländischen Kollegen uns gegenüber spürbare Reserve bis Mißtrauen, was bei den nachfolgenden internationalen Kongressen sehr deutlich wurde. Über die gemeinsame oder – genauer – trennende politische Vergangenheit wurde bei internationalen Treffen noch weniger als im internen Rahmen unseres Instituts gesprochen.

In der Nacht, nachdem ich mit meinem Bericht an dieser Stelle angelangt bin, habe ich einen plastischen Traum. Ich lege in einem öffentlichen Saal – Wirtshaus? – meine Kleidung ab und steige einen Abhang hinunter. An dem Hang sind Leute, anscheinend Landarbeiter, damit beschäftigt, irgendeine Pflanzenkultur mit Stroh abzudekken. Ich beteilige mich an dieser Arbeit. Dann begebe ich mich wieder in den Saal und finde meine Sachen nicht mehr dort wieder, wo ich sie deponiert hatte. Alle anderen, die herumsitzen oder herumstehen, sind normal bekleidet. Voller Unruhe suche ich in den verschiedenen Ecken, kann aber nirgends mein Kleiderbündel aufstöbern. Ich bin mir nicht sicher, wie die anderen auf meine Nacktheit reagieren.

Nach dem Erwachen denke ich zunächst, daß der Traum mit meinen zwiespältigen Gefühlen beim Decouvrieren der gerade eben beschriebenen Vorgänge zu tun hat. Sollte ich nicht diskreter sein? Wie komme ich, der für Hitler in den Krieg gezogen ist, dazu, meine Eltern, meine analytischen Lehrer und viele andere der älteren Generation bloßzustellen? Werde ich ihnen, wenn ich mich selber mitentblöße, gerecht? Trage ich damit wirklich, wie ich es mir einbilden möchte, etwas aus, was auch in ihrem Sinne ist? Oder lasse ich sie im Stich – und werde von ihnen als Denunziant bloßgestellt? Und ertrage ich das?

Zwischen »männlicher« und »weiblicher« Medizin

Neben der psychoanalytischen Ausbildung machte ich meine ersten Erfahrungen als Krankenhaus-Arzt. Nach dem medizinischen Staatsexamen 1949 arbeitete ich in einer chirurgischen, dann in einer internistischen Klinikabteilung, zunächst als Pflichtassistent, dann als vollapprobierter, teilbezahlter Assistenzarzt.

Wie jeder junge Arzt dachte ich, daß die Patienten von mir viel mehr erwarten müßten, als ich ihnen mit meinem beschränkten Studienwissen zu bieten hatte. Anstatt als inkompetent entlarvt zu werden, bestätigten mich die Kranken indessen – inzwischen weiß ich, daß dies meistens so abläuft – fast durchweg mit einem unerwarteten Vertrauensvorschuß. Sie glaubten in mir an »den Arzt« und machten es mir leicht, ihnen meine Unsicherheit zu verbergen. Einigermaßen geschickt in der Handhabung von Spritzen, Infusionen und Punktionen, spielte ich im Handwerklichen meine Rolle wohl auch nicht gerade schlecht. Die Dankbarkeit für das Gelingen solcher banalen, aber unangenehmen kleinen Eingriffe belohnte mich über die Maßen.

Bald erkannte ich, daß ich von erfahrenen Krankenschwestern genauso lernen konnte wie von den ärztlichen Kollegen und Vorgesetzten. Während ich von diesen allerlei Theoretisches und Technisches übernahm, bemerkte ich, daß sich die Schwestern besser als die Ärzte darin auskannten, was die Kranken dachten und fühlten, in welchen sozialen Verhältnissen sie lebten, wie sie zu ihren Angehörigen standen. Sie übersetzten den Ärzten, was diese vom persönlichen Hintergrund der Patienten nicht wußten, und machten verständlich, warum dieser oder jener es schwer hatte, sich zu beherrschen, Optimismus zu zeigen, gesund werden zu wollen. Kleine Psychotherapie war praktisch an die erfahrenen Schwestern delegiert.

Den Ärzten oblag das Prüfen der Befunde, das Anordnen von Maßnahmen und das eingreifende Handeln – das Abhorchen, das Einführen von Kathetern, das Inspizieren von Körperhöhlen, das Spritzen und Schneiden. Die Schwestern hatten den Hauptteil dessen übernommen, was man entsprechend dem klassischen Stereotyp als *weibliche* Medizin bezeichnen könnte: Verstehen, Mitfühlen, Mittragen, Geborgenheit vermitteln, Fürsorgen. Die Ärzte handhabten die *männliche* Medizin: Sie wahrten Distanz, analysierten sachlich die Funktionssysteme des Organismus und übten vielerlei kunstvolle technische Tätigkeiten aus. Es lag weniger an den Individuen, diese Aufteilung zu wählen. Die Arbeitsorganisation war institutionell präformiert. Es schien ein schlichtes Gebot der Zeitökonomie zu sein, daß – grob vereinfacht – den Schwestern der psychosoziale Bereich zufiel, der die Ärzte von ihren anscheinend vordringlichen diagnostisch-therapeutischen Aufgaben an den materiellen Substraten der Kranken zu sehr abgehalten hätte.

In den folgenden Jahren fand ich immer wieder gültig, was ich damals feststellte. Meine Erfahrung als Rheumapatient bei Hollmann war also absolut untypisch gewesen. Er war, obwohl vom Temperament und der Erscheinung her alles andere als feminin, aus dem Rollenstereotyp der männlichen Medizin ausgebrochen. Psychosomatik und Psychoanalyse passen, so wurde mir in meiner Assistentenzeit vermittelt, eigentlich nicht zum Verhaltensmuster eines »richtigen« Arztes. Genau dies drückte mein erster Klinikchef, der Chirurg Prof. Hübner, aus, als ich ihm beim Abschied von seiner Abteilung verriet, daß ich Psychotherapeut werden wollte: »Werden Sie doch *richtiger* Arzt und kommen Sie zu mir in die Chirurgie zurück. Dann können Sie sich nebenher immer noch um die psychologischen Sachen kümmern!«

Seit dieser Zeit habe ich nie aufgehört, über die merkwürdige Rollendissoziation in der Medizin kritisch nachzudenken. Ich war natürlich entschieden, »richtiger« Arzt zu werden. Aber als angehender Psychoanalytiker und Psychosomatiker paßte ich in das vorgeschriebene Schema offensichtlich nicht hinein. Schon damals sah ich voraus, daß ich mit dem System in Kollision geraten würde, sollte ich den angestrebten Weg beibehalten.

Im Stadium des Lehrlings gewährte man mir indessen noch eine

Art Bewährungs-Moratorium. Versah ich meine normalen Hilfsarztpflichten, verübelte es mir niemand, wenn ich mich länger zu einzelnen Patienten setzte und mich für ihre Probleme interessierte. Den Schwestern schien das sogar eher zu gefallen. Mit der Zeit wurden die ärztlichen Kollegen stutzig und machten dann und wann eine kritische Bemerkung. Ich schien ihnen überbesorgt und der Ermutigung bedürftig, die gebotene ärztliche Distanz zu wahren.

Natürlich wurde mir deutlich, daß Ansehen und Macht einseitig an das männliche Arztstereotyp gekoppelt sind. Das messende, rechnende Objektivieren der materiellen Krankheitsgrundlagen ist hohe Naturwissenschaft. Das Handhaben chemischer, elektrischer, radiologischer oder chirurgischer »Waffen« gegen die Krankheit ist angewandte Wissenschaft. Der Arzt ist es, der durch rationale Therapie heilt.

Zusätzlich wirkt er durch seine persönliche Autorität. Der »normale« Kranke sei – so wird gesagt – vollauf damit zufrieden, was der Arzt bei den kurzen Visiten an menschlichem Wohlwollen ausstrahle. Es heißt, daß nur psychisch besonders angeknackste Patienten zusätzliche »Streicheleinheiten« nötig hätten. Das seien die Wehleidigen, die Lamentierer, die Psychopathen. Diesen tue es freilich gut, wenn man sich um ihr psychosoziales »Darum Herum« kümmere. Das sei eine eher mütterlich-fürsorgerische Aufgabe für eine Schwester, eine Sozialarbeiterin, eine Psychologin oder den Pfarrer.

Der Arzt steht eindeutig über dem Patienten. Der Arzt weiß alles darüber, was in der Maschine Organismus abläuft und was da etwa chemisch, elektrophysiologisch oder morphologisch gestört ist; der Patient weiß so gut wie nichts. Damit der Arzt die Krankheit auf der gegenständlichen Ebene definieren und die geeignete technische Strategie ermitteln und anwenden kann, muß sich der Kranke als Individuum zurücknehmen. Was er neben der Sache Krankheit noch als Person ist und fühlt, sollte den Arzt nicht von der Konzentration auf die scheinbar allein wesentliche Sachebene ablenken. Dieser kommt – so erscheint es naturnotwendig – gar nicht darum herum, im eigentlich diagnostischen oder therapeutischen Akt den Mitmenschen Patienten auszuklammern und von ihm lediglich das materielle Substrat anzuvisieren, an dem das Wesentliche – die Krankheit – geschieht.

Demgegenüber behandelt die weibliche Medizin den Patienten auf »gleicher Augenhöhe«. Da reden zwei Menschen miteinander, und zwar nicht ein wissender mit einem ahnungslosen. In dem Patienten ist wichtiges Wissen verborgen, aber er braucht Hilfe, es zu strukturieren und auszusprechen. Einfühlende Zuwendung verlangt, daß man sich dem Patienten mitmenschlich aussetzt. Was diesen bewegt, kann man nur verstehen, wenn man es in sich selbst anklingen läßt.

Viktor von Weizsäcker hat dieses Beziehungsmuster, wie es ihm für eine psychosomatische Medizin vorschwebte, an seinem Lehrer Albert Fraenkel studiert und es im Gegensatz zu dem Verhalten beschrieben, das er an einem anderen Lehrer, Ludolff Krehl, beobachtet hatte: »Ich erkannte, daß Krehl immer sein eigenes Wesen in das des Patienten projizierte, daß Fraenkel aber das Wesen des Patienten rezipierte. Krehl maß den anderen an seinem, des Arztes Maßstab. Fraenkel maß und beurteilte überhaupt nichts, sondern empfing ein Bild. So lebte auch in mir die Sehnsucht, in mir das Wesen des anderen aufzunehmen, und von diesem Geschehen erwartete ich auch die Entdeckung der richtigen Form der Therapie. Ein Vorgang zwischenmenschlicher Art wäre damit die eigentliche Substanz der Therapie.«[38]

Die gleiche Haltung wollte auch ich entwickeln. Wie mich Hollmann verstanden hatte und wie mich meine beiden Analytiker begriffen, so wollte auch ich lernen, die Probleme anderer in mich aufzunehmen und ihnen auf hilfreiche Weise zurückzuspiegeln.

Schon im zweiten Jahr klinischer Tätigkeit ging mir an einer dramatischen klinischen Erfahrung auf, daß die männliche und die weibliche Medizin sich miteinander – von der Rollenspaltung der Berufsgruppen einmal ganz abgesehen – nur mangelhaft vertrugen, ja zum Teil in schroffem Gegensatz zueinander geraten konnten. Hat der Arzt immer nur die Maschine Organismus vor Augen, kann es ihm entgehen, was er dem Kranken als Person zumutet. Das kann dahin führen, daß er die Person gar nicht mehr wahrnimmt, sondern nur noch psychische Funktionen und Symptome als Epiphänomene körperlicher Grundlagen. Er weiß, welche Strukturen im Nervensystem mit bestimmten Schmerzen, Ängsten, krankhaften Vorstellungen zusammenhängen. Das mag ihn verleiten, diese Strukturen zu zerstören. Dann mag das psychische Symptom gelindert sein, aber vielleicht ist der Mensch ein anderer als vorher. Und vielleicht erschrickt der Arzt nicht einmal darüber, was er damit angerichtet hat.

Zutiefst deprimiert war ich, als ich mit extremen Beispielen dieses Verhaltens konfrontiert wurde. Eines Tages wurde auf unserer inneren Station eine krebskranke Frau eingeliefert, bei der man in der benachbarten Neurochirurgischen Klinik eine Leukotomie durchgeführt hatte. Das ist eine Operation, bei der der Chirurg entweder von der Schläfe aus oder durch die Augenhöhle in das Gehirn hineinschneidet und dort Nervengewebe durchtrennt. Der portugiesische Nervenarzt Antonio Moniz hatte diese Operation bereits vor dem Zweiten Weltkrieg als erster vorgenommen und inzwischen in aller Welt zahlreiche Nachahmer gefunden.

Wenn wir unsere Patientin fragten, ob sie noch Schmerzen habe, sagte sie mal ja, mal nein. Meist war sie in einer unnatürlichen Weise vergnügt und läppisch albern. Enthemmt und ungeniert wie ein Kind benötigte sie besondere Aufsicht. Ich erinnere mich noch an die befremdeten Gesichter der Angehörigen, die uns nachdrücklich versicherten, die Kranke sei früher völlig anders gewesen. Zwar sei es tröstlich, wie unbekümmert sie sich jetzt benehme, aber es bereite schon ein unheimliches Gefühl, in ihr nicht mehr den Menschen von früher wiederzuerkennen.

Diese Wirkung der Leukotomie war nicht etwa eine zufällige Panne, sondern ein kalkuliertes Resultat. Krayenbühl und Stoll hatten bereits früher festgestellt, daß operative Schmerzlinderung nur im Zusammenhang mit gleichzeitiger Veränderung der Persönlichkeit eintrat.[39] Man hatte also vorhersehen können, wie sich die Kranke jetzt darstellte.

Ein Kollege aus der genannten Neurochirurgischen Klinik, in der 38 Patienten wegen Schmerzen leukotomiert worden waren, beschrieb in einer neurologischen Fachzeitschrift als charakteristische chronische Wirkung der Operation genau das, was wir bei unserer Patientin sahen: »Der Grundcharakter dieser Veränderung wies im Anfang eine vorwiegende Betonung des apathischen Syndroms mit Antriebsmangel, Interesselosigkeit bei euphorisch gefärbter Stimmungslage auf, während sich mehr expansive Züge in Form von Distanzlosigkeit, taktlosem Benehmen, allgemeiner motorischer Unruhe und Enthemmung erst später hinzugesellten. Wie von anderen Autoren bereits hervorgehoben, stellten auch wir neben dem Stirnhirnsyndrom relativ häufig eine Herabsetzung der intellektuellen Leistungsfähigkeit fest, indem die Aufmerksamkeit, die Auffassungsgabe im Sinne von Ablenkbarkeit und Verlangsamung gestört waren.«[40] Der Autor fügte hinzu, daß man auch fernerhin keine wesentliche Tendenz zur Rückbildung bemerkt habe.

Diese Leukotomie wurde damals in größerem Umfang nicht nur bei Schmerzzuständen, sondern auch bei krankhaften Angstgefühlen und Zwangsvorstellungen angewandt. Allgemein bekannt war, daß dabei – wie der Anatom Pfuhl aus Regensburg es nannte – »erhebliche Persönlichkeitswerte« verlorengingen. Das formulierte er 1954 so: »Nach geglückter Leukotomieoperation ist der Patient zwar von seinen krankhaften Affekten befreit, er kann in vielen Fällen aus der Anstalt entlassen werden und einen einfachen unselbständigen Beruf ausüben, aber sein Urteilsvermögen, seine moralische und charakterliche Einstellung sind in den meisten Fällen stark beeinträchtigt. Dabei geht namentlich das natürliche Gefühl für Anstand und höhere geistige Werte verloren; bei intelligenten Patienten kann dieser Verlust durch ein erlerntes Verhalten so weit verdeckt werden, daß er nicht ohne weiteres offenbar wird.«[41]

Der Psychiater Stoll aus Zürich schilderte das »Leukotomiesyndrom« sehr ähnlich: »Verminderung der affektiven Spannung und Spannbarkeit geht einher mit einer meist matt-flach-apathischen, wurstigen Euphorie ohne die Ausschweifung des Daseins einer Manie. Gleichzeitig besteht Verstimmbarkeit, das heißt Reizbarkeit, Zanksüchtigkeit ohne ersichtliche Ursache; häufig kommt es zu aus heiterem Himmel einschießenden Impulsen oft läppischer und unsinniger Art. Auch Triebstörungen wie Heißhunger, übermäßiger Durst, Schlafsucht und Schlafstörungen werden gesehen. Auf höherer psychischer Ebene finden sich Selbstzufriedenheit, Kritiklosigkeit, Distanzlosigkeit, Abbau geistiger Interessen, Abbau altruistischer Verhaltensweisen, Abnahme der Erlebnisfähigkeit, des religiösen Gefühls, Verlust des Planens und der Voraussicht. – Offensichtlich wird die Persönlichkeit des Kranken einfacher und primitiver, unkompliziert – geschlossener. Barahona Fernandez spricht von *regressiver Syntonisation*.«[42]

Es erschreckt, mit welcher subtilen Differenziertheit die Zerstörung der Persönlichkeit beschrieben wird. In der Benennung »regressive Syntonisation« klingt sogar die schönfärbende Version an, daß – wenn auch auf regressiver Ebene – ein neues psychisches Gleichgewicht, ein geschlossener Zusammenhang des Denkens, Fühlens und Wollens erreicht worden sei. Synton heißt nach Pschyrembels »Klinischem Wörterbuch« eine »Charakterstruktur, die durch eine ruhige, gütige, offene und abgerundete Wesensart, Tatkraft, Aufgeschlossenheit sowie Einheitlichkeit im Fühlen, Denken und Handeln gekennzeichnet ist«. Die Leukotomie war beileibe kein Außenseiterverfahren. Sie wurde in zahlreichen europäischen Ländern und in den USA als gängigste Technik der aufblühenden »Psychochirurgie« gepflegt. Für ihre Erfindung erhielt der Portugiese Antonio Moniz 1949 – im Jahr meines medizinischen Staatsexamens – den Nobelpreis für Medizin.

Pfuhl charakterisierte die Leukotomie folgendermaßen: Sie »hat nicht nur als praktische klinische Methode eine besondere Beachtung gefunden, sondern sie hat auch der wissenschaftlichen Erforschung des Stirnhirns einen mächtigen Impuls gegeben. Hand in Hand mit den klinischen Erfolgen ging die ganz besonders in USA betriebene experimentelle physiologische Forschung«.[43]

So wurde diese Psychochirurgie also als Bereicherung gleich für mehrere medizinisch-theoretische und klinische Disziplinen begrüßt: von ihr profitierten Neurologie, Psychiatrie, Neurochirurgie, Anatomie, Physiologie und Onkologie. Aber was war das für ein Profit, und um welchen Preis wurde er erzielt! Unsere geschilderte Patientin und die entsetzten Angehörigen sind mir immer vor Augen geblieben. Wer hatte das Recht gehabt, so etwas anzurichten? Einem Menschen praktisch die Seele zu nehmen, den Angehörigen ein Wesen vorzusetzen, das nicht mehr ihre Frau, Schwester, Mutter war? Und dies sollte ein nobelpreiswürdiger medizinischer Fortschritt sein?

Etwa gleichzeitig mit der Nobelpreisverleihung an den Leukotomie-Erfinder Moniz war die Dokumentation von Alexander Mitscherlich und Fred Mielke über den Nürnberger Ärzteprozeß unter dem Titel »Wissenschaft ohne Menschlichkeit« publiziert worden. (Allerdings blieb dieses Buch, dessen gesamte 1. Auflage von 10 000 Exemplaren der Arbeitsgemeinschaft der Westdeutschen Ärztekammer zugestellt wurde, zunächst völlig unbekannt. Mitscherlich 1960: »Keine Rezensionen, keine Zuschriften aus dem Leserkreis; unter den Menschen, mit denen wir in den nächsten zehn Jahren zusammentrafen, keiner, der das Buch kannte. Es war und blieb ein Rätsel – als ob das Buch nie erschienen wäre.«[44])

Gab es da nicht eine Verbindungslinie zwischen dem Geist, aus dem die Leukotomie entsprang, und dem der in Nürnberg verurteilten Menschenversuche? Hatten nicht auch einige der vor diesem Gericht stehenden Nazi-Ärzte an Fortschritte für die Therapie und vor allem an »mächtige Impulse für die Forschung« geglaubt? War die Leukotomie noch eine Medizin der Menschlichkeit oder nicht vielmehr eine menschenverachtende Methode?

Ich hatte keinen Grund anzunehmen, daß die leukotomierenden Kollegen in der benachbarten Klinik etwas anderes im Sinn gehabt hätten, als getreulich ihrem Verständnis von medizinischer Wissenschaft zu folgen. Sie glaubten fest daran, etwas Gutes zu tun. Wie hätte ich sie als *Personen* beschuldigen können? Wie sollten sie auch an einer Sache zweifeln, die durch den Nobelpreis moralisch geradezu geheiligt war?

Der Defekt steckte also nicht in den Individuen, sondern in dem falschen Verständnis von Medizin. Aber worin war er begründet? Und was war grundsätzlich zu verändern, um solche Verirrungen künftig auszuschließen? Lag der Fehler vielleicht in einer systematisch antrainierten, berufsspezifischen psychischen Abstumpfung der Mediziner? Das konnte kaum der Grund sein. Denn hinsichtlich ihrer moralischen Ansprechbarkeit und seelischen Differenziertheit stehen die Ärzte benachbarten Berufsgruppen zweifellos nicht nach. Also war zu fragen, warum und in welcher Weise die Medizin einer Pervertierung vorhandener geistig-sittlicher Anlagen Vorschub leistete. Denn eines stand ja fest: Die Leukotomiechirurgen nahmen die »regressive Syntonisierung« als Opfer für das Erreichen höherwertiger Ziele – so wie sie sie sahen – in Kauf. Ihnen erschien der angerichtete Schaden mehr als aufgewogen durch den Erfolg, spezifische psychische Symptome beseitigt zu haben, wie auch durch den Erkenntnisgewinn für die Wissenschaft.

Die meisten von ihnen dürften noch zu der Lehrmeinung erzogen worden sein, daß jede seelische Leistung im Gehirn ihr besonderes

Substrat habe. Hirnforscher hatten so etwas wie Landkarten des Gehirns aufgestellt, in denen sie mosaikartig Zentren für alle möglichen intellektuellen und emotionalen Fähigkeiten eingetragen hatten. Davon war einiges wenige belegt, etwa, welcher Teil der Hirnrinde für das Sprechen, welcher für das Sehen unerläßlich ist. Entsprechend nahmen bekannte Hirnforscher an, das gesamte geistig-seelische Leben zerfalle in Elemente, deren materielle Dispositionen mosaikartig über das Gehirn zerstreut seien. Das hätte dann bedeutet, daß man durch eine lokale chirurgische Zerstörung im Gehirn nur ein spezifisches psychisches Element treffen und alle anderen Elemente unbeeinträchtigt lassen würde. So mochte man daran denken, daß man den Schmerz oder irgendein anderes psychisches Symptom isoliert ausschalten könnte.

Aber nun hätte man einsehen müssen, daß man sich getäuscht hatte; daß man nicht die Schmerzempfindung herausschneiden konnte, ohne das Wesen der Person tiefgreifend zu verändern oder gar auszulöschen. Wenn man diese Experimente dennoch fortführte, hieß das also, für die Aufhebung der Schmerzempfindung bewußt die Auflösung der Integrität der Person in Kauf zu nehmen. Man befreite den Menschen von einer Qual, aber gleichzeitig von seinem Personsein. Das war wohl nur auszuhalten, wenn man professionell darauf trainiert war, von der differenzierten Individualität des Partners abzusehen und diesen auf die Bedeutung des Trägers medizinisch relevanter Eigenschaften und Symptome zu reduzieren.

Ich erschrak darüber, welche Verführung in der Machtposition eines Mediziners liegen kann, wenn er fortwährend von dem Mitmenschen *neben* sich auf die Sache Organismus *unter* sich umschaltet und sich nur auf die Funktionen und Fehler an dieser Sache konzentriert. Aus dieser Position heraus kann er, wie sich zeigt, nahezu alle physikalisch-chemischen Geheimnisse des materiellen Substrats vom Leben lüften. Er kann sich dem Schöpfer gleich fühlen, der das alles erdacht und konstruiert hat, ja, er kann am Ende den Schöpfer seiner Unzulänglichkeiten und Fehler überführen. Er kann aus dem System schadhafte Organe entfernen und teilweise durch selbstgebaute ersetzen. Er kann willkürlich mehr Jungen oder mehr Mädchen zur Welt kommen lassen. Er wird demnächst durch Gentechnik ungeahnte Möglichkeiten der Menschenzüchtung zur Hand haben.

Die Verwandlung des Mitmenschen vom Du zum naturwissenschaftlichen Gegenstand ist ein Konzept, das den medizinischen Forschern in den letzten hundert Jahren zu den erstaunlichsten Erfolgen verholfen hat. Aber nun sieht man, wie sich aus diesem Konzept heraus eine ungeheure Anmaßung entwickeln kann.

In seinem Aufsatz »›Euthanasie‹ und Menschenversuche« hatte Viktor von Weizsäcker 1947 geschrieben: »... es kann wirklich kein Zweifel darüber bestehen, daß die moralische Anästhesie gegenüber den Leiden der zu Euthanasie und Experimenten Ausgewählten *begünstigt* war durch die Denkweise einer Medizin, welche den Menschen betrachtet wie ein chemisches Molekül oder einen Frosch oder ein Versuchskaninchen. Das weiß heute die ganze Welt, und man muß fürchten, daß es auch Mediziner und Pathologen sind, welche durch bestimmte Verhältnisse abgehalten sind, dies einzusehen.«[45]

Worin haben diese Ideen von Gigantomanie und Omnipotenz ihren Ursprung? Sind sie isoliertes Erzeugnis einer gefährdeten Medizin? Oder sind sie nicht vielmehr unmittelbar mit dem Geist unserer Gesellschaft schlechthin verwachsen? Ist also die Leukotomie-Psychochirurgie nur der Extremfall einer tief in der Gesellschaft verankerten problematischen Lebens- und Weltanschauung? Einer Anschauung, die mit den geistigen Grundlagen des Faschismus zusammenhängt, aber weit über diesen hinausreicht?

Damals war ich noch naiv genug, mir das Problem viel einfacher vorzustellen. Ich dachte und wollte dafür kämpfen, das rein körperorientierte Medizinstudium durch einen gewichtigen psychologischen Anteil zu ergänzen. Wenn die Mediziner nur genügend von der Seele erführen, müßten sie ihr enges, den Menschen verdinglichendes Gesichtsfeld öffnen und stets den Kranken als Gesamtperson anvisieren. Dann würde sich alles von selbst ändern. Das erste Vorhaben, nämlich die Erweiterung des Medizinstudiums, ließ sich dann später in Gemeinschaft mit einflußreichen Gleichgesinnten verwirklichen. Aber aus der automatisch erhofften Wirkung wurde nicht sehr viel. Schließlich entstand sogar eine Variante von Psychosomatik, die, anstatt die mechanisierte Medizin zu vermenschlichen, sich selbst der Entfremdung durch mechanisierende Theorien und Therapiekonzepte aussetzte.

Von Sterbenden lernen

Im Kriege hatte ich viele Tote gesehen und auch manche Sterbende. Aber jetzt, als Arzt in der klinischen Medizin, war ich für Sterben und Tod auf eine Weise mitverantwortlich, auf die ich mich ungenügend vorbereitet fühlte. Mir fiel auf, daß während des gesamten Medizinstudiums kein Professor je mit uns darüber gesprochen hatte, wie man mit Sterbenden umgeht und was man dabei selber innerlich durchlebt. Tausende von Malen hatte man uns erklärt, woran und wie die Maschine Organismus zugrunde gehen kann und wie deren Teile vor und nach dem Tode beschaffen sind. Dem gewaltigen Arsenal von »Waffen«, mit denen der Tod zu bekämpfen sei, hatte man Veranstaltungen in Hülle und Fülle gewidmet. Daß und warum diese Schlacht auch oft verlorengeht, war uns ebenfalls hinreichend klargemacht worden. Präpariert waren wir, uns das Sterben erstens objektivierend als ein Aufhören der materiellen Lebensvorgänge vorzustellen, zweitens als Unterliegen des Kranken und des Arztes im Drama eines Abwehrkampfes. Es gab also den entseelten Tod als naturwissenschaftliches Phänomen und den beseelten Tod als Vernichtung durch den Aggressor Krebs, Bakterien, Gift oder dergleichen. Tod als Sache oder als erlittene übermächtige Aggression. Tod als natürliches Schicksal, als zum Lebenssinn gehörig, kam praktisch nicht vor.

Die beiden eingeübten Perspektiven bestimmten, wie ich bemerkte, überwiegend unseren ärztlichen Umgangsstil mit den Patienten. Wir übersetzten ihnen ihre Krankheiten in die Sprache der Laborwissenschaft. Bei den Visiten schauten wir oft weniger auf die Menschen als auf die Befundblätter, informierten über und trösteten mit Zahlen und Kurven. Wir ließen die Kranken an unserer naturwissenschaftlichen Neugier teilhaben, was auf der internistischen Abteilung so weit führen konnte, daß wir erwarteten, sie würden sich von unserer Freude anstecken lassen, ihre oft schwer zu ermittelnden Diagnosen endlich aufgeklärt zu haben – ob diese Diagnosen nun tröstlich waren oder nicht.

Der unbewußte Abwehrmechanismus, den Umgang mit dem Tod in ein spannendes theoretisches Rätselspiel umzuinszenieren, gehört sicherlich zu den geläufigsten Strategien der Selbstbeschwichtigung gerade in der inneren Medizin, in der die Ärzte ihre Angst weniger als in der Chirurgie durch aktives Machen unterdrücken können. Mit kriminalistischem Scharfsinn alle Spuren einer Krankheit – selten verläuft ja eine lehrbuchtypisch – zu verfolgen, aus vielerlei Hinweisen Schlüsse zu ziehen und endlich mit Berechnung und intuitivem Gespür die Wurzel des Übels zu identifizieren – diese theoretische Genugtuung kann offensichtlich die Pein mildern, in vielen Fällen machtlos zu sein.

Ich erinnere mich an einen Stationsarzt, der Tag für Tag die Visiten bei einem bestimmten Patienten fürchtete, dessen Krankheit er noch nicht aufgeklärt hatte. Aber ganz unbefangen und gelöst konnte er diesem endlich unter die Augen treten, als er ihm die gesicherte – sehr schlimme – Diagnose mitteilen konnte. Er war entlastet und erwartete automatisch, daß der Kranke seine Befriedigung über die erfüllte theoretische Aufgabe teilen müßte. Um so mehr irritierte ihn, daß dieser kein bißchen Erleichterung zeigte, sondern im Gegenteil spüren ließ, wie ihn die ungünstige Diagnose bedrückte.

Die andere Perspektive – Medizin als *Krieg* gegen Krankheit und Tod – ist freilich die vorherrschende. Auf diesen Sinn der Kooperation kann sich der Arzt leicht mit dem Kranken verständigen, wenn sich ein spezieller Schadensstifter ausmachen läßt. Also etwa Bakterien oder Viren oder »bösartige« Zellen. Da heißt es, den Feind durch chemische Mittel, Strahlen oder Operation zu besiegen. Dieses Schema paßt natürlich weniger gut in den vielen anderen Fällen, in denen irgendeine Funktion versagt, ohne daß der Arzt so etwas wie einen Gegner dingfest machen kann.

Vielfach bedient er sich dann der theoretischen Hilfskonstruktion, daß er es bei einem unsichtbaren Gegner beläßt, gegen den er die *Abwehrkraft* stärken müsse. Dann bleibt die Szenerie der *Schlacht* erhalten: Nach wie vor geht es um Sieg oder Niederlage. Es gilt, die geschwächte Front gegen die Kräfte, die Elend und Tod bringen, zu stabilisieren.

Bei vielen Kollegen und bei mir selbst habe ich oft den Mechanismus erlebt, daß wir automatisch um so mehr verordneten, je unzufriedener Patienten mit ihrem Zustand und indirekt mit uns, wie ich glaubte, waren. Eine gängige Redewendung bei Visiten war: »Da müssen wir wohl noch schwereres *Geschütz* auffahren!« Als bedeutete ein Heilungsstillstand oder eine Verschlimmerung, daß wir Ärzte nun automatisch noch mehr *machen* müßten. Ich wurde die Regel gewahr: Mit der Unsicherheit des Arztes wächst die Zahl der Medikamente und Verfahren, die er verschreibt. So gelangen psychologisch ahnungslose Ärzte mitunter dazu, Patienten mit rein seelisch bedingten Beschwerden mit einer Überfülle von Medikamenten vollzupumpen. Sie verharren bei ihrem symbolischen Kampfritual und beweisen ihre Gewissenhaftigkeit durch den Masseneinsatz von chemischen Waffen gegen den scheinbar schwer besiegbaren Phantomgegner.

Daß der eingeschliffene Automatismus, Angst und Ohnmacht durch kämpferische Geschäftigkeit zu überdecken, erst recht angesichts des Sterbens in Funktion tritt, ergibt sich von selbst aus dem Feindbild-Denkschema. Wie kann ich dem Kranken anders meinen Beistand bekunden als dadurch, daß ich mich mit ihm zusammen bis zum letzten gegen die drohende Niederlage auflehne?

Mit ihm zusammen? Das ist die kritische Frage. Ich lernte bald Kranke kennen, die bis in ihre letzten Stunden hinein hellbewußt waren und in mir weniger den Kämpfer gegen ihren Tod, sondern eher den Partner für die Vorbereitung auf diesen, für die Begleitung im Sterben suchten. Da war ein bronchialkrebskranker Polizist, der keine Angehörigen mehr hatte. Wir taten alles, um seine furchtbare Atemnot zu lindern. Er gab mir Zeichen, daß ich mich zu ihm setzen und ihm zuhören sollte. Es fiel ihm schwer zu sprechen. Gelegentlich verlor er das Bewußtsein. Aber zwischendurch erzählte er mir stokkend von seinem Schicksal und was er für ein Mensch war, was er getan und wen er geliebt hatte. Er hielt zitternd meine Hand und verbrauchte seine letzten Kräfte, um Dinge auszusprechen, die ein anderer mit ihm teilen sollte. Ich sollte etwas von ihm behalten – und ich habe es behalten.

Tage zuvor hatte ich jedesmal Angst gehabt, wenn ich an sein Bett getreten war und seinen Kräfteverfall bemerkt hatte. Ich weiß nicht – war es mehr meine Unfähigkeit zu helfen oder meine eigene Todesangst? Als ich ihm in der letzten Nacht die Augen zugedrückt hatte, war ich einerseits traurig, aber auch irgendwie bereichert. In meiner Ohnmacht hatte ich doch etwas geben können. Und ich hatte etwas ganz Unerwartetes bekommen. Der Sterbende hatte mir gezeigt, daß ich ihm mehr helfen konnte, als sein körperliches Elend ein bißchen erträglicher zu machen. Was ihm so wichtig war, war mein bloßes Mit-da-Sein, nicht eigentlich ein Tun. Ein Mit-ihm-Sein. Es war, daß ich mich dafür öffnete, wer er war. Er hatte jemand, dem er sein Bild hinterlassen wollte. Und ich hatte durch ihn und mit ihm ein Stück weit zu durchleiden gewagt, was mir – wohl auch wegen meiner persönlichen Erfahrungen – bislang unerträglich erschienen war.

Vieles wühlten derartige Erlebnisse wieder in mir auf von alten Schreckbildern. Zugleich – und wohl gerade auch im Zusammenhang damit – fand ich ungemein wichtig, was ich als Arzt vom Sterben lernen konnte. Ich erkannte als meine zweifache Aufgabe: einerseits Menschen gegen vermeidbares Leid und gegen vermeidbaren Tod mit Fertigkeiten – die ich noch weit verbessern müßte – beizustehen, andererseits Menschen verstehend und mittragend in unvermeidbarem Leid und in unabwendbarem Sterben zu begleiten. Männliche und weibliche Medizin wollte ich nicht spalten, noch weniger wollte ich gelten lassen, die eine als ärztlich wissenschaftlich höher einzustufen und die andere als banale Fürsorglichkeit darunter einzurangieren.

Nun habe ich mich aber als junger klinischer Arzt beileibe nicht überwiegend mit so schweren Themen wie Leukotomie, Sterben und Tod befaßt. Heilfroh war ich, daß mir die innere Medizin genügend Patienten vorführte, die entweder von selbst oder mit unserer therapeutischen Hilfe bald wieder gesund wurden. Es ist ein Labsal, mit anzusehen und vielleicht sogar zu fördern, daß Krankes wieder heilt, daß gefährdetes Leben wieder ersteht. Nichts stärkt mehr das Vertrauen in die eigene Lebenskraft, als immer wieder der Potenz der Natur gewahr zu werden, sich zu regenerieren. Jedesmal ist es ein kleines Fest für ein Stationsteam, von diesem oder jenem Patienten wieder besucht zu werden, der – vor kurzem noch schwerkrank – nun wieder munter und obenauf ist.

Aber es sind nicht zwei getrennte Welten, die in der Medizin aufeinanderstoßen, das Sterben und das Gesundwerden. So wie der genesene Schwerkranke oft sagt, daß ihm jetzt erst der Wert des Lebens voll aufgegangen sei, kann man es auch als Schwester, Pfleger oder Arzt erfahren: durch Begleitung des Sterbens erst begreifen, was Leben wirklich heißt. Jedenfalls etwas anderes als eine ewige Verteidigung gegen Aggressoren. Etwas anderes als eine Zeitlang Sich-Aufbäumen gegen eine nur in der Verdrängung zu ertragende katastrophale Niederlage am Ende.

In jener Zeit begann ich gelegentlich darüber nachzugrübeln, warum wir eigentlich *gegen* den Tod leben. Ob wir nicht freier wären, wenn wir uns nicht einbildeten, uns das Leben unablässig erkämpfen zu müssen. Es wird uns ja geschenkt, bis wir es irgendwann weiterzugeben haben. Ich fragte, ob da nicht ein Zusammenhang bestehe zwischen unserem Verhältnis zum Tod, unserem Verhältnis zu Schwäche und Leiden und den Machtverhältnissen in der Gesellschaft. Ob nicht alle diese Verhältnisse deformiert seien durch eine falsche militaristische Sichtweise. Überall will man nur *siegen* – über den Tod, über Schmerz und Emotionen, über andere Menschen und Völker. Jede dieser Szenerien wird kriegerisch definiert, als Kampf gegen die Endlichkeit, als Kampf um die Unterdrückung der Gefühle oder um die Vorherrschaft in der sozialen Konkurrenz. Drückt sich nicht Gemeinsames darin aus, wenn man endlos leben, sich unbeschränkt in der Gewalt haben und allmächtig nach außen sein will?

Ich war nun in eine Szene eingetreten, in der ich zu allen drei Fragen Position beziehen mußte. Der Arzt hat eine besondere Autorität und damit Verantwortung. Er kann den Mythos von der prinzipiellen Besiegbarkeit des Todes nähren, indem er die Möglichkeit des medizinischen Fortschritts unbegrenzt erscheinen läßt. Seine Stimme zählt viel bei der Verständigung darüber, ob Gesundheit nur soviel heißen soll wie Robustheit, Stärke, perfekte Fitness oder nicht auch Zartheit, Sensibilität, Leiden- und Sterben-Können. Und er beteiligt sich durch sein Rollenverständnis an der Strukturierung von gesellschaftlichen Machtverhältnissen. Er kann sich als halbgottartiger Vormund seiner Kranken und damit automatisch als Parteigänger der gesellschaftlichen Machtelite einordnen – oder sich statt dessen mit seinen Patienten Seite an Seite sehen und sich gesellschaftlich als Anwalt der Kranken, Behinderten und der sozial Schwächeren verstehen oder sogar engagieren.

Was da allmählich in mir als Entscheidung heranreifte, war natürlich nicht ein punktueller geistiger Akt, vielmehr Resultat eines langen biographischen Prozesses, aus dem ich einige mir bewußt gewordene oder bewußt gebliebene prägende Erlebnisse bereits notiert habe.

Seit dem unklaren Gefühl, ich hätte damals, als alle aus meiner Nähe gestorben waren, mitsterben müssen, war ich vom Thema Tod nie losgekommen. Meine Lungenentzündung nach der Heimkehr, von der ich eine Weile nicht geheilt werden wollte, war ja so etwas wie ein symbolisches Mitsterben gewesen. Und dann hatte ich mein geschenktes Weiterleben in der Phantasie als wertvoll empfunden, wenn ich für die, die nun nichts mehr bewirken konnten, irgendwie mitleben würde; wenn ich Dinge tun würde, die in ihrem Sinne wären. Und das hatte dann mit der Schuld, mit der Mitschuld an allen Greueln zu tun, in die wir miteinander verwickelt gewesen waren.

Daß es jedenfalls etwas Besonderes war, daß ich noch lebte oder wieder lebte – jetzt mit einer neuen eigenen Familie –, ist mir alle paar Wochen in den Sinn gekommen und spielt auch noch immer eine Rolle. Ich glaube, daß dies eine gemeinsame Erfahrung von Teilen meiner Generation ist. Wir haben damals schon einmal einen halben Tod erlebt, als wir unsere Nächsten und unser Zuhause verloren haben, als ein großes Stück der Welt, die zugleich Teil unseres Selbst war. Allerdings haben viele im Zusammenhang damit nicht auch die moralische Todkrankheit erlitten, also versucht, mit dem Verlust auch die Schuld anzunehmen. Manche wollten schnell wieder stark sein. Dazu mußten sie sich gerecht fühlen, also ihre Erinnerungen hinter sich lassen. Dabei gingen ihnen ihre Toten verloren, genauer, sie haben diese in sich noch einmal getötet, weil sie nichts mehr damit zu tun haben wollten, wofür diese untergegangen waren.

In Westafrika begegnete ich einem Stamm, der Menschen erst dann für tot hält, wenn man nicht mehr über sie spricht. Solange sie in den anderen weiterwirken, gelten sie noch als lebendig. Man könnte diese einleuchtende Vorstellung zu Recht auch umkehren: Lebendig ist nur, wer mit seinen Toten weiter umgeht, mit ihren Fragen, ihrer

Liebe, ihren Aufträgen – aber auch mit ihren Klagen und Anklagen. In diesem inneren Zwiegespräch zu bleiben ist nicht primär ein Anstandsgebot, sondern Chance für ein Weiterleben als Ganzheit. Unsere Identität wird beschädigt, wenn wir die in uns auslöschen, mit denen wir über lange Zeit in Frage und Antwort unser Ich entwickelt und unsere innere Kontinuität gestützt haben. Erhalten wir uns die Verbindung zu ihnen, können wir uns auch eher die Hoffnung erlauben, daß man uns selbst gleichfalls einst in dieser Weise bewahren wird. Das erleichtert es, an den eigenen Tod zu denken. Leben und Tod sind dann nicht mehr nur Sieg oder Niederlage, Bezwingen oder Bezwungenwerden. Sie fügen sich zusammen. Zurück tritt das Gefühl eines unablässigen, am Ende vergeblichen Anrennens gegen einen übermächtigen Aggressor, der einen irgendwann zerschmettert liegen lassen wird. Leben ist dann ein mit dem Tode, aus dem es entspringt, sich vollendender Kreis – wie ich es im »Gotteskomplex«[46] darzustellen versucht habe.

Aber das ist eben nicht nur eine beliebig zu akzeptierende oder zu verwerfende Auffassung. Sie kann nur *praktisch* vollzogen oder verfehlt werden. Das heißt für den Arzt, daß er in den Patienten nicht nur die Seite annimmt, die gegen den Tod kämpfen, sondern auch die andere, die ihn annehmen will. Das kann er aber nur, wenn er in sich die gleiche Bereitschaft verwirklicht. Was er bei sich verdrängt, muß er auch in den Kranken wegwünschen oder ausblenden. Es ist ein Geschenk für einen jungen Arzt, wenn er von reiferen Schwerkranken und zusammen mit diesen lernt, einen Schritt dem Ziel näher zu kommen, das Martin Heidegger einmal mit dem Ausspruch formuliert hat: »Den Tod als Tod vermögen.«[47]

Umschau unter Vätern – ein ermutigender Ausnahmefall

In meiner Generation hatten wir es damals sehr schwer, uns an väterlichen Vorbildern zu orientieren. Wir waren als unfertige Jungen in den Krieg gezogen. Nun, einige Jahre danach, waren viele von uns schon selber Familienväter und teilweise, wie ich als Arzt, in väterlichen Rollen tätig. Dennoch waren wir noch innerlich auf der Suche. Die meisten von uns wollten nicht so sein, wie man es uns vorgelebt hatte. Aber wir wollten nicht nur *gegen* etwas sein, sondern bei guten Vätern positiven Halt finden.

Ich dachte viel über meinen Vater nach. Was für ein Mensch war er gewesen? Abgesehen von Ferien war ich nie näher an ihn herangekommen. Ich hatte ihn als alten, schweigsamen Mann in Erinnerung, der gewissenhaft für die Familie gesorgt, aber nur wenig von sich preisgegeben hatte. Eine wichtige Sache hatte er mich gelehrt, für die ich ihm insgeheim dankte. Er war sich selbst immer treu geblieben. Beharrlich und unkorrumpiert hatte er alles durchgestanden. Stetigkeit war auch sein lebenslanges Leitbild gewesen, was er mir – ein seltener Ausbruch aus seiner sonstigen Verschwiegenheit – einmal anvertraut hatte. Nach meinem Eindruck hatte er sich trotz seines beruflichen Aufstieges auch nie von denen entfernt, aus deren Schicht er stammte. Aber er hatte sich und unserer Familie eine politische Unmündigkeit auferlegt, für die ich ihm nach wie vor gram war.

Um so mehr bewunderte ich nun an meinem Schwiegervater dessen politische Klarsicht und die Opfer, die er um seiner Gesinnung willen unter Hitler auf sich genommen hatte. Daneben profitierte ich von seiner einzigartigen philosophischen Belesenheit in reichem Maße. Er war ein liebevoller Anreger und Moderator. Ein von ihm gegründeter und geleiteter literarisch-philosophischer Diskussionskreis zog zahlreiche intellektuell ausgehungerte junge Leute an. Nur hätte ich ihm, wie schon erwähnt, gewünscht, daß er sich nach so langer Unterdrückung durch die Nazis nun öffentlich zu Wort gemeldet und sich eine angemessene Position erstritten hätte. Mehr gedrängt als aus eigenem Antrieb nahm er eine Zeitlang noch einen Lehrauftrag an der Universität wahr. Zum Produzieren brachte er keinen rechten Antrieb mehr auf. Es war so, als könne er gar nicht recht fassen, daß die Tore des faschistischen Gefängnisses nun geöffnet waren. Er glaubte nicht an eine durchgreifende Veränderung der Verhältnisse, und der Anblick der flinken, wechselseitigen Weißwäscherei unter den arrivierten akademischen Opportunisten, die er gut kannte, gab ihm natürlich in gewisser Hinsicht recht.

Es beunruhigte mich indessen, als eine hervorragende Psychotherapeutin, mit der meine Frau als Lehrerin gelegentlich kooperierte, dieser eines Tages eröffnete, sie habe in mir gewiß ein Abbild ihres Vaters geheiratet. Das war mir gar nicht recht. Um keinen Preis wollte ich meinem Schwiegervater in der Entmutigung und Passivität nachfolgen, in der ich ihn momentan erlebte. Gerade weil ich mich ihm sehr verbunden fühlte, machte mir seine Wehrlosigkeit angst, die sich nach dem plötzlichen Tod meiner Schwiegermutter allmählich bis zur Depression steigerte. Nach einer Weile kamen sogar Wahnideen hinzu – überall fühlte er sich von der Gestapo beobachtet und verfolgt. Es wurde eine psychische Krankheit wie aus dem Lehrbuch. Aber es war eher die Geschichte der Zerstörung eines Menschen durch dreizehnjährige Demütigung, Diskriminierung und Verfolgung. Was dieser zarte Mann diese vielen Jahre ertragen, was ihn die eigene Unterdrückung und mit ihr die seiner Familie gekostet hatte – wie wenig wußte ich davon.

Inzwischen stimmt es mich eher froh, daß jene Psychotherapeutin mich mit meinem Schwiegervater verglichen hat. Ich kann annehmen, ihm ähnlich zu sein, ohne um mein Gleichgewicht zu fürchten. Und ich kann meine größere politische Freiheit ausnutzen, um einiges zu tun, was ihm in der totalitären Diktatur so lange verwehrt war, bis er es nicht mehr konnte.

Eine weitere Persönlichkeit wurde 1952 für mich durch eine überraschende berufliche Wendung wichtig. Obwohl meine psychoanalytische Ausbildung noch längst nicht abgeschlossen war, geriet ich durch Fürsprache und Glück zu einer für mein weiteres Berufsleben wegweisenden Position. Ich wurde im Berliner Arbeiterbezirk Wedding Leiter einer Beratungs- und Forschungsstelle für seelisch gestörte Kinder und Jugendliche. Dazu verhalf mir vor allem der Chefarzt des großen Kinderkrankenhauses, in dem diese Stelle angesiedelt war.

Es war ein in mehrfacher Hinsicht außergewöhnlicher Mann. Als verfolgter Jude trug er außerdem schwer an dem Trauma einer doppelseitigen Oberschenkelamputation als Unfallfolge. Von seiner Verfolgung sprach er kaum. Er wollte zeigen, daß er sich psychisch wie körperlich wieder voll aufgerichtet hatte. Dabei hatte ihm der ihn operierende Orthopäde nach dem Unfall prophezeit, er werde sich künftig nur noch mit Krücken fortbewegen können. Aber ein Jahr hatte er verbissen trainiert. Und dann war er mit zwei Kunstbeinen und einem Stock zu diesem Orthopäden ins Zimmer marschiert. Und beide waren sich weinend in die Arme gefallen.

Früher von athletischer Gestalt und sportlich aktiv, war er durch die Amputation ein erhebliches Stück kleiner geworden und arg dadurch strapaziert, sich mit den beiden Prothesen im Gleichgewicht zu halten. Er konnte darüber reden, wenn ihn seine gelegentlich entzündeten Beinstümpfe schmerzten. Nichtsdestoweniger bewältigte er Tag für Tag längere Wege und viele Treppen in dem großen Pavillongelände seines Kinderkrankenhauses mit mehr als 500 Betten.

Dieser Dr. Nohlen hatte also dafür gesorgt, daß mir die neue verantwortungsvolle Position anvertraut wurde. Voraussehend, daß ich in der nur halb bezahlten Stelle überreichlich zu tun haben würde, gab er mir eine Kinderärztin und später einen Kinderarzt sowie ein Schwesternteam zur Unterstützung. Und er selbst engagierte sich so intensiv und sensibel in psychosomatischer Zusammenarbeit, wie ich es in keiner anderen Institution mehr von einem »Organiker« erlebt habe. Nicht im mindesten kinderpsychotherapeutisch ausgebildet, hatte er indessen ein waches Gespür dafür, wenn Krankheiten oder Verhaltensstörungen seiner kindlichen Patienten mit Konflikten zusammenhingen. Er gab mir Hinweise und nahm alles sehr aufmerksam auf, was wir in unserer Stelle an psychologischen Hintergründen herausarbeiteten.

Seine Schwächen verhehlte er nicht. Durch die Offenheit seines Stils machte er sich natürlich angreifbar, und mancher in seiner

Umgebung mag ihn deshalb unterschätzt haben. Andere, so wie ich, anerkannten seine Autorität gerade wegen des Mutes, aus der konventionellen Chefdistanz herauszutreten. Kaum je habe ich ihn übrigens dabei erlebt, seine organmedizinische Kompetenz rivalisierend gegen die psychologische Perspektive auszuspielen, ein sonst regelhaftes Hindernis in der Zusammenarbeit zwischen »Somatikern« und Psycho-Spezialisten.

Er hatte durch Verfolgung und sein schweres Körpertrauma längst gelernt, die Seite in sich anzunehmen, gegen die sich der »männliche Mediziner« abzuschirmen pflegt. Also mußte er sich gegen den Therapeuten, den Anwalt der »weiblichen Medizin«, nicht schützen. Bei aller Tatkraft, mit der er seine Klinik führte, wußte er um seine inneren Verwundungen. Er stand fest und litt zugleich. Dem seelischen Elend vieler seiner und unserer gemeinsamen kindlichen Patienten und deren Müttern fühlte er sich nahe. Ich hatte den Eindruck, daß er die Ärztinnen und Ärzte besonders mochte, die er zur Mitarbeit in meiner Stelle bewog. Er gönnte ihnen etwas, woran er selber hing.

Er hatte die Kraft, sachliche Medizin auf eine Weise persönlich zu gestalten, die mich faszinierte. In der Theorie produzierte er keine besonderen, zündenden Ideen. Aber er konnte immer anregende Fragen stellen. Ein wissenschaftlicher Aufsatz über Kinderpsychosomatik, den wir gemeinsam verfaßten, barg wahrhaftig keine sensationellen Entdeckungen.[48] Aber er enthielt, eher beiläufig, den Hinweis auf eine scheinbar banale Errungenschaft, deren Bedeutung ich erst später erkennen sollte.

Nohlen hatte früh begriffen, daß in den Krankheiten vieler in seiner Klinik versorgten Kinder Probleme steckten, die ihn und erst recht mich und meine Mitarbeiter überforderten. In dem armen Arbeiterbezirk Wedding rangen Tausende von Familien mit sozialen Schwierigkeiten, die sich in Krankheit, Gewalt, Alkoholismus, Delinquenz niederschlugen. Was sich schließlich als klinisches Problem im Kinderkrankenhaus darstellte, war oft nur das Notsignal für familiäre Katastrophen, mit denen auch bereits andere Dienststellen befaßt waren. Fast zu jedem zweiten kindlichen Patienten gab es eine Akte der Familienfürsorge. Darin konnte man von verschlungenen Wegen der Familien durch alle möglichen Institutionen lesen: Erziehungsberatung, Heime, Schularzt, schulpsychologischer Dienst, Psychiatrie, Polizei usw. Nicht selten waren mit ein und derselben Familie fünf, sechs Dienststellen gleichzeitig befaßt und kümmerten sich zum Beispiel nebeneinander um den alkoholkranken Vater, einen delinquenten Sohn, die depressive Mutter und ein verhaltensgestörtes Kind. Jeder Helfer bearbeitete etwas, obwohl alles miteinander zusammenhing: die Krankheiten und Verhaltensstörungen mit dem düsteren Familienklima, dieses wiederum mit Ärger am Arbeitsplatz, Arbeitslosigkeit, Geldnot, laufenden Prozessen usw. Wo es dringend nottat, wurde zwar zwischen den jeweils zuständigen Dienststellen hin und her telefoniert, Gutachten und Aktennotizen wurden ausgetauscht. Aber das war umständlich, vieles lief nicht gut zusammen. Eine Maßnahme paßte schlecht zu anderen. So wurde das Chaos in manchen Problemfamilien noch geradezu planmäßig durch den Ämter-Betreuungswirrwarr verstärkt.

Wenn Nohlen bei einem Kind solche vielschichtigen Hintergrundprobleme bemerkte, lud er die Leute aus den anderen Dienststellen zu einem Gespräch ein, die mit der jeweiligen Familie befaßt waren. Sie kamen gerne. Es machte allen Spaß, miteinander zu reden, und man stellte fest, daß gemeinsam oft Lösungen gefunden wurden, die dem einzelnen vorher nicht in den Sinn gekommen waren. Bald wurde aus diesen improvisatorischen Meetings eine Institution, nämlich unsere allwöchentliche »Mittwochsrunde«. Dazu gehörten einige feste Teilnehmer: Nohlen, Erziehungsberaterin, Schulpsychologe, Schularzt, leitende Fürsorgerin und ich. Hinzu kamen von Fall zu Fall Lehrer, Heimerzieherinnen, Sozialarbeiterinnen und noch andere, die irgendwie mit den Familien zu tun hatten, über die wir gerade berieten. Denn wir beschäftigten uns immer mit konkreten Fällen und vermieden nach Möglichkeit allgemeine Redereien. Wir wollten besser verstehen, wie die Probleme in den Familien zusammenhingen und wer von uns am besten etwas Hilfreiches tun sollte.

Spaß machte diese Zusammenarbeit vor allem deshalb, weil wir uns eher wie eine psychosoziale Selbsthilfegruppe benahmen. Wir freuten uns, einander kennenzulernen und näherzukommen. Nohlen benahm sich wie ein Katalysator und nicht wie eine hierarchische Zentralfigur. Die Leute kamen nicht als Delegierte ihrer Dienststellen, sondern aus persönlichem Interesse. Für manch einen bedeutete es Mehrarbeit, weil ihm Zeit für sein Routinepensum verlorenging. Dafür genoß er ein Stück weit Befreiung aus der bedrückenden, unfruchtbaren Schmalspurigkeit seines verordneten Tätigkeitsfeldes. Nicht zu vergessen die Erleichterung, daß er bei vielen sehr schwer geschädigten Familien die Verantwortung nicht mehr allein tragen mußte. Manchmal half schon zu erfahren, daß die anderen auch nichts Besseres wußten als man selbst.

Für die Patientenfamilien sprang auf jeden Fall der Gewinn heraus, daß nun besser zusammenpaßte, wie man ratend oder betreuend mit ihnen umging. Sie hatten nicht mehr einzelne Leute um sich, deren Beziehungen untereinander genauso defekt waren wie ihre eigenen innerhalb der Familie.

Üblicherweise erleben solche psychosozialen Selbsthilfegruppen eine kurze Blütezeit. Solange noch viel Neues passiert und die Neugier besonders angeregt wird, macht die Sache Spaß. Schließlich hat man sich aneinander gewöhnt. Aus dem Abenteuer wird Routine und Langeweile. Nach meiner Erinnerung sackte auch in unserer Mittwochsgruppe die Spannung gelegentlich ab. Aber dann wurde es wieder munter. Es gab immer wieder Dringliches zu tun, Neues dazuzulernen und hinreichendes Bedürfnis, mit benachbarten Kollegen außerhalb der Eintönigkeit der eigenen Dienststelle zu reden.

Ganz entscheidend dafür, daß dieses Experiment über viele Jahre erfreulich funktionierte, war Nohlens Fähigkeit, als Gastgeber mit dem höchsten Status als Chefarzt, stets eher ermutigend als erdrükkend zu wirken. Er half im Gegenteil zu erkennen, daß das Gewicht der Rollen innerhalb unserer gemeinsamen Arbeit keineswegs der Prestigehierarchie unserer Berufsgruppen entsprach. Deutlich war, daß die leitende Fürsorgerin mit ihren Mitarbeiterinnen uns oft voraus war, da sie meist am besten das ganze Netz der sozialen Zusammenhänge sichtbar machen konnte, in das die einzelnen medizinischen und psychologischen Aspekte einzuordnen waren. Von ihr lernten wir anderen, wir Ärzte und Psychologen, unser individualbezogenes Gesichtsfeld zu erweitern und ganzheitlicher zu denken. Nicht ohne Scham ging uns auf, daß wir das fragwürdige Privileg genossen, uns auf das relativ bequemere Feld der spezialistischen Diagnostik und Therapie zurückziehen zu dürfen und damit an die

Sozialarbeiterinnen die Aufgabe delegierten, sich mit der oft verheerenden sozioökonomischen Misere der Familien zu befassen. Dagegen erschienen unsere Hilfsdienste, so differenziert wir diese auch akademisch zu erklären und zu beschreiben vermochten, oft vergleichsweise dürftig.

Vielleicht, so dachte ich später, ist mir Nohlen als Lehrer gar nicht so wichtig gewesen durch das, was er getan hat, als vielmehr dadurch, was er um sich herum hat wachsen lassen. So wurde mir über die Wechselbeziehungen sozialer und psychischer Faktoren mehr vermittelt als durch viele gelehrte Abhandlungen über diesen Gegenstand. Und es war der Anstoß, mich für Jahrzehnte in psychosozialen Kooperationsmodellen zu engagieren, für die unsere Mittwochsrunde das Vorbild war. Es war eine frühe Variante der Einrichtungen, die wir heute unter den Namen Psychosoziale Arbeitsgemeinschaften, Psychosoziale Kontaktstellen, Sozialzentren in Randgruppensiedlungen, Fortbildungsselbsthilfegruppen usw. kennen.

Vaterfiguren vom Typ Nohlen hätten wir damals vieltausendfach gebraucht. Integre Männer, die gelitten hatten und moralisch legitimiert waren, uns Jüngere zu ermutigen. Persönlichkeiten, die den Bankrott der alten Führungsschicht nutzten, um nun hierarchische Mechanismen abbauen zu helfen und die durch die Diktatur in Hörigkeit gelähmten Menschen an der Basis zu stimulieren. Nohlen war keine im engeren Sinne politische Persönlichkeit, und wir fühlten uns um ihn herum auch nicht als politische Gruppe. Und doch wurden wir indirekt ein Stück weit – wie man heute sagen würde – politisiert. Wir lernten, uns für den Umgang mit den gesundheitlichen und sozialen Problemen der Familien in diesem Bezirk Wedding gemeinsam verantwortlich zu fühlen. Es war ein Stück politischer Erziehung, daß wir genötigt wurden, über die Symptome, deren Versorgung uns aufgetragen war, hinauszudenken und den Zusammenhang mit den sozioökonomischen Verhältnissen der Familien zu erkennen. Wie sollten wir in Krankenhäusern, Heimen, Beratungsdiensten kurieren, was schadhafte, zu enge Wohnungen, Geldnot, schlimme Arbeitsbedingungen, oft auch Behördenunvernunft an Resignation, Angst und Verbitterung stifteten? Wir fingen da und dort an, uns in Ämtern, Schulen und Betrieben in einer Weise einzumischen, die uns eigentlich nicht zustand.

Aber das waren alles nur winzige Ansätze, gebremst durch ein reformunwilliges Klima. In Ämtern und Schulen dominierte damals die große Menge der geschlagenen, desillusionierten und verunsicherten Väter, die den Betrieb technokratisch in Gang hielten und neuen Ideen eher mißtrauten. Dann gab es die ehrgeizigen Anpaßler, die sich rasch wieder hochgedient hatten und im Schatten einer kleinen Elite von Unbelasteten wichtige Management- und Verwaltungsaufgaben an sich gezogen hatten. Musterfall war die Karriere von Hans Globke – der einst allen Juden im Deutschen Reich die Vornamen Israel und Sarah verliehen hatte – bis zum Ministerialdirektor und schließlich zum Staatssekretär unter Adenauer[49]. Entsprechend klagte Karl Jaspers:

»Der Tatbestand ist nicht zu leugnen, wenn auch schwer statistisch und in voller Anschaulichkeit zu fassen: Einst prominente Nationalsozialisten wurden wieder wirksam und maßgebend. Sie haben sich nicht begnügt, unöffentliche Berufe redlich zu erfüllen. Sie haben vielmehr mit der ihnen eigenen Rücksichtslosigkeit und ihrem unbekümmerten Selbstbewußtsein Ansprüche erhoben und diese ständig gesteigert. Es gab ein unausgesprochenes Zusammenhalten, das sich auch gegen unbelastete, gegen freie Menschen wandte, deren Dasein als solches ihnen ein Vorwurf war.«

Nur selten wurden Vaterfiguren aus dem Kreis derjenigen sichtbar, die Hitlers Ideen nicht erlegen waren. »Jene schätzungsweise 500 000 aber«, so Jaspers, »die stets ihr klares Urteil bewahrt hatten und unbelastet blieben, wurden in der Folge beiseite gedrängt oder mußten dulden, daß ihre Freiheitsidee nicht verwirklicht, sondern stillschweigend bekämpft wurde.«[50]

Rückblickend finde ich es schon etwas merkwürdig, wie wichtig es mir und vielen anderen jungen Männern meines Alters damals war, väterliche Leitbilder zu finden oder zu vermissen. Hätten wir nicht längst fest auf dem Boden stehen und selber verwirklichen sollen, wonach wir bei den Älteren suchten? Hatte ich nicht genügend Erschütterndes erlebt, was mich längst hätte reifer und unabhängiger werden lassen müssen? Aber es war wohl eher umgekehrt so, daß manche Erschütterung zu tief gegangen war.

Inzwischen weiß ich besser, daß jede Generation immer an der inneren Unfreiheit der vorhergehenden mitträgt. Wir unfertigen Jüngeren sahen uns durch die Stagnation der verdrängenden Älteren blockiert. Es war ja kein Zufall, daß niemand aus der Vatergeneration, sondern nur der erzkonservative Großvater Adenauer zur Ausfüllung der Führungsrolle übriggeblieben war. Trotzdem hätten wir Jüngeren uns mehr rühren können. Ich selbst war indessen noch nicht soweit und gehörte zu denen, die erst durch den Anstoß unserer Nachfolger, der 68er-Generation, zur vollen Besinnung gebracht wurden.

Eltern, Kind und Neurose

Während meiner Beschäftigung als Kinderpsychotherapeut im Kinderkrankenhaus Wedding befand ich mich zunächst immer noch in Psychoanalyse. Ich untersuchte die Familienkonflikte kranker Kinder und vertiefte mich als Analysand gleichzeitig immer wieder in meine eigene Kindheit. Ich sah in meiner Sprechstunde, wie Eltern mit ihren unerledigten Konflikten ihre Kinder belasteten, und grübelte darüber, welche Spuren meine Eltern in mir hinterlassen hatten.

Ich lebte, typisch für viele psychoanalytische Ausbildungskandidaten, auf zwei Ebenen. Einmal als verantwortlicher Erwachsener, junger Familienvater, Arzt und Therapeut. Das andere Mal als regrediertes Ich, in kindliche Erinnerungen zurückversetzt, frühe Wünsche und Ängste wiederbelebend. Diese intensive, langdauernde Beleuchtung der infantilen Szene in meinen beiden Analysen hat mich vorübergehend reichlich Energie gekostet, die mir wiederum abging, um mein soziales und politisches Gesichtsfeld zu erweitern. Ich war – wie es üblich ist – auf der Couch ganz in die Probleme der Zweierbeziehung mit der Mutter und der späteren Dreierbeziehung Kind–Mutter–Vater eingesponnen und darauf eingestellt, diese Probleme in meinen aktuellen Reaktionen auf den Analytiker und auf meine alltägliche Umgebung wiederzufinden. – Nachmittags am Wedding verglich ich mich dann oft mit meinen kindlichen Patienten und sah sie ähnlich mit ihren Eltern verstrickt, wie ich es gerade bei mir in der Analyse erlebte.

Ich konnte an meinen »Ebenbildern« in der Praxis *von außen* verfolgen, wie unbewußte Wünsche, Ängste, Aggressionen der Eltern in das kindliche Ich eingehen, bis das Kind schließlich selber so zu sein glaubt, wie es die Eltern zur eigenen narzißtischen Entlastung haben wollen. Diesen Prozeß der Ich-Identifikation mit einem

Rollenstereotyp hat Paul Parin später in seinem Buch »Der Widerspruch im Subjekt«[51] präzis beschrieben. Allerdings hat er sich vor allem für die Abbildung der gesellschaftlichen Strukturen im Ich, die sich in Ideologien übermitteln, interessiert, während ich zunächst mehr die Beziehung zwischen den Individuen studierte. Dabei vernachlässigte ich, aus welcher gesellschaftlichen Abhängigkeit die unbewußten Rollenerwartungen der Eltern an das Kind stammten. Ich machte die Eltern als *Personen* für die unbewältigten Konflikte verantwortlich, zu deren Entlastung sie im Kind je nachdem das ideale Ich-Substitut, den Sündenbock, den Ersatz-Sexualpartner, den Bundesgenossen suchten. Daß sie selbst in einer für Frauen oder Männer ihrer Generation und ihrer sozialen Verhältnisse typischen Weise die Beschädigungen erlitten hatten, von denen sie sich nun unbewußt von ihren Kindern kurieren lassen wollten, verstand ich damals noch ungenügend.

Die Art und Weise, auf die ich meine Eltern verloren hatte und mich in ihren Tod verstrickt fühlte, hatte mich lange abgehalten, ihre Bilder in mir anzutasten. Als Analysand konnte ich nun die kritische Auseinandersetzung wagen. Etwa mit meiner energischen Mutter, die mich als entschädigenden Ersatzpartner (für den verschlossenen, 18 Jahre älteren Mann) einerseits über die Maßen stimuliert, andererseits gelähmt hatte; zugleich mit dem entrückten, verschlossenen Vater, bei dem ich nie genau gewußt hatte, woran ich bei ihm war. Ich brachte die Auseinandersetzung nur zustande, indem ich mich zunächst – ähnlich wie die von mir betreuten Wedding-Kinder – als Opfer sah, dessen kindliche Ohnmacht von den Eltern zur Abreaktion der eigenen Schwierigkeiten mißbraucht worden war.

Diese Opferperspektive verhalf mir, meine aufgestauten Enttäuschungs- und Entrüstungsgefühle hinter der globalen Idealisierung hervorzuholen, hinter der ich sie seit dem Schock 1946 versteckt gehalten hatte. Entsprechend ging in meine Studien über Eltern-Kind-Beziehung, die ich 1953/54 am Wedding begann, zunächst sehr viel von dem Bedürfnis ein, fragwürdige unbewußte Manipulationstechniken von Eltern zu entlarven, mit denen sie sich das kindliche Ich gefügig machen und zum Projektionsfeld für ihre narzißtischen Ansprüche herrichten. Es war ein verschobenes Stück Abrechnung mit den eigenen Eltern.

Man wird dies nicht so mißverstehen, als hätte ich damals diese Zusammenhänge klar durchschaut. Ich meinte, mich meiner Eigenerfahrungen relativ souverän zu bedienen, als ich die pathogenen Eltern-Kind-Beziehungen in der Klientel der Beratungsstelle erforschte. Daß ich statt dessen die klinischen Beobachtungen zugleich ausnutzte, um meine eigene Familiengeschichte zu bearbeiten, entzog sich weitgehend meiner Einsicht.

Erste Produkte meiner teils eigenanalytischen, teils klinisch beobachtenden Eltern-Kind-Forschungen waren ein Aufsatz über 14 Kinder mit chronischen Magen-Darm-Störungen,[52] eine (bereits vorher erschienene) Arbeit über kindliche Angst[53] und ein Vortrag über »Narzißtische Projektionen der Eltern auf das Kind«[54]. Bis zu meinem Buch »Eltern, Kind und Neurose«[55] war ich noch deutlich in der »Täter-Opfer-Perspektive« befangen. Das heißt, ich benötigte noch die Bezichtigung, um meine Befreiung von gewissen Rollen-Identifikationen voranzubringen. In meinem späteren Buch »Patient Familie«[56] habe ich mich dann, wie ich glaube, aus dieser Einseitigkeit schon wesentlich zurückgenommen.

Die Einteilung in schlimme, krank machende Eltern einerseits und arme, verfolgte Kinder andererseits mag für eine gewisse Strecke zur Selbstfindung brauchbar sein. Aber man sollte sie spätestens dann überwinden, wenn man bei der Erziehung der eigenen Kinder die Schwierigkeit erkennt, nicht genau das oder ähnliches zu reproduzieren, worunter man selber gelitten hat. Es ist dies übrigens ein Schritt, den ich bei Alice Miller und bei manchen anderen neueren Autoren vermisse, die nach meinem Eindruck in der Identifikation mit mißbrauchten Kindern schreiben und, sofern sie diese Stufe nicht überwinden, ihr Selbstmitleid und ihre gesellschaftliche Ohnmacht unbemerkt zu fixieren in Gefahr sind.

Eine kleine Schlüsselerinnerung kommt mir in den Sinn. Ich war zu jener Zeit öfter irritiert durch die introvertierte Verträumtheit unserer älteren Tochter, noch mehr indessen durch die – wie mir schien – auffällige Empfindsamkeit unseres kleinen Sohnes, der mitunter schon bei geringen Frustrationen verzagte. Wie sollte dieser Junge je lernen, sich standfest durchzusetzen? Meine Frau entsetzte sich über meine ihr unbegründet erscheinenden Besorgnisse. So begann ich, meine Reaktion kritisch zu überdenken und fand heraus, daß mich in Sohn und Tochter etwas ängstigte, was in mir selber war. War ich nicht selber der sanfte kleine Junge gewesen, der sich von anderen hatte verprügeln lassen? Fürchtete ich immer noch um meine intakte Männlichkeit, wenn mir Sohn und Tochter spiegelten, was zu diesem Stereotyp nicht paßte? Wie recht meine Frau mit der optimistischen Beurteilung der Kinder hatte, sollte sich später vollauf bestätigen.

Zu meiner Enttäuschung fand ich mit meinen wissenschaftlichen Studien zur Eltern-Kind-Beziehung unter den Berliner Psychoanalytikern seinerzeit wenig Anklang. An unserem Institut erschien jede Abweichung von Anna Freuds Auffassung zur Kinderanalyse indiskutabel. Schon Annas Vater hatte ja seine ursprüngliche Traumatheorie relativiert und es später als minder wichtig erklärt, nach äußeren pathogenen Einwirkungen in der Kindheit zu fahnden. Nicht, was dem Kind tatsächlich widerfahren sei, sondern was es sich für Phantasien gebildet habe, sei ausschlaggebend.[57] Anna Freud ging noch darüber hinaus und lehrte rundweg: Es sei unerheblich, welche besondere Umgebung auf ein Kind einwirke. Entscheidend sei, wie sich das Kind mit *unvermeidlichen* inneren und äußeren Faktoren auseinandersetze: mit seiner angeborenen Bisexualität, seiner Triebstärke, dem Abstillen, der Geschwisterrivalität, dem Inzest-Tabu, dem ödipalen Konflikt.[58] Nun kam ich und behauptete im Gegenteil, daß die narzißtischen Projektionen der Eltern spezifische Austauschprozesse mit dem Kind bedingten, die für dessen Entwicklung und – eventuell – Neurosenbildung von größter Bedeutung seien.

Ich fand diesen Ansatz, der mir für meine Weddinger Langzeit-Studien überaus hilfreich geworden war, zwar in keiner Diskussion am Institut widerlegt. Aber es schickte sich anscheinend einfach nicht, Anna Freuds sakrosankter Lehrmeinung zu widersprechen. Sie beharrte zeitlebens darauf, daß nicht, was die Eltern mit dem Kind machen, sondern allein, wie dieses innerlich mit den Eltern umgehe, Gegenstand der kinderanalytischen Betrachtungen sein solle. Noch auf einem von Anna Freud dominierten Kongreß über »Kinderanalyse« in Genf 1970 fiel nach meiner Erinnerung das Wort »Familie« nicht ein einziges Mal, und erst recht unterlag ich dort natürlich mit meinem Wunsch, das Thema »psychoanalytische Familientherapie« in die Diskussion einzubeziehen.

Übrigens fand ich mit meinem Manuskript »Eltern, Kind und Neurose« auch bei Alexander Mitscherlich keinen Beifall. Er las es, um es eventuell in einer eigenen Buchreihe herauszugeben. Aber dann fand er den Text schwer lesbar. Das kaufmännische Risiko sei einem Verleger nicht zuzumuten. Ich möge das Manuskript mindestens um die Hälfte kürzen oder mir einen Druckkostenzuschuß von der Deutschen Forschungsgesellschaft besorgen. Beides ersparte ich mir, und das Buch wurde nicht gerade ein Mißerfolg.

Anna Freud war in den fünfziger Jahren für unsere Berliner Psychoanalytikergruppe so etwas wie eine Schutzheilige. Sie hatte den sieben Kollegen, die 1950 aus dem Schultz-Hencke-Institut ausgestiegen waren, die Tür zur Wiederaufnahme in die Internationale Psychoanalytische Vereinigung geöffnet. Sie hatte – obwohl selber entschlossen, deutschen Boden nie wieder zu betreten – andere nach London verschlagene jüdische Kolleginnen und Kollegen angeregt, bei unserer Gruppe gelegentlich nach dem Rechten zu sehen und uns mit Vorträgen und Supervisionen weiterzuhelfen. Anna Freuds Fürsprache verdankten wir Berlin-Besuche von Willi Hoffer und Paula Heimann. Sie aber blieb das eigentliche Über-Ich des Instituts, das herauszufordern undenkbar erschien. Natürlich konnten wir von den englischen Gästen viel lernen und einiges von den Lücken auffüllen, die durch die Unterbrechung der analytischen Forschung und Ausbildung durch Hitler hierzulande gerissen worden waren.

Aber uns Ausbildungskandidaten fiel auch auf, daß unsere Berliner psychoanalytischen Lehrerinnen und Lehrer eigentümlich devot und unfrei mit den geehrten Besuchern umgingen. Von den emigrierten Londoner Kollegen bestätigt zu werden erschien ihnen wie eine himmlische Segnung. Sobald die Londoner auf unseren Institutsveranstaltungen auch nur den Mund aufmachten, erstarrte alles in Ehrfurcht, wie schlicht und banal manche ihrer Beiträge auch ausfallen mochten. Berichtete Willi Hoffer, dem diese Ergebenheit offensichtlich unbehaglich wurde, gelegentlich gezielt über eine Therapie, in der ihm manches mißglückt war, so wurde ihm aus unserem Kreis prompt bewiesen, wie besonders genial gerade das gewesen sei, was er selbstkritisch entwertet hatte.

Allmählich kam mir in den Sinn, mein Konzept von der Eltern-Kind-Beziehung sowohl auf das Verhältnis zwischen der Anna

Freud-Gruppe und unseren Berliner analytischen Ausbildern wie auch auf deren Beziehungen zu uns Ausbildungskandidaten anzuwenden. Ich habe bereits erwähnt, wie ich mich von unseren analytischen Lehrern in ihre Zweifel einbezogen fühlte, ob ihre Anpassung unter Hitler nach Vertreibung der jüdischen Analytiker vertretbar gewesen sei. Und ich hatte dann von meinem Entblößungstraum berichtet, mit dem ich dieses Thema vorerst abgebrochen hatte. Jetzt knüpfe ich daran wieder an:

So offen und liberal ich das Klima an unserem Berliner Institut sonst empfand – es gab eine eindeutige Tabugrenze. Die Lehrmeinung, stellvertretend für den verstorbenen Sigmund Freud von seiner Tochter gehütet, war ebenso geheiligt wie die in der Internationalen Vereinigung gültigen Ausbildungsnormen. Bereits damals entwickelte sich unter uns die Phantasie von einer unsere Ausbildung überwachenden geheimnisvollen internationalen Zentrale. Stets befürchtend, daß unsere deutschen Lehranalysen, Kontrollanalysen, Semesterzahlen hinter den Standards von London oder New York zurückbleiben könnten, wurden die Vorschriften für Pflichtstundenzahlen und für die Gesamtdauer der Ausbildung immer mehr heraufgesetzt. Die Vorstellung, die Internationale Psychoanalytische Vereinigung könnte uns irgendeiner Abweichung oder eines Ungenügens überführen, war schlechthin unerträglich.

Im Hintergrund dieser schülerhaften Untertänigkeit war offensichtlich das Bedürfnis wirksam, die als Über-Ich-Substitut phantasierte IPV-Zentrale gnädig zu stimmen. Der Makel der Illoyalität unter Hitler forderte als Sühneleistung eine superperfekte geistige und formale Anpassung an die Regeln und Rituale der führenden, im wesentlichen von jüdischen Emigranten dominierten englisch-amerikanischen Institute. Natürlich wird man dort die verkrampfte Musterschüler-Attitüde der Berliner Gruppe bemerkt haben, die zur Keimzelle für die allmählich aus ihr wachsende Deutsche Psychoanalytische Vereinigung wurde. Aber eigenartigerweise wurde auf den internationalen Treffen die beide Seiten bedrückende politische Vergangenheit fast nie erörtert. Man verriet nicht, wie man zu den Erinnerungen stand, durch die man auf unterschiedliche Weise verbunden oder getrennt war. Die Aussparung dieses historischen Konfliktthemas, auch aus der wissenschaftlichen Diskussion, war um so befremdlicher, als die Psychoanalyse ja gerade die Bearbeitung traumatischer Erinnerungen zu ihrem zentralen Thema gemacht hatte. Schließlich hatten doch gerade einige der aus Berlin emigrierten Analytiker eine bemerkenswerte psychoanalytische Faschismus-Kritik eingeleitet. An diesem Thema weiterzuarbeiten hätte dringend notgetan.

Alexander Mitscherlich blieb ein einsamer Rufer. Die deutsche Öffentlichkeit rezipierte ihn als einen sozialkritischen Psychoanalytiker. Die deutsche psychoanalytische Szene aber sah in ihm eher den sozialpsychologisch-politischen Schriftsteller. Seine Ideen bewegten Sozialwissenschaftler und politisch engagierte Intellektuelle, aber weder die amerikanisch-englische noch die deutsche psychoanalytic community.

Als er – vor einem längeren England-Aufenthalt – zur Wahl zum Außerordentlichen Mitglied der Deutschen Psychoanalytischen Vereinigung anstand, fand man weniger seine psychoanalytische Kompetenz, dafür seine erfolgreiche Außenwerbung für die Psychoanalyse als hinreichendes Qualifikationskriterium (so lautete jedenfalls das Plädoyer des Präsidenten Carl Müller-Braunschweig auf der Sitzung, der ich beiwohnte). So blieb es: Intern wahrte die Zunft ihre Vorbehalte gegenüber ihrem kreativsten Mitglied, aber als Botschafter, der ihre eigene politische Sprachlosigkeit kompensierte, war ihr Mitscherlich natürlich recht.

Warum rührten die von uns bewunderten und verehrten amerikanischen und englischen Emigranten den Themenbereich der psychoanalytischen Gesellschafts- und Politikanalyse kaum mehr an? Der Ethnopsychoanalytiker Paul Parin ist dieser Frage gründlich nachgegangen. Sein Resultat:

»Die Antwort auf die Frage, wie die Psychoanalytiker-Gesellschaft auf brennende und bedrängende Zeitprobleme reagiert hat, lautet für die Zeit nach dem Zweiten Weltkrieg wie folgt: Sie hat ihre Rekrutierungsmodalitäten und Auswahlkriterien reorganisiert und damit die spezifische soziologische Zusammensetzung (sample) ihrer Mitglieder verändert; sie hat ihre Institutionen so ausgebaut, daß sie zur Vermittlung von Fachwissen und zur Isolierung von den übrigen Humanwissenschaften und zur Verhinderung gesellschaftlicher Handlungspotentiale tauglich wurden; und sie hat mit Hilfe der

Medizinalisierung den Status einer unbotmäßig-kritischen Randgruppe überwunden und den Anschluß an eine mächtige, integrierte und konforme Schicht des Dienstleistungssektors gefunden.«[59]

Die emigrierte Psychoanalytiker-Elite hatte sich in der Tat mehr und mehr von der Sozial- und Kulturanalyse auf die Psychologie des Individuums zurückgezogen. Der *Narzißmus* entwickelte sich zum fast allein interessierenden Theorie-Thema. Es war zugleich ein narzißtischer Rückzug der Analytiker selbst. Sich um gesellschaftliche Prozesse zu kümmern, wurde zur beliebigen Privatsache außerhalb des anerkannten Themenbereiches psychoanalytischen Interesses.

So kam es zu dem paradox erscheinenden Phänomen, daß in der Psychoanalyse wie in kaum einer anderen Disziplin eine unübersehbare Entfremdung zwischen den angelsächsischen und den deutschen Wissenschaftlern bis in die Gegenwart erhalten geblieben ist. Sprachlosigkeit hielt eine Barriere aus einerseits beklommener Unterwürfigkeit und andererseits unbeirrbarem Mißtrauen aufrecht. Als Anna Freud im Jahre 1964 den Kulturpreis der Stadt München erhielt, weigerte sie sich standhaft, ihn persönlich auf deutschem Boden in Empfang zu nehmen, und bestellte zwei ausländische Treuhänder, die über die Anwendung des Preisgeldes – das sie der Deutschen Vereinigung vermachte – entscheiden sollten. So unterstützte man uns, aber immer unter kritischer Aufsicht und in Reserve. 39 Jahre lang hat die Internationale Psychoanalytische Vereinigung die Bundesrepublik als gastgebendes Kongreßland gemieden. Erst 1985 wurde – nach zahlreichen vergeblichen Bitten – der Bann mit dem Hamburger IPV-Kongreß 1985 gebrochen, auf dem ein einziger deutscher Redner im Hauptprogramm zugelassen war.

Als ich mich Mitte der fünfziger Jahre dem systematischen Studium der unbewußten Eltern-Kind-Beziehungen zuwandte, ahnte ich noch nicht im mindesten, daß dieser Schritt mich notwendigerweise innerhalb der psychoanalytischen Organisation in eine Außenseiterposition abdrängen würde. Ich sah mich in der Tradition der »Zeitschrift für psychoanalytische Pädagogik«, die bis zur Nazizeit floriert hatte, und war mir sicher, daß Anna Freud nicht recht hatte, wenn sie darauf beharrte, die kindliche Umwelt wie eine unveränderliche kulturelle Größe zu vernachlässigen. War ich doch täglich Zeuge, wie sich die unbewältigten Konflikte von Eltern in der Psyche ihrer Kinder abbildeten. Und allmählich begriff ich, daß die psychologische Familiendynamik durchgängig mit sozioökonomischen Bedingungen verwoben war. So sehr mir die allgemeinen Regeln der Freudschen Trieb- und Entwicklungstheorie einleuchteten und mir seine Theorie der Abwehrmechanismen zu einer Offenbarung geworden war, so unbestreitbar erschien mir die Notwendigkeit, daß man das gesamte Ensemble der psychosozialen Situation ins Auge fassen müsse, um kindliche Konflikte, Neurosen, psychosomatische Krankheiten vollständig zu verstehen. Denn von diesem komplexen psychosozialen Austausch hing es doch ab, wie sich das kindliche Ich und Über-Ich ausbildete, wie das Kind seine Triebe regulierte, seine Abwehr organisierte, beziehungweise wie es psychogen erkrankte.

Aber es war nicht nur die Abweichung von Anna Freud – wie ich anfangs dachte –, die mir die Kollegen und vor allem die Lehranalytiker am Institut verargten. Es war auch die Übertretung der Schwelle von der strikten *Individualanalyse* zur *Sozialanalyse*. Für die traditionelle Analyse gab es nur *den* Patienten mit seiner zu analysierenden *inneren* Welt. Diese innere Welt auf mehrere Personen zu erweitern und den Dialog zwischen einem Unbewußten und einem anderen (abgesehen von der Übertragungsbeziehung zum Analytiker) oder gar mehreren anderen zum legitimen Feld psychoanalytischer Beobachtung und therapeutischer Interventionen zu machen, das war anstößig. Manche Bedenken mehr pragmatischer Art fand ich durchaus beachtenswert: Etwa, daß es schwierig wäre, in diesem erweiterten Gesichtsfeld die Übersicht zu behalten. Oder daß die komplexen Übertragungs- und Gegenübertragungsvorgänge nur mühsam kontrolliert werden könnten, daß man zum Beispiel nicht leicht in gleichem Maße für mehrere Familienmitglieder Partei ergreifen könnte.

Aber ich spürte auch fundamentales Unbehagen an der Verunsicherung der abgehobenen Position im traditionellen Setting. In jenem hergebrachten Arrangement hat man den einzelnen Patienten ganz für sich und braucht sich um soziale Einflüsse nur von dem Punkt an zu kümmern, wo sie in der Innenwelt des Patienten lebendig werden. Dann lassen sie sich unter dem Aspekt bearbeiten, daß nur der Analysand für sie verantwortlich sei. Sie sind damit für den Therapeuten nur real als Bestandteil der psychischen Realität des

Patienten. Allein was dieser mit ihnen innerlich macht, geht den Therapeuten an, nicht die Einflüsse selbst, wo sie herkommen und worauf sie beruhen.

Hier ist tatsächlich der markante Scheidepunkt: Öffne ich grundsätzlich mein Gesichtsfeld für die Interaktion zwischen verschiedenen Individuen oder – allgemein gesprochen – für ein psychosoziales Beziehungsfeld, dann ist ein entscheidender erster Schritt getan auf einem Weg, der immer weiterführt – vom Individuum zur Zweierbeziehung, zur Familiendynamik, zur Gruppendynamik, zur psychosozialen Institutionsanalyse, zur Ethno-Psychoanalyse, zur politischen Psychologie, zur Psychohistory. Die Unabgrenzbarkeit des Feldes kann fürwahr schrecken. Aber kann man auch nur einen anderen oder sich selbst hinreichend verstehen, ohne die psychosozialen Verhältnisse und das Schicksal der Familie im gesellschaftlichen Prozeß mitzudenken?

Antipsychoanalytisches in der psychoanalytischen Institution

Als ich mit den Berliner psychoanalytischen Kollegen darüber stritt, ob es zulässig sei, das analytische Feld von der Innenwelt des Individuums auf dessen psychosoziale Beziehungen zu erweitern, hätte ich darauf verweisen können, daß unsere konflikthaften Beziehungen zu unseren angelsächsischen Freunden der greifbarste Beleg dafür seien, wie das psychische Leben des einzelnen von Gruppenprozessen, von Intergenerationenkonflikten und schließlich von politischen Einflüssen überformt wird. Was ich an den Wedding-Familien im kleinen beobachtete, spiegelte sich ja in unserer beruflichen Szene in größerem Maßstab ab: Die Berliner Lehranalytiker übermittelten uns Ausbildungskandidaten unbewußt einen unverarbeiteten Teil ihrer politischen Vergangenheit – und aktualisierten damit unsere eigenen Schuldgefühle. Unsere deutschen Lehrer wiederum unterlagen der verdeckten Ächtung durch die Emigranten. Deren Sprachlosigkeit uns gegenüber mochte sich zum Teil durch die von Parin beschriebenen Anpassungsprozesse in ihren neuen Gastländern erklären:

»Der folgenschwerste Schritt war wohl, daß sich die Psychoanalyse in den angelsächsischen Ländern zur medizinischen Hilfswissenschaft erklärte und sich damit einem angesehenen Berufsstand unterstellte, dessen Schutz und Privilegien sie mitgenießen konnte und dessen Bräuche und Gesetze sie befolgen mußte.«[60]

Es waren vermutlich nicht nur Vorwürfe, sondern auch geheime Selbstvorwürfe, die sie gegenüber den in Deutschland verbliebenen Kollegen hemmten. Wenn sich die amerikanische psychoanalytische Gesellschaft nur am Rande kritisch mit dem Vietnam-Krieg beschäftigte und sich wie irgendeine medizinische Unterdisziplin benahm, wie sollte sie dann mit uns offen über die Psychoanalyse unter Hitler reden können?

Die höchst skeptische Aufnahme meiner Theorie der Eltern-Kind-Beziehung am Berliner Institut hinderte mich nicht, 1957 einen Vortrag zum Pariser Kongreß der Internationalen Psychoanalytischen Vereinigung anzumelden. Inhalt war die Darstellung meines Konzeptes anhand der Mutterbeziehung von 14 Kindern mit psychosomatischen Magen-Darm-Störungen. Ich erklärte darin die Verdauungs- und Eßstörungen der Kinder als Ausdruck eines verdeckten Machtkampfes mit den Müttern, die mit überängstlicher Fürsorge eine untergründige Ablehnung ihrer Kinder überdeckten.

Nach meiner Erinnerung hatte ich insgesamt sechs Zuhörer, schweizerische und deutsche Analytiker, die sich im Hintergrund des großen Vortragssaales verloren. Die Zurückweisung galt kaum dem Inhalt meines Vortrages, den man ja nicht kannte, sondern meiner Person. Einmal wohl, weil ich ein Deutscher war. Zum anderen, weil man von mir noch nichts gehört hatte. Es war ganz unüblich – das ging mir im nachhinein auf –, daß junge, unbekannte Analytiker sich auf repräsentativen internationalen psychoanalytischen Kongressen mit Vorträgen hervorwagten. Das schickte sich einfach nicht. Jüngere Wissenschaftler unter fünfzig hatten sich gefälligst zurückzuhalten und sich als Lernende zu benehmen. Den Londoner Analytiker John Klauber hörte ich später die Regel formulieren: Wer in den ersten zehn Jahren nach Abschluß seiner Institutsausbildung irgend etwas Neues in der Psychoanalyse entdeckt zu haben glaube, der solle sich lieber fragen, warum er immer noch auf Freud so neidisch sein müsse, daß er diesen unbedingt übertreffen wolle.

So boten die internationalen psychoanalytischen Kongresse ein von anderen Fachtagungen eklatant abweichendes Bild. Wenn ganz selten einmal ein Vertreter der mittleren Altersgruppe hinter dem Rednerpult auftauchte, dann mußte er sich dies als besonderer Schützling der herrschenden Alten verdient haben. Sonst dominierten uneingeschränkt die renommierten Senioren die Szene. Das ergab sich auch aus der erkennbaren Zielsetzung der Veranstaltungen: Es waren mehr Lehr- als Forschungskongresse. Man war nicht auf neue wissenschaftliche Entdeckungen gespannt, sondern betrieb vor allem Exegese der klassischen Lehre. Selbst als man sich auf einem Kongreß in Kopenhagen des kühnen Themas der sich erweiternden Anwendung der Psychoanalyse annahm, einigten sich die vortragenden alten Großmeister am Ende auf das bescheidene Resultat, daß alles Neue, was jetzt versucht werde, längst schon gesagt und bekannt sei.

Dem Stil dieser Kongresse entsprach eine befremdliche Entwicklung, die an manchen der großen internationalen Ausbildungsinstitute eingesetzt hatte. Der Abstand zwischen Lehrenden und Lernenden erweiterte sich zusehends. Die Zulassung zur psychoanalytischen Ausbildung wurde erschwert. Die Ausbildungszeiten wurden länger und länger. Mit dem schließlichen Erwerb der Mitgliedschaft war der Schülerstatus bei weitem nicht beendet. Graduiertenkurse mit fortgesetzter Überwachung wurden eingeführt und verlegten die höchste Weihe des Lehranalytiker-Status in immer weitere Ferne. Die Verschulung des einst locker liberalen Trainings schritt unaufhaltsam voran. Eine zur Vorherrschaft gelangende konservative Funktionärselite garantierte, daß die Ausbildungsinhalte unreformiert ewig die gleichen blieben, was auch immer der Psychoanalyse in der Praxis an neuen Anwendungsmöglichkeiten erschlossen wurde.

Dies wurde am Ende sogar Anna Freud zuviel, so daß sie in aller Öffentlichkeit beklagte: Einen rigiden Konservatismus in den Ausbildungsprogrammen, eine zunehmend restriktive Handhabung der Nachwuchsauslese und der Mitgliederqualifikation, eine allgemeine Tendenz zur Überreglementierung des Vereinslebens sowie, damit verbunden, die Ausbreitung eines im Grunde antianalytischen Klimas innerhalb der psychoanalytischen Organisation.[61]

Bei uns in Deutschland war in den fünfziger Jahren von dieser Entwicklung noch wenig erkennbar. Unsere kleinen psychoanalytischen Gruppen in Berlin, Heidelberg, Hamburg waren noch froh und stolz, überhaupt Ausbildungskandidaten anzulocken. In der Medizin und in der sogenannten Kulturszene nahm man von uns, abgesehen von Alexander Mitscherlich, kaum Notiz. Während in den USA und einigen westeuropäischen Ländern Psychoanalytiker längst in führende Positionen der Universitätspsychiatrie aufgerückt waren, tat die Elite der deutschen Psychiatrie nach wie vor alles, um ihren fachlichen Nachwuchs von der Psychoanalyse fernzuhalten.

Die alte Diskriminierung wirkte noch kräftig nach. Die wenigen unter Hitler übriggebliebenen alten Analytiker hätten, selbst wenn sie es gewollt hätten, unsere Institute nicht so rigide durchstrukturieren können, wie wir es von einigen amerikanischen Gruppen und von den Londonern vorgeführt bekamen. Dort handelte es sich um etablierte, bürokratisierte Betriebe, während unsere Ausbildungsarbeit immer noch improvisatorische Züge trug. Unsere wenigen Lehranalytiker hatten alle Hände voll zu tun, die brennende Neugier einer nur langsam wachsenden Kandidatenschar in Analysen und Seminaren zu befriedigen. Als sich verschiedene deutsche Institute schließlich zur Organisation einer gemeinsamen Ausbildung zusammentaten, so beileibe nicht aus dem Wunsch nach einer zentralistischen Reglementierung, sondern um unsere Personalnot durch wechselseitige Aushilfe mit Lehranalysen und Supervisionen leidlich zu kompensieren. Daß man mir nach fünfjähriger Mitgliedschaft die Leitung des Berliner Instituts anvertraute, war – nach internationalem Maßstab – ein unerhörter Vorgang.

Aber der von Anna Freud beanstandeten kritischen Entwicklung folgte unsere deutsche Vereinigung, nur zeitversetzt, getreulich nach. Auch bei uns wuchs allmählich der Einfluß konservativ autoritärer Typen, die das strenge Über-Ich zu repräsentieren bereit waren, dessen man anscheinend zum Schutz vor »Verwilderung«, »Verwässerung«, »Aufweichung«, »Vermischung«, »Verunreinigung« – lauter gern benutzte, aufschlußreiche Vokabeln – bedurfte. Eine in den verschiedenen Ländern gleichlaufende Entwicklung der Hierarchisierung, Dogmatisierung und Verkrustung im Ausbildungsleben spricht indessen dagegen, die Ursache in bestimmten maßgeblichen Personen zu suchen. Eher ausschlaggebend waren zweifellos die sich verändernde Rolle der Psychoanalyse in der Gesellschaft, andererseits gewisse Risikofaktoren, die sich aus der speziellen inzestuösen Intimität einer geschlossenen psychoanalytischen Subkultur ergeben.

Die deutschen Psychoanalytiker als Berufsgruppe waren nach langer Isolierung und Diskriminierung nun endlich dabei, sich einen respektablen gesellschaftlichen Status zu erobern. Ihre Privilegien gegenüber benachbarten Berufsgruppen abzusichern, diente der automatische Wunsch nach stärkerer Abschirmung. Aus diesem wiederum folgte die Versuchung, die Integrationskraft der Lehre durch Dogmatismus zu erhöhen und disziplinierende Vorschriften gegen neue Ideen und Methodenvarianten zu erlassen. Gegen Tendenzen von Gruppenmitgliedern, sich enger mit Nachbarprofessionen zu verbünden, bot sich eine Reinheitsideologie mit entsprechenden Berührungstabus an. Dazu paßte dann die Ausbildung eines priesterlichen Moralismus in den Führungsgremien, der ein gruppenkonformes Wohlverhalten der Mitglieder sicherzustellen hatte.

Hinzu kam dann, was ich als inzestuöse Intimität bezeichnete. Psychoanalytiker setzen sich fortgesetzt einer tiefen Beunruhigung aus, wenn sie sich täglich viele Stunden von den Aggressionen, Ängsten, Verzweiflungen ihrer Analysanden berühren lassen. Viele von ihnen betreiben dieses Geschäft ganztägig und haben keinen Ausgleich in einer ergänzenden sozialen Aktivität, in der sie aus sich herauslassen könnten, was sie, mit ihren Patienten mitfühlend, an Problemen in sich aufgerührt haben. Dann bleibt für sie der psychoanalytische Vereinsbetrieb als das wichtigste Stück sozialer Realität übrig, in der sie sich handelnd ausleben. Und hier treffen nur künstliche Familien in engster Verflochtenheit aufeinander. Analytische Väter und Mütter mit ehemaligen Analysanden-Söhnen und -Töchtern. Vieles weiß man innerhalb der Generationen und auch zwischen den Generationen voneinander über die Couch. Unaufgelöste Übertragungs- und Gegenübertragungsgefühle flammen wieder auf. Mörderische Rivalitäten werden, getarnt als Streit über die Anerkennung und Zurückweisung von Kandidaten, über die Modifikation von Ausbildungs- und Prüfungsbestimmungen ausgetragen. Unterdrückte Selbstzweifel fördern einen zwanghaften Perfektionismus in den Ausbildungsforderungen, so wie Eltern mit unbewältigten eigenen Sexualkonflikten zu einer besonders tabuierenden Sexualerziehung ihrer Kinder neigen. Die allmähliche Realitätsentfremdung begünstigt schließlich, was sich in bekannten Anekdoten spiegelt: Analytiker, die privat wie im Vereinsleben immerfort Deuten und praktisches Handeln vermischen, ihre Angehörigen, Kollegen, Ausbildungskandidaten wie Patienten interpretieren und dabei übersehen, wie oft sie dabei selber nach Patientenart rationalisieren.

So wirken gesellschaftliche, gruppendynamische und persönliche Faktoren zusammen, die in der psychoanalytischen Organisation jenes antianalytische Klima gefördert haben, das Anna Freud, lebte sie noch, heute zumindest im gleichen Maße wie 1972 zu beklagen hätte. Aber Religion ist etwas anderes als Kirche, Sozialismus etwas anderes als zentralistische Funktionärsherrschaft. Und Psychoanalyse ist etwas anderes – oder sogar das Gegenteil – als manche ihrer institutionalisierten Erscheinungsformen.

Alle Enttäuschungen über die antianalytische Entwicklung des psychoanalytischen Vereinsbetriebes haben mich nie daran zweifeln lassen, mich als Psychoanalytiker zu verstehen. Psychoanalyse, wie ich sie gelernt habe und begreife, ist die Wissenschaft und Kunst –, endlos weiter und tiefer zu fragen und diese sokratische Offenheit bis zum äußersten durchzuhalten. Die Radikalität der Psychoanalyse enthält Risiken. Deshalb erfordert der Umgang mit ihren Instrumenten Behutsamkeit und äußersten Respekt in der zwischenmenschlichen Beziehung. Sie geleitet den Fragenden auf einem hilfreichen Weg, solange dieser die Ungeschütztheit des Zweifels aushält. Der Analytiker ermutigt den Fragenden, also den Analysanden, und hält mit ihm Ausschau, wohin die Entdeckungsreise weitergehen könnte. Aber ob der Analysand weitergeht, bleibt stets dessen Entscheidung. Der Analytiker darf nie drängen, wie etwa eine Mutter, die sich einbildet, sie wüßte stets am besten, was ihrem Kinde gut täte.

Freuds Schüler Willi Hoffer, mit dem ich befreundet war, benutzte gern folgenden Vergleich: Der gute Analytiker benehme sich nicht wie ein Bergführer, der seinen Touristen am Seil hinter sich herziehe, sondern wie einer, der immer dicht hinter dem Touristen bleibe, ihm helfe, die Route zu finden, und zugleich aufpasse, daß der Tourist nicht abstürze.

Aber dazu gehört viel Geduld, und riskante Bergsteigerei kann auch dazu verleiten, daß analytische Bergführer sich zuwenig auf ihre Klienten verlassen und lieber selber von oben dirigieren. Sie werden nervös und überaktiv. Sie steuern, wo sie besser abwarten sollten. So können dann leicht autoritäre Therapeuten und Ausbilder entstehen, die ihre eigene Unsicherheit in den Nachwuchs projizieren und dann die Ausbildung überreglementieren, damit – angeblich – die Kandidaten vor Unbedachtheiten oder Irrwegen bewahrt werden.

Je glatter Psychoanalytiker aus einer geschützten bürgerlichen Kindheit in die privilegierte Therapeutenkultur hineingewachsen sind und je ausschließlicher sich ihr soziales Leben auf das Therapie- beziehungsweise Lehranalysenzimmer beschränkt, um so eher sind sie nach meinem Eindruck in Gefahr, ihre Ängste durch autoritäre

Machtansprüche und Größenideen abzuwehren. Sie spüren natürlich, daß die Psycho-Szene, in der sie leben, eine höchst labile Kunstwelt ist und daß sie sich, wenn sie sich als professionelle Helfer zur psychischen Befreiung des Menschen deklarieren, in eklatantem Widerspruch zu gesellschaftlichen Mächten befinden, die menschliches Leben immer totaler erfassen, verwerten und verplanen. Schirmen sie sich gegen diese Realität ab und relativieren sie sie in der Therapie vielfach als bloße Projektion von Ängsten oder Aggressionen, dann können sie sich und einen anfälligen Teil ihrer Klienten in weltfremde Sektierer verwandeln, die nur noch in, mit und durch Therapie denken, sprechen und leben können. Und wehe denen, die diesen Psycho-Totalitarismus ablehnen und meinen, daß Psychoanalyse um so eher dehumanisiert wird, je weniger sie sich mit den gesellschaftlichen Mächten auseinandersetzt, die Gesundheit praktisch als psychische Unfreiheit fordern und bewirken. Auf die Gunst der Sektierer werden sie zu verzichten haben.

Ich hatte es ja einmal als Jugendlicher mit Nietzsche versucht, in der »Höhle des Innerlichen« ein »Asyl« zu finden, »wohin keine Tyrannei dringen kann«. Ich hatte entsprechend der Empfehlung Freuds in »Das Unbehagen in der Kultur« geglaubt, daß man »die Versagungen der Außenwelt« nicht mehr schmerzlich spüren müsse, wenn man die wesentlichen Befriedigungen in der Welt des Geistig-Seelischen suche.[62] Aber die Realität des Totalitarismus, des Krieges, der systematischen Menschenvernichtung, das Bewußtsein der Mitverantwortung und meine mit sozialen Traumen verschränkten psychosomatischen Zusammenbrüche hatten mich frühzeitig davor bewahrt, in der Psychoanalyse so etwas wie eine totale Lebensform zu suchen. Ich war belehrt worden, daß das Innerliche nicht eine geschützte Höhle, sondern nur die eine von zwei durchgängig miteinander verbundenen Welten ist, so daß man, entflieht man einer äußeren Tyrannei nach innen, damit nur mitverantwortlich jene stabilisiert. Es ist eine wahnhafte narzißtische Selbsttäuschung zu glauben, neben der Gesellschaft, in deren Prozesse man durchgängig verwickelt ist, eine gesonderte humanitäre Psycho-Kultur pflegen zu können. Eben diese Selbsttäuschung war die Schuld jener, die in Deutschland neben dem Hitler-Faschismus die Psychoanalyse im Asyl des »Reichsinstituts« hatten überleben lassen wollen.[63]

Spannende Erfahrungen mit psychosozialer Therapie

In unserer heutigen Gießener Wohnung bewahre ich das Gerippe einer kleinen Tiroler Zirbelkiefer auf. Es ist eine Wurzel, die immer wieder versucht hat, einen mehrfach geknickten und gebrochenen Stamm in die Höhe zu treiben. Die Wurzel stammt aus dem Tiroler Tal, in dem ich mich 1945 als geflüchteter Soldat verkrochen hatte. Der verwundete Baum hat mich vielleicht darin bestätigen sollen, wie man sich wieder aufrichten kann, auch wenn man durch Brüche und Wunden dauerhaft beschädigt ist. Ich weiß, daß meine Frau sich ähnlich versteht.

Es ist nicht leicht, verständlich zu machen, warum es uns nicht bedrückte, sondern irgendwie angemessen schien und sogar eine gewisse Genugtuung bereitete, daß wir noch bis 1953 in der Halbruine meines elterlichen Wohnhauses dicht am Berliner Kurfürstendamm lebten – in zweieinhalb Zimmern mit Rissen in den Wänden, die wir selber notdürftig zugemauert hatten. Es war der Restbestand von einst sechseinhalb Zimmern, von denen durch Bombeneinwirkung vier mit der gesamten Vorderfront des Hauses abgestürzt waren. Mit einigem Geschick konnte man unsere Wohnung im dritten Stock über Mauerreste von der Straße aus erklettern. Es war die Halbruine, die schließlich als letzte im gesamten Bezirk zum Wiederaufbau abgerissen wurde. In einem dieser zweieinhalb Zimmer, in denen wir schließlich mit drei Kindern lebten, spielten sich übrigens meine ersten therapeutischen Psychoanalysen ab, darunter auch der größte Teil der Therapie, die ich im »Gotteskomplex« beschrieben habe.

In der unverwüstlichen Zirbelkiefer und in der lebendigen Halbruine war etwas von unserer inneren Gegensätzlichkeit erhalten: Tod und Lebenswille, Behinderung und Gesundheit, Trauer und Hoffnung. Wir wollten wohl nicht verlieren, was in uns noch Ruine war. Wir wollten keine Umwelt haben, aus der die Spuren von gestern getilgt waren. Wir mißtrauten dem anbrechenden gewaltigen Wettlauf des Wirtschaftswunder-Marathons, dem Glauben an den wunderbaren Fortschritt zur narzißtischen Großartigkeit und Unversehrbarkeit.

Beruflich waren meine Frau und ich nun etabliert. Sie als begeisterte Lehrerin, ich als engagierter Arzt und Psychoanalytiker. Beide verspürten wir indessen ein fast instinktartiges Bedürfnis, in der Beziehung zu Schülern wie Patienten weit abzuweichen von autoritären Mustern, wie wir sie erlebt hatten. Schule und Therapie erschienen uns als gesellschaftliche Werkstätten, in denen man neue Formen der Partnerschaft einüben müßte. Anstatt hier wie bisher die Weichen für die Ausgrenzung von Andersdenkenden, »Versagern«, sogenannten gesellschaftlichen »Minusvarianten« zu stellen, wollten wir genau umgekehrt dazu beitragen, die Integration solcher gefährdeter Gruppen zu fördern. Diese Absicht entstammte unserem unmittelbaren Empfinden, nicht moralischer Überlegung. Unbewußt fühlten wir uns wohl spontan zu Menschen hingezogen, die nach außen darstellten, was wir noch innerlich bargen. Sie halfen uns, Kontakt zu halten mit der Seite in uns, die mit jener verkrüppelten Kiefer zu tun hatte.

Meine Frau meldete sich, als in den Schulen sogenannte verhaltensschwierige Schüler ausgesondert und in neu geschaffene Spezialklassen gesteckt wurden. Sie übernahm eine solche Klasse mit aggressiven Störern, kleinen Dieben und einigen Behinderten. Es wurde eine aufregende, aber auch spannende Arbeit. Sie nahm sich der Eltern an, um deren Mithilfe zu gewinnen. Ich unterstützte meine Frau leidlich, indem ich mich mit dem einen oder anderen Kind psychotherapeutisch beschäftigte. Natürlich kamen Zwischenfälle vor. Aber es bewährte sich, daß meine Frau sich nicht fortwährend in Kraftproben mit Störenfrieden verwickelte, sondern die Teile der Klasse stärkte, die sich mehr und mehr für ein gedeihliches Klima in der Gruppe einsetzten. Einige sogenannte Problemschüler entwickelten sich unerwartet positiv, und das Experiment war auf keinem schlechten Weg. Aber das hinderte einen Teil der Kollegen nicht daran, sich über die Methode meiner Frau zu ereifern.

Empört über vereinzelte Störfälle in der Klasse, formierten sie sich zur Opposition. Mikrogesellschaftlich entstand die klassische Polarität: Auf der einen Seite die Anwälte für Ruhe und Ordnung. Auf der anderen die vermeintliche Sympathisantin des Terrors. Keine Frage, wer die Oberhand bekam. Den Kämpfern für die »innere Sicherheit« der Schule kam noch zustatten, daß im selben Hause eine andere »Schwererziehbarenklasse« durch leidliche Disziplin glänzte. Deren Lehrer hatte sich von den Eltern Prügelerlaubnis eingeholt und machte von dieser mit dem Erfolg massiver Einschüchterung reichlichen Gebrauch. Schließlich aber beendete die Schulbehörde das gesamte Experiment.

Im Verhalten und Milieu standen viele »meiner« Wedding-Kinder denen aus jener »Schwererziehbarenklasse« recht nahe. Auch mich berührten gerade diese Kinder und ihre oft psychosozial schwer geschädigten Familien ganz besonders. Verglichen mit den neurotischen Problemen mancher bürgerlicher Patienten, denen wir am Psychoanalytischen Institut vieljährige differenzierteste Bemühungen widmeten, steckten die meisten »meiner« Wedding-Familien in unvergleichlich schlimmerem Elend und schlugen sich nichtsdestoweniger oft mit bewundernswerter Tapferkeit durch. Die Zeit, mich ihnen Hunderte von Stunden zu widmen, hatte ich begreiflicherweise nicht. Wie üblich fehlte es in diesem verarmten Arbeiterbezirk auch an niedergelassenen Therapeuten, die mir hätten einiges abnehmen können. Aber es geschah das kleine Wunder, daß sich bei unserer Stelle immer mehr freiwillige Helfer meldeten, die unsere Kapazität laufend verstärkten. Es kamen Ausbildungskandidaten des Psychoanalytischen Instituts, eine Psychologin und zwei Lehrerinnen. Zusammen mit dem regelmäßig mitwirkenden Kinderarzt und zwei Krankenschwestern waren wir am Ende eine recht stattliche Familie. Als einziger – neben dem Klinikpersonal – mit einem halben Gehalt finanziert, konnte ich den Freiwilligen nur Beköstigung und zum Teil freien Transport mit Hilfe eines 15 Jahre alten Seitenwagen-Motorrades bieten.

Unserer Arbeit kamen Umstände zugute, wie sie für die Betreuung von Unterschichtfamilien besonders sinnvoll sind. Unsere Sprechstunden fanden in den Räumen statt, in denen vormittags die Kinderärzte Poliklinik abhielten. Dieselben Krankenschwestern arbeiteten nachmittags bei uns weiter. Viele Mütter unserer Klientel hatten ihre Kinder schon in der Entbindungsabteilung dieses Krankenhauses zur Welt gebracht. So war die Klinik für sie längst zu einem natürlichen Kontaktzentrum geworden. Hier war man für sie da, wenn ihre Kinder erkrankten, sich verletzten, in der Schule versagten, stahlen, wegliefen. War das Problem anscheinend mehr körperlich, kamen sie vormittags. Ging es eher um Seelisches oder soziale Schwierigkeiten, erschienen sie nachmittags. Hatten sie zu unserem Nachmittagsteam erst Zutrauen gefaßt, beschäftigten sie uns auch mit allen möglichen komplexen Problemen: Ehekrisen, Krach mit Ämtern, Polizei, Gerichten, Heimen. Daß sie spontan gleich mit Ehemann oder Oma erschienen, war keine Seltenheit. Für diese Bevölkerung bedurfte es keiner besonderen Unterweisung in die Vorteile ganzheitlicher Familienberatung oder Familientherapie. Man erwartete von uns nicht, daß wir eine Störung oder Krankheit abgegrenzt nur als eine individuelle Eigenschaft ansehen würden.

Das Wort Familientherapie war damals noch nicht in Gebrauch. Sozialarbeiter waren allerdings längst gewöhnt, ihre Arbeit auf die gesamte Familie auszurichten. Sie nannten sich ja entsprechend »Familienfürsorger(innen)«. Erwähnt habe ich bereits, daß wir in der Mittwochsrunde reichlich Nachhilfeunterricht in psychosozialer Sichtweise vor allem von der leitenden Familienfürsorgerin erhielten. Wie hilfreich Familientherapie sein könnte, entnahm ich also dem Selbstverständnis der Wedding-Familien und der ganzheitlicheren Sichtweise in der Sozialarbeit. Hinzu kam die Möglichkeit, in unserer Stelle kotherapeutisch, also zu zweit, zu therapieren und die Erfahrungen in der Gruppe zu verarbeiten.

Ein besonderer Umstand war, daß wir es überwiegend mit Arbeiterfamilien zu tun hatten. Während es uns selbst keineswegs schwerfiel, uns auf unsere Unterschicht-Klientel therapeutisch einzulassen, bekam dieser soziologische Faktor ausdrücklich oder unausgesprochen ein bedeutendes Gewicht, wenn wir außerhalb in Fachkreisen das Für und Wider von Familientherapie diskutierten. Ich hatte ja bereits auf einige grundsätzliche theoretische und methodische Vorbehalte aus dem Psychoanalytikerlager hingewiesen. Es tauchte die Frage auf: Kann man überhaupt das, was man mit Unterschicht-Klienten – einzeln oder in Familien – macht, noch als Therapie, gar als analytische Therapie bezeichnen? Sind Menschen, die in diesem Milieu aufgewachsen sind und leben, überhaupt für etwas derart Differenziertes wie Therapie geeignet? Sind hier nicht einfache Verfahren passender, die man nach wie vor besser als Sozialarbeit oder Fürsorge benennen und den entsprechenden Berufsgruppen überlassen sollte?

Zwar traf es zu, daß wir bei unseren Wedding-Klienten in hohem Maße auch soziale Umstände in der Therapie zu berücksichtigen hatten. Aber ganz außer Frage stand für uns, daß viele unserer Klienten sehr sensibel für unbewußte Prozesse und ansprechbar für analytische Interpretationen waren. Und das sollte ja das entscheidende Kriterium dafür sein, ob von angewandter Psychoanalyse zu sprechen legitim war. Psychoanalyse ist die Wissenschaft vom Unbewußten, und wie unterschiedlich auch immer die Arbeit mit dem Unbewußten je nach Ausdrucksmöglichkeiten und Beziehungsgewohnheiten der Menschen gehandhabt wird, es bleibt, wenn sie überhaupt zustande kommt, eine Variante von analytischer Therapie.

Indessen verbarg sich hinter der Diskussion über Benennung, Methode und Zuständigkeit ein viel weitergehender, nämlich ein gesellschaftlicher Konflikt. Es ist nun einmal so, daß in unserer Gesellschaft nur relativ wenige Therapeuten mit Unterschicht-Klientel arbeiten. Therapeuten drängen sich, wie die Psychiatrie-Enquête erwiesen hat, in den Wohlstandsvierteln der Großstädte und in den Universitätsstädten. Nur wenige verlieren sich in den Arbeitersiedlungen und auf dem Lande. Obwohl sie dort, wie ich es überzeugend erfahren habe, dringend gebraucht würden, nehmen die meisten lieber die drückende Konkurrenz in den mit Psychotherapieangeboten vielfach überversorgten Regionen auf sich. Aber dies ist kein spezifischer narzißtischer Anspruch von Psychotherapeuten, sondern Symptom eines übergreifenden gesellschaftlichen Spaltungsprozesses.

Die herrschende Sozialschicht bestimmt, daß die Formen, in denen Unterschichtfamilien an ihren Problemen scheitern, angeblich von psychogenen Krankheiten streng abzugrenzen seien. Ihr Scheitern wird – wenn überhaupt als Krankheit – als rein körperlicher Defekt, als Verrücktheit, meist aber als soziales Versagen eingestuft. Das wird besonders sichtbar in Zeiten wie der gegenwärtigen, in denen soziale Gegensätze durch eine restriktive Sozialpolitik verschärft werden. Solche Politik beruft sich darauf, daß die sozial Schwachen, seien sie schon nicht mit Defiziten auf die Welt gekommen, ihre Konflikte und Probleme selbst verschuldeten. Wie sollte man auch zugeben, daß man durch eine rücksichtslose Politik der Umverteilung von unten nach oben selbst Elend erzeugt oder verschärft, ohne dessen Bagatellisierung oder Diskriminierung man diese Politik nicht rechtfertigen könnte?

Strotzka[64] und später Brähler, Beckmann und Müller[65] haben nachgewiesen, daß psychosomatische Störungen an sich nicht schichtabhängig sind. Dennoch zeigt die Praxis, daß um so weniger konfliktbedingte Krankheiten diagnostiziert werden, je mehr Patienten sich dem unteren Rand der sozialen Schichtenskala nähern. Die Diagnose bedeutet ja auch immer eine Handlungsentscheidung. Man etikettiert danach, was man machen oder unterlassen will.

Nun wird häufig gesagt, die Menschen der Unterschicht seien von sich aus minder fähig oder geneigt, Störungen oder Krankheiten auf psychosoziale Konflikte zurückzuführen. So schreibt etwa der Soziologe Klaus Horn: »Gemessen an den Mittelschichtnormen verfügen die Angehörigen der Unterschicht über kein Konzept psychischer Erkrankungen, das im Sinne mißlingender und neu zu strukturierender menschlicher Beziehungen organisiert ist. Deshalb ist psychische Erkrankung (wie Krankheit überhaupt) in der Regel als organischer Defekt, als angsterregende, heterogen generierte Verrücktheit verfaßt, nicht als konfliktverursacht. Man erwartet, daß andere etwas gegen die Krankheit tun oder daß man Mittel erhält, die man dagegen einsetzen kann.«[66]

Gewiß unterliegt diese Gruppe laufend sozialen Erfahrungen, die ihnen das von Horn unterstellte Konzept nahelegen. Ihre Angehörigen haben von vornherein nur geringe Aussicht, je Therapeuten zu treffen, die sie nach ihren Konflikten befragen. Vielmehr sind sie gewöhnt, mit Medikamenten, mit technischen Sozialmaßnahmen abgefertigt oder gar in Anstalten eingewiesen zu werden. Dennoch habe ich unsere Wedding-Population in einem mich verblüffenden Maße sensibel für psychosoziale und psychosomatische Zusammenhänge gefunden. Als ich erst einmal die richtige Sprache gelernt hatte, stellte ich fest, daß viele der Arbeitermütter nur kleiner Anstöße bedurften, um zu entdecken, wie die Symptome ihrer Kinder mit Geschwisterrivalitäten, häuslichen Einschüchterungen oder Schulenttäuschungen zusammenhingen. Auch sahen viele spontan ein, daß sich die eigene Kindheit belastend auf ihr Erziehungsverhalten auswirkte. Zahlreiche Kinder aus diesen Familien phantasierten lebhaft beim Malen oder im Sceno-Test und boten uns hinreichende Chancen, in der uns vertrauten Weise therapeutisch zu intervenieren.

So habe ich also entschieden anderes erfahren, als Horn beschrieben hat. Allerdings haben nur wenige Autoren psychische Differenziertheit und Therapierbarkeit von Unterschichtpatienten ähnlich positiv wie wir konstatiert (Albronda,[67] Gould[68]). An unserer Gießener Psychosomatischen Klinik haben später Heising, Brieskorn und Rost über erfolgreiche Gruppentherapie mit Unterschichtpatienten berichtet. Daß Therapeuten sich zu dieser Arbeit eine besondere Einstellung erarbeiten müssen, verschweigen die Autoren freilich nicht:

»Die Therapeuten sollten sich ... intensiver und in anderer Form auf ein solches Unternehmen vorbereiten, als sie es sonst gewohnt sind. Umfangreiche Informationen über die realen Probleme der Menschen unterer Sozialschichten müssen in diese Vorbereitung mit eingehen ... Diese Informationen führen die Therapeuten in der Regel zu einer intensiveren Auseinandersetzung mit gesellschaftlich bedingten sozialen Problemen und helfen ihnen, die Grenzen und die Befangenheit, gesetzt durch das eigene soziale Milieu, zu überwinden.«[69]

Die Mehrzahl der Untersucher liegt auf der Linie von Klaus Horn. Allerdings findet man die skeptischen Beurteilungen vor allem bei theoretischen Sozialwissenschaftlern oder solchen Therapeuten, die in dieses soziale Feld nicht mit eigener Praxis hineingegangen sind. Der Sammelband, dessen Resultate Horn zusammenfaßt, wertet die Erfahrungen mit 13 (!) Unterschichtpatienten aus, die sich irgendwann zufällig bei Psychoanalytikern eingefunden haben. Die Untersuchungen stammen aus einem Institut, das von seiner Lage, seiner Arbeitsform und seiner Patientenauswahl her ganz deutlich auf Mittelschichtpatienten ausgerichtet ist. So stellen sich die Herausgeber Menne und Schröter schließlich mit Recht die Frage, ob »das Bild vom typischen Unterschichtpatienten eher die Funktion einer ›self-fulfilling-prophecy‹ erfüllte«.[70] Und sie finden mit Siassy den Schluß nahegelegt, »daß der Pessimismus bezüglich psychotherapeutischer Dienste für die Unterschicht in der Regel nicht aus therapeutischer Erfahrung mit der Unterschicht folgt, statt dessen formt der Pessimismus diese Bemühungen«.[71]

Diesem Pessimismus verfielen wir also nicht. Allerdings dauerte es eine Weile, bis wir uns einen passenden therapeutischen Umgangsstil angewöhnt hatten. Neben einbestellten Familien kamen immer wieder spontan unangemeldete, die in aktueller Not waren, wenn ein Kind einen Angstzustand bekam oder wenn sie mit kindlichen Trotzepisoden, Eßstörungen oder Schulkrisen nicht weiterwußten. Es machte den Müttern meistens nichts aus, unter Umständen stundenlang im Wartezimmer zu sitzen. Allerdings erschien es ihnen dann selbstverständlich, daß wir ihnen wenigstens eine halbe Stunde zuhören und uns das Kind anschauen würden. Und darauf mußten wir uns einlassen. Wichtig war den Familien, daß wir angstfrei offen für sie waren, daß wir mit ihrer drastischen, direkten Sprache umgehen konnten und daß sie unsere persönliche Anteilnahme spürten. Wir mußten, wie man heute sagen würde, »zum Anfassen« da sein. Das war etwas anderes als primitive Distanzlosigkeit. Die Menschen waren gewöhnt, sich ungeschützt und unverblümt darzustellen, und sie wollten erfahren, ob wir mit ihnen lachen oder auch besorgt sein konnten und ob wir ihnen einfach und klar zu antworten verstanden.

Ein Behandlungsmodus bewährte sich besonders: Wir verabredeten uns zu einer geringen Anzahl von Sitzungen und überließen es den Familien, es anschließend allein zu probieren und sich gelegentlich wieder zu melden, wenn neue oder die alten Schwierigkeiten drückten. So unterstützten wir zahlreiche Familien über viele Jahre – oft allerdings in enger Zusammenarbeit mit den »Mittwochs-Leuten« und ihren Diensten.

Es entwickelte sich dabei ein unkonventionelles Klima von Vertrautheit. Mütter und Jugendliche kamen gelegentlich kurz vorbei, nur um uns eine wichtige Neuigkeit zu erzählen – so wie man es unter guten Nachbarn tut. Eine 14jährige, der ich nach einem Selbstmordversuch geholfen hatte, brachte mir wie selbstverständlich eine junge, aus dem Nest gefallene Nebelkrähe in die Beratungsstelle – warum sollte ich dieser nicht auch helfen können? (Die Krähe lebte sich übrigens in unserer Familie blendend ein, das Mädchen freute sich – und hat sich jetzt gerade, als 30 Jahre ältere Frau, wieder telefonisch gemeldet, nur um zu sagen, daß es ihr gutgehe.)

Unsere wichtigste Genugtuung in der Stelle war wohl, daß wir bei nicht wenigen Familien durch ambulante therapeutische Betreuung Maßnahmen überflüssig machen konnten, die sonst vom Behördenapparat in Gang gesetzt worden wären: Sorgerechtsentzug, Heimeinweisung, Fürsorgeerziehung, Umschulung auf Sonderschulen, Schulverweisung, Wohnungsverlust, Bestrafung. Dies ist ja der häufige Teufelskreis im Leben der sozial Schwächeren: Geldnot, schlechte oder fehlende Arbeit, beengte Wohnungen fördern Depression, Ängste, Verbitterung. Deren Abreaktion wird nicht als krankhaft, sondern als dissozial oder delinquent eingestuft und führt zu Sanktionen, die genau die sozioökonomische Misere verschlimmern, in der das psychische Elend wuchert.

Medizinsoziologische Untersuchungen, die diesen Mißstand bloßlegen, hat es inzwischen reichlich gegeben. Praktische Ansätze zur Abhilfe blieben die Rarität. Wo sie praktiziert wurden, entstanden sie überwiegend von der Basis aus nach dem Prinzip von Selbsthilfeinitiativen. Eine davon, die modellhaft genannt werden kann, sei noch kurz geschildert: Ich denke an *Kinderschutzzentren,* die sich nach dem Vorbild eines Berliner Experimentes in verschiedenen Städten entwickelt haben.[72]

In einem Berliner Hochschulseminar hatten sich der Dozent und einige Studenten intensiv mit dem Problem der Kindesmißhandlung befaßt. Sie mieteten eine Parterrewohnung in einem Arbeiterbezirk und boten Ärzten und Kinderkliniken an, sich um Fälle von Kindesmißhandlung zu kümmern. Sobald ihnen ein solcher Fall gemeldet wurde, besuchten sie sofort die betreffenden Familien und erkundeten die Umstände. Mitunter stellte sich die Mißhandlung als Verzweiflungstat auf dem Höhepunkt einer Ehekrise oder einer bedrohlichen ökonomischen Konfliktlage heraus. Schuldgefühle bewogen viele Eltern, sich den Helfern der Arbeitsgruppe spontan anzuvertrauen. Sie waren dankbar, wenn diese ihnen anboten, sie in ihren Problemen zu unterstützen, speziell das Trauma zusammen mit dem Kind zu verarbeiten.

So konnten manche Familien auf unkonventionelle Art therapeutisch wieder stabilisiert werden, die sonst erlebt hätten, was Behördenroutine automatisch zu mobilisieren pflegt: Eingriff der Polizei, des Staatsanwaltes, Heimeinweisung, Bestrafung. Also Maßnahmen zur Beruhigung der Öffentlichkeit, die aber ein weiteres Scheitern einer solchen Familie eher wahrscheinlicher machen – durch die kriminalisierende Ausgrenzung und die Zerreißung. Bald aber lernten Ärzte und auch Ämter dieses Modell von Kinderschutz zu schätzen. Unterstützungsgelder flossen. Das Kinderschutzzentrum organisierte rund um die Uhr einen telefonischen Beratungsdienst, um Familien zu helfen, in Krisensituationen Zwischenfällen vorzubeugen. Kann dieses Zentrum auch nicht Wunderdinge vollbringen, so liefert es doch einen konstruktiven Beitrag zu der Grundfrage, ob wir eher soziale Integration durch Erweiterung von Therapieangeboten oder umgekehrt Ausgrenzung durch schematisches Sanktionieren fördern wollen. Hoffentlich ist es unlängst in drei Fernsehsendungen des ZDF,[73] die Reinhart Wolff und die Mitglieder des Kinderschutzzentrums zusammen mit mir gestaltet haben, ganz gut gelungen, dieses prinzipielle Problem darzustellen.

Gegen meine damals und später veröffentlichten Erfahrungen über Therapie im Unterschichtbereich wurden manche Bedenken laut. Neben Kollegen, welche die »Verwässerung« der Psychoanalyse durch die Modifikation der Methode beklagten, störten sich andere an dem Anschein *missionarischer* Motive. Ich wies diese Motivdeutung anfänglich zurück und meinte, daß ich vielleicht nur etwas zu penetrant vermittelte, wieviel Befriedigung mir die Arbeit mit den Unterschichtfamilien eintrug. Niemand solle sich in diesem Milieu therapeutisch engagieren, der dies mit innerer Überwindung und nicht aus spontaner Lust täte. Denn sonst wäre ohnehin nichts zu erreichen. Wie ich mich mit den Menschen am Wedding – und später am Gießener Eulenkopf – fühlte, so würde es vermutlich zahlreichen Kollegen nicht ergehen.

Aber meine Kritiker ertappten mich zum einen völlig korrekt bei meiner nicht leicht zu zügelnden Neigung, die Freude an der einen oder anderen Entdeckung etwas zu laut werden zu lassen. Zum anderen gab es keinen plausiblen Grund, den moralischen Aspekt des Problems zu leugnen. Es war ja nun mal eine unmoralische Tatsache, daß die herrschende gesellschaftliche Schicht jener anderen – gegen die sie ihre Privilegien mit einer restriktiven Sozialpolitik zielstrebig erweitert – Therapie für die psychogenen Störungen und Krankheiten verweigert, für deren Reparatur sie in der eigenen Schicht ein ganzes Heer von hochspezialisierten und gutdotierten Experten aufwendet. Niemand kann zwar von den Therapeuten erwarten, daß sie eine Kluft überbrücken, die von mächtigen gesellschaftlichen Kräften aufrechterhalten und zur Zeit eher verschärft wird. Aber Psychoanalytiker sollten zumindest nicht an der Verdrängung, sondern an der Entlarvung der antisozialen Ausgrenzungsmechanismen mitwirken.

Psychiatrie mit unmenschlicher Vergangenheit

Bereits 1951/52 hatte ich eine Ausbildung zum Nervenfacharzt begonnen und ein Jahr in einer Neurologischen Klinik gearbeitet. Überwiegend hatten wir es mit chronisch Schwerkranken zu tun, denen wir wenig helfen konnten. Sie waren in unterschiedlichem Grade gelähmt durch Multiple Sklerose, Schlaganfälle, Chorea Huntington und Muskelerkrankungen. Dazu kamen Epileptiker und Parkinson-Patienten. Es gibt nur wenige klinische Fachgebiete, in denen man ähnlich eingeschränkt in seinen Hilfsmöglichkeiten schleichend voranschreitenden Leiden zusehen muß. Zu zweit oder zu dritt haben wir Assistenzärzte fast jeden Tag lange zusammengesessen und geredet und geredet. Haben die Parkinsonsche Krankheit und die Multiple Sklerose einen biographischen Sinn, wie Viktor von Weizsäcker gelehrt hatte? Gibt es Epilepsien mit psychosomatischen Zusammenhängen, wie Freud bei Dostojewskij unterstellt hatte?

Was uns in Wahrheit bedrängte, war kaum in erster Linie wissenschaftliche Neugier. Wir mußten uns unsere Ängste und Ohnmachtsgefühle vom Halse reden. Und dann leitete uns wohl auch Widerstreben gegen die anerzogene Vorschrift, Krankheit als körperlichen Prozeß abgetrennt zu sehen von dem Lebenszusammenhang der Menschen. Die Patienten selber erlebten ja oft spontan beides miteinander verknüpft:

Eine schüchterne junge Frau hatte eine schwere Multiple Sklerose mit fortgeschrittenen Lähmungen und Augenzittern. Sie hatte früher bei einem älteren verheirateten Theologen gearbeitet und war dessen Geliebte geworden. Sie hatte das Verhältnis immer wieder abbrechen wollen, aber die Trennung nicht geschafft. Einmal hatte sie gerade wieder mit ihm geschlafen, als ihn der Schlag traf. Erst bewußtlos, dann sprachgestört und halbseitig gelähmt, hatte er hilflos vor ihr gelegen. Wenige Wochen später setzten bei ihr Sehstörungen und Kribbeln im Arm ein.

Nur stockend konnte sie mir diese Vorgänge berichten. Aber nachdem sie einmal Vertrauen gefaßt hatte, tat es ihr sichtlich wohl, mich in weiteren Gesprächen noch tiefer in ihre Probleme einzuweihen. Für sie war nicht ausschlaggebend, ob es einen wissenschaftlich beweisbaren Kausalzusammenhang zwischen ihrem Schuldkonflikt, dem Schock und der MS gab. Sie brauchte die Klärung und die Anteilnahme des Arztes, um ihre Krankheit tragen zu können.

Unser damaliger Chef Hans March unterstützte unser Interesse, uns mit den Patienten näher persönlich zu befassen. Daß er selber über eine besondere Einfühlungsfähigkeit verfügte, mochte er außer seiner psychoanalytischen Ausbildung einer eigenen angeborenen Gehbehinderung verdanken. Er gehörte übrigens zu den wenigen Neurologen, die sich bald nach dem Krieg darum kümmerten, neurologisch-psychosomatische Verfolgungsschäden zu untersuchen und den Betroffenen therapeutisch oder gutachtlich zu helfen. Zu Unrecht hat das von ihm herausgegebene Buch »Verfolgung und Angst in ihren leibseelischen Auswirkungen«[74] (1960) nicht die Beachtung gefunden, die es verdient hätte.

1955 setzte ich meine nervenärztliche Weiterbildung in der Psychiatrie fort, und zwar parallel zu meiner kinder- und familientherapeutischen Tätigkeit am Wedding. In der Universitäts-Nervenklinik wurde ich erst Gastarzt, dann ärztliche wissenschaftliche Hilfskraft, schließlich ab 1958 voll bezahlter Assistent.

Dort begegnete ich nun einer Psychiatrie, in der ich, hätten sich nicht einige Assistenten freundschaftlich um mich gekümmert, bald in trostloser Depressivität versackt wäre. Fast nichts galt von den Auffassungen über psychische Krankheiten, mit denen ich mich ausgerüstet hatte. Zwischen dem Standpunkt des Klinikdirektors Prof. Selbach und meinen Vorstellungen klafften Welten. Neurosen hatten für ihn – damals jedenfalls – nichts mit Krankheiten und Psychoanalyse nichts mit Wissenschaft zu tun. Unser persönliches Verhältnis hätte also kaum spannungsvoller beginnen können, und es ist lange problematisch geblieben. Dennoch hat es dieser Mann über sich gebracht, mich als unbeirrbaren Psychoanalytiker an der Klinik zu halten und in fairer Weise zu fördern, selbst dann noch, als ich nach und nach sieben Mitassistenten zur psychoanalytischen Ausbildung verführte. Er hat mich mit wertvollen Anregungen unterstützt, als ich 1957 eine neuropsychologische Doktorarbeit über Aphasie anfertigte. Und als Stationsarzt auf einer Psychosenstation profitierte ich von den erheblichen therapeutischen Erleichterungen, die durch seine engagierte Förderung der psychopharmakologischen Forschung möglich wurden. Nicht zuletzt dank seiner persönlichen Toleranz mir gegenüber sind wir uns in Jahren persönlich nähergekommen. Ob er sein mir fremdes Grundkonzept, daß die psychischen Erkrankungen durchweg organisch verursacht seien und daß sich Psychiatrie eines Tages in rein körperlich orientierte innere Medizin verwandeln werde, je modifiziert hat, weiß ich nicht. Aber diese Theorie war nicht seine Erfindung, sondern eine breite, traditionsverwurzelte Denkrichtung der deutschen Psychiatrie. Und zumindest anfangs war ich zu sehr geneigt, der Person zur Last zu legen, was immer noch Lehrmeinung eines bedeutenden Teils der herrschenden Psychiaterelite war.

Ich sah mich genötigt, mich näher mit der jüngeren und jüngsten Geschichte dieses Faches zu beschäftigen. Der Strömung der gesamten Medizin folgend, hatte sich im 19. Jahrhundert auch die Psychiatrie mehr und mehr der naturwissenschaftlichen Forschung verschrieben. Der deutsche Psychiater Wilhelm Griesinger (1817–1886) hatte den rasch allgemein anerkannten Satz verkündet: »Geisteskrankheiten sind Gehirnkrankheiten«, und Generationen von Fachkollegen waren ihm in dieser Auffassung gefolgt. Die Gehirnforschung war zum wissenschaftlichen Grundlagenfach der Irrenärzte geworden.

Einige Geistesstörungen hatten sich auch auf organische Defekte zurückführen lassen, so auf Geschwülste, Arteriosklerose, Entzündungen des Gehirns. Blieb die Suche nach einer körperlichen Ursache vergeblich, so bei dem Hauptteil der psychischen Erkrankungen, glaubte man nur an ein vorläufiges Scheitern infolge zu grober Untersuchungstechniken. Fortschritte der Neuropathologie und der Neurophysiologie würden auch diese letzten großen Rätsel der Psychiatrie lösen, das war die gängige Überzeugung. Ernst Kraepelins im Jahr 1900 erschienenes Lehrbuch »Einführung in die psychiatrische Klinik«, für mehrere deutsche Psychiatergenerationen das bestimmende Werk, hatte mit der lapidaren Feststellung begonnen:

»Meine Herren! Die Wissenschaft, die uns in den folgenden Vorlesungen beschäftigen soll, ist die Seelenheilkunde; ihr Gegenstand sind demnach die Seelenkrankheiten. Allerdings kann man – streng genommen – nicht von Erkrankungen der Seele sprechen. Vielmehr sind es vom ärztlichen Standpunkte aus die Störungen in den körperlichen Grundlagen unseres Seelenlebens, auf die wir unsere Heilbestrebungen zu richten haben.«[75]

Aber Kraepelin hatte genausowenig wie die übrige Psychiaterelite angeben können, worin denn nun die körperlichen Grundlagen des Großteils der Seelenkrankheiten bestünden. Das sture Festhalten an dem unbelegbaren Dogma mochte sich zum Teil aus der automatischen Anpassung an die naturwissenschaftliche Denkströmung der Zeit herleiten. Aber diese Erklärung dürfte kaum ausreichen. Vieles spricht dafür, daß die Psychiater hofften, durch die Integration in die naturwissenschaftliche Organmedizin den gesellschaftlichen Außenseiterstatus ihrer eigenen Berufsgruppe wie ihrer Patienten aufheben zu können.

Jahrhundertelang hatte den psychisch Kranken der Verdacht angehangen, es bestünde ein Zusammenhang zwischen ihrem Leiden und der Sünde. Zigtausende von psychisch Kranken dürften auf den Scheiterhaufen der Hexenverfolgung geendet sein. Die Bestrafungs- und Disziplinierungstorturen in den Irrenanstalten trugen deutlich exorzistische Züge. Konnte man nun mit der Lehre aufwarten, daß alle Geistes- und Seelenstörungen nur von kranken Hirnzellen herrührten, so schien damit endlich ein schlagendes Argument gegen die Schuld- und Sühnetheorie gefunden. Zwischen der Verursachung einer Psychose und der einer Lungenentzündung gab es dann offenbar nicht mehr einen prinzipiellen Unterschied. Mit entsprechendem Eifer beteuerten alle Psychiater von den Lehrkanzeln: Psychologische Hintergründe seien für die psychiatrischen Krankheiten irrelevant. 1910 erklärte in einer berühmt gewordenen akademischen Rede der Psychiatrie-Ordinarius Alfred Hoche rundweg: »Die dem Laien plausibelste Entstehungsart [von Geisteskrankheiten, der Verf.] auf psychologischem Wege kommt nicht vor.«[76]

Nun gab es freilich psychische Abweichungen, die unbezweifelbar einen Erlebnishintergrund hatten. Auf die Träger dieser Störungen wurde jetzt die Verschuldenstheorie begrenzt, die lange Zeit die gesamte Psychiatrie-Klientel getroffen hatte. Den Neurotikern wurde unterstellt, daß sie zu Lasten der Gesellschaft egoistische Zwecke mit den Mitteln krankhafter Symptombildung durchzusetzen versuchten. Als Musterfall führte man lange Zeit die »Volkskrankheit« traumatische Neurose oder Rentenneurose an. Von ihr sagte der schon genannte Hoche (gleichfalls in seiner 1910 gehaltenen Rede):

»Vor dreißig Jahren noch ein unbekannter Begriff, heute eine Krankheit, die als ein tatsächlicher Krebsschaden am Organismus unserer gesamten Arbeiterschaft mit Recht Gegenstand schwerer Besorgnis ist. Diese Volksseuche ist nicht nur zeitlich nach der Unfallgesetzgebung entstanden, sondern auch in direkter ursächlicher Abhängigkeit von ihr. Das Gesetz hat, daran ist kein Zweifel, die Krankheit erzeugt.«[77]

Trotzdem blieb natürlich die Erwartung an den Psychiatern hängen, diese »Volksseuche« Neurose zu kurieren. Viel kam auch nicht dabei heraus, aller Welt die körperliche Verursachung der Psychosen zu verkünden, wenn man diese Ursachen nicht vorweisen und, was noch wichtiger war, keine *therapeutischen Erfolge* demonstrieren konnte. Während sich seinerzeit die Ärzte in den verschiedensten medizinischen Nachbardisziplinen eines großen Fortschritts nach dem anderen rühmen konnten, vermochte man in den Irrenhäusern keine verheißungsvollen Errungenschaften zu präsentieren. Statt dessen verschwanden immer mehr Menschen für viele Jahre in diesen suspekten Asylen. Die Vorurteile, welche die naturwissenschaftlich umdenkenden Psychiater aufzuheben gehofft hatten, grassierten nach wie vor.

Drei Gründe waren es vor allem, durch die sich die Psychiater in steigende Bedrängnis versetzt sahen. Erstens mußten sie zugeben, daß sie für die Hauptmasse der psychisch Kranken keine wirksame Therapie zur Hand hatten. Zweitens galt als erwiesen, daß die Zahl der Geistes- und Gemütskranken in raschem Anwachsen begriffen sei. So schrieb Kraepelin in seinem zitierten Lehrbuch: »Dabei ist die Zahl der Irren, die wir ohne die unübersehbare Schar der Psychopathen und leicht Schwachsinnigen, der Trinker und Idioten zur Zeit mit 230000 für Deutschland kaum zu hoch anschlagen dürften, anscheinend in unheimlich raschem Wachstum begriffen.«[78]

Eine besonders wichtige Rolle spielte indessen noch ein dritter, vielschichtig soziologisch begründeter Faktor. Soziale Konflikte und die Ausbreitung des nationalen Gedankens förderten Fragestellungen wie diejenige zutage: Wie kann das Volksganze in Wohlstand und Gesundheit erhalten werden, und welche Gruppen gefährden dieses Ziel? Waren nun nicht die Psychiater mit ihrem Gefolge der Hunderttausenden von »Irren« in besonderem Maße gefordert, den »Organismus« Staat endlich von einer unzumutbaren Belastung zu befreien?

Kraepelin hatte bereits im Jahr 1900 bei seinen Studenten durchblicken lassen, daß es ihm schwer genug fiel, für eine Klientel Verantwortung zu tragen, unter der das Volksganze in kaum zumutbarem Maße zu leiden habe: »Zahllose Familien werden durch ihre Kranken zugrunde gerichtet, sei es, daß die Mittel sinnlos verschleudert werden, sei es, daß langes Leiden und Arbeitsunfähigkeit die wirtschaftliche Leistungsfähigkeit allmählich erschöpfen. Nur ein gewisser Teil der ungeheilten Kranken geht rasch zugrunde; die große Masse aber lebt blöde und hilflos jahrzehntelang fort und stellt eine für Familien und Gemeinden drückende, alljährlich wachsende Last dar, deren Wirkungen tief in unser Volksleben eingreifen.«[79]

Sein Kollege Hoche stimmte in dieses Klagelied ein. Er bedauerte die »humanitären Bemühungen, die darauf ausgehen, die weniger widerstandsfähigen, kränklichen oder direkt kranken Elemente zu stützen und zu hegen. Es kommen dadurch zahlreiche Organisationen in die Lage, ihre weniger guten Eigenschaften an entartende Nachkommen weiterzugeben, die sich im Interesse der Gesundheit der Rasse besser nicht fortpflanzen würden.«[80]

Gedanken dieser Art fraßen sich zumal in die deutsche Psychiatrie ein. Eingeschworen auf das Dogma der körperlichen Krankheitsursachen, die man aber nicht auffinden konnte, sah man keine Chance für Therapie außer Anstaltsverwahrung. Psychologisch orientierte Verfahren schienen sich von selber zu verbieten, nachdem man grundsätzlich psychologische Krankheitshintergründe ausgeschlossen hatte. Wie konnten sich die Psychiater nun dafür rechtfertigen, daß sie dem »Volksleben« eine »drückende, alljährlich wachsende Last« von »blöde und hilflos« jahrzehntelang dahinlebenden Irren aufbürdeten?

Der Schritt war nicht weit bis zur Entstehung eines folgenreichen Buches, das im Jahre 1920 der zitierte Psychiatrieprofessor Alfred Hoche zusammen mit dem hochgeachteten Juristen Professor Karl Binding verfaßte. In dem von ihm geschriebenen Teil führte Hoche unter anderem aus:

»Die Frage, ob der für diese Kategorien von Ballastexistenzen [er meinte geistig Schwerbehinderte, der Verf.] notwendige Aufwand nach allen Richtungen hin gerechtfertigt sei, war in den verflossenen Zeiten des Wohlstandes nicht dringend; jetzt ist es anders geworden, und wir müssen uns ernstlich mit ihr beschäftigen. Unsere Lage ist wie die der Teilnehmer an einer schwierigen Expedition, bei welcher die größtmögliche Leistungsfähigkeit Aller die unerläßliche Voraussetzung für das Gelingen der Unternehmung bedeutet, und bei der kein Platz ist für halbe, Viertels- und Achtels-Kräfte.«[81]

Der Titel des Buches lautete: »Die Freigabe der Vernichtung lebensunwerten Lebens. Ihr Maß und ihre Form.« Ohne Zweifel wähnten sich Hoche und Binding wie viele andere, die ihre Gedanken damals aufnahmen oder die spontan ähnliches erwogen, von einem besonderen sozialen Verantwortungssinn motiviert. Führende Anthropologen, Humangenetiker, Verhaltenswissenschaftler gehörten zu dem großen Kreis, der bereits lange vor dem Machtantritt Hitlers besorgt war, ohne Ausmerzung »unwerten Lebens« werde der »Volkskörper« zunehmend ruiniert werden und der Entartung anheimfallen.

Ausgangspunkt dieser sich weitverbreitenden Denkrichtung war der Glaube daran, daß der Schutz des Einzellebens nicht Vorrang haben dürfe vor den Interessen des Volksganzen. Die Übertragung des Organismusbegriffs auf das Volk oder sogar auf den Staat wurde zur Selbstverständlichkeit. Daraus konnte dann die befremdliche Idee erwachsen, daß ein »Volksarzt« die Entfernung schädlicher Teile aus dem Volksganzen genauso gutheißen müsse wie die Exzision kranker Gewebsstücke aus einem Einzelorganismus. Das erschien nicht als eine Pervertierung, vielmehr als eine gebotene moderne Erweiterung ärztlicher Ethik.

Aber es handelte sich hier keinesfalls etwa um einen geistigen Alleingang von Psychiatern und Nachbarwissenschaftlern. Die fast rauschhafte Neigung, dem »Volksganzen« die Individualinteressen zu opfern, grassierte wie eine Epidemie. Sie erfaßte Juristen, Politiker und auch einige Theologen. Ich werde mich später noch bemühen, die Denkstruktur dieser Haltung eingehender zu erörtern, von der uns heute offizielles Befremden trennt, obwohl sie, wie ich zu zeigen versuchen werde, immer noch eine verbreitete Wirksamkeit hat.

An dieser Stelle will ich nur kurz ins Gedächtnis zurückrufen, wohin sich weite Teile der deutschen Psychiatrie unter Hitler haben treiben lassen, nachdem durch jene epidemisch wuchernde Ideologie, daß im Interesse des Gemeinschaftswohls zwischen lebenswertem und lebensunwertem Leben unterschieden werden müsse, ihre Widerstandskraft untergraben worden war. Nur spärlich war der manifeste Widerstand, als 1939 Hitlers Helfershelfer Duldung bis aktive Unterstützung für die geplante Massentötung psychisch Kranker verlangten. Unter den erstmals im August 1939 von Reichsleiter Bouhler eingeweihten Ärzten befanden sich vier psychiatrische Universitätsprofessoren und drei Leiter großer psychiatrischer Anstalten.[82] Alle billigten Hitlers Pläne. Die Namen weiterer drei psychiatrischer Ordinarien stehen auf einer langen Liste psychiatrischer Gutachter, die schließlich bei der Auswahl der zur Tötung bestimmten psychisch Kranken mitwirkten.[83] Es handelte sich um die berüchtigte »T 4-Aktion«, bezeichnet nach einer Dienststelle Tiergartenstraße 4, wo die Pläne zur Vernichtung erwachsener Geisteskranker ausgearbeitet worden waren.

Ein ebenfalls als Gutachter vorgesehener psychiatrischer Ordinarius, Prof. Ewald, verweigerte die Mitarbeit. Aber auch er konnte später nicht verhindern, daß ein Teil seiner Patienten in die Tötungsanstalten der »T 4-Aktion« abtransportiert wurden. Der Psychiater Jaspersen bemühte sich vergeblich, unter den Psychiatrie-Ordinarien aktiven Widerstand gegen die Vernichtungsaktion zu mobilisieren.[84] Insgesamt sind nach Schätzungen 80 000 bis 100 000 psychiatrische Patienten durch die Aktion T 4 getötet worden.[85]

Auch außerhalb der »T 4-Aktion«, die wegen Widerstand aus der Bevölkerung im August 1941 eingestellt werden mußte, fanden systematische Tötungen von geistig behinderten Kindern und von psychiatrisch ausgelesenen KZ-Häftlingen statt. Wie Dörner berichtet, ersparte man sich bei jüdischen Häftlingen eine Begutachtung, bei nichtjüdischen fanden sich Diagnosen wie: »deutschfeindliche Gesinnung«, Hauptsymptome: »fanatischer Deutschenhasser und asozialer Psychopath«, Hauptsymptome: »eingefleischter Kommunist, wehrunwürdig«.[86]

Daß auch die höchsten Justizbeamten des Reiches die fälschlich als »Euthanasie« deklarierte Massentötung in den psychiatrischen Anstalten deckten, gehört zu den verdrängten Ungeheuerlichkeiten. Am 23. April 1941 waren sämtliche hohen Richter und Staatsanwälte des »Großdeutschen Reichs«, mehr als fünfzig an der Zahl, vom kommissarischen Justizminister Prof. Dr. Franz Schlegelberger über die industriemäßig betriebene Durchführung der Mordaktion unterrichtet worden. Der führende »Euthanasie«-Psychiater Prof. Werner Heyde hatte ihnen das Verfahren – und die Irreführung der Angehörigen durch fingierte Todesursachen – erläutert. »Keine Frage wurde gestellt, geschweige denn, daß auch nur einer dieser über fünfzig höchsten ›Rechtswahrer‹, die aufgrund ihres Dienstalters alle ausnahmslos bereits vor der Nazizeit in der Weimarer Republik als Richter und Staatsanwälte tätig gewesen waren, dagegen protestierte, daß man ihn zum Helfershelfer einer Massenmordaktion machte.«[87] Schlegelberger, der diese Veranstaltung als amtierender Justizminister leitete, betätigte sich nach dem Kriege (1956) als Herausgeber von »Das Recht der Gegenwart. Ein Führer durch das in Deutschland geltende Recht«.[88]

Dörner hat auf die merkwürdige Tatsache aufmerksam gemacht, daß die Bevölkerung im Kriege sich zu der Judenvernichtung kaum rührte, aber vielfache Protestaktivitäten gegen die Tötung der psychisch Kranken entwickelte, während die Reaktion in der Nachkriegszeit genau umgekehrt war. Da wurde und blieb die Judenverfolgung trotz aller Verdrängungsversuche ein öffentlich erregendes Thema, während die sogenannten Euthanasie-Aktionen nahezu völlig aus dem öffentlichen Blickfeld verschwanden. Nach Mitscherlich/Mielkes Buch »Wissenschaft ohne Menschlichkeit«, das die Nürnberger Ärzteprozesse dokumentierte, schien so etwas wie eine heimliche Verschwörung zu funktionieren, an diese Dinge nicht mehr zu rühren. Wer dennoch daran erinnerte, sah sich als Nestbeschmutzer geächtet und innerhalb der Fachwelt in eine Außenseiterposition gedrängt. Alexander Mitscherlich konnte ein Lied davon singen.

Aber wer weiß, ob der Holocaust nicht ebenso totgeschwiegen worden wäre, hätten uns die Juden in den Vereinigten Staaten und Israel nicht beharrlich von außen in der Anstrengung des Vergessens behindert.

Die Morde in der Psychiatrie aufzuarbeiten war und ist allein unsere Sache. Die Schwierigkeit, sich damit zu befassen, wurde noch durch mehrere Umstände erschwert: Die Tötungs-KZs waren zerstört, die »Euthanasie«-Anstalten indessen nach wie vor voll belegt und in Funktion. Die KZ-Greuel ließen sich eher projektiv einer gewissenlosen SS-Mörderclique zuordnen. Aber wie sollte man damit fertig werden, daß das Gros der Elite eines idealisierten ärztlichen Berufsstandes der grauenhaftesten Pervertierung seiner humanitären Aufgabe überführt war? Machte diese Berufsgruppe etwa im nachhinein irgendwelche hilfreichen Anstrengungen, ihr furchtbares Versagen in aller Öffentlichkeit aufzuarbeiten, oder mußte es nicht eher umgekehrt als Beschwichtigung oder gar indirekte Rechtfertigung erscheinen, wenn Hauptverantwortliche der »Euthanasie« von Eingeweihten gedeckt wurden? 6000 bis 7000 schriftliche psychiatrische Gutachten hat der Leiter der »T 4-Aktion«, Prof. Werner Heyde, noch von 1950 bis 1959 mit Kollegenprotektion unter falschem Namen erstatten können, ehe er aufflog.[89] Verstrickte Kollegen amtierten nach wie vor in den verschiedensten Stellungen. (Die umfassendste Dokumentation der industriellen Massentötung der psychisch Kranken hat kürzlich E. Klee veröffentlicht: »Euthanasie im NS-Staat.«[90])

Anders als in den USA hatte in Deutschland die Feindschaft zwischen der orthodoxen Psychiatrie und der Psychoanalyse, die Dörner die »heftigste und unsachlichste in der Geschichte dieser Wissenschaft«[91] nennt, mit dem Sieg der orthodoxen Richtung geendet. Schon in den dreißiger Jahren waren in Deutschland zugleich mit den jüdischen Psychoanalytikern alle Gedanken Freuds aus der Psychiatrie radikal eliminiert worden, während die Psychiatrie in den USA, vom selben Sigmund Freud inspiriert, eine gründliche Reform in Richtung psychoanalytisch-psychotherapeutischer Orientierung erlebt hatte.

Bei Kriegsende war hierzulande die orthodox-konservative Psychiaterelite praktisch unter sich. Die These von Griesinger und Kraepelin, daß psychische Krankheiten im Grunde Körperkrankheiten seien, galt unangefochten weiter.

In dem Lehrbuch »Klinische Psychopathologie« des führenden Psychopathologen Kurt Schneider stand auch noch 1955 sein ehernes Bekenntnis von 1939, daß die Psychiatrie das Ziel habe, sich somatologisch zu vollenden: »... es muß das Ziel der Psychiatrie als einer medizinischen Wissenschaft sein, zu immer weiteren eindeutigen körperlichen Befunden zu kommen... Wäre die Idee der Psychiatrie als medizinische Wissenschaft vollendet, hätte die Psychopathologie in ihr diagnostisch keinerlei entscheidendes Gewicht mehr.«[92] Von Psychotherapie ganz zu schweigen, die bei allen psychischen Krankheiten als wissenschaftlich unbegründet und deshalb sinnlos galt.

Ich begegnete einer Psychiatrie, in der einzelne Vertreter immer noch ein vordringliches Ziel darin sahen, die Fortpflanzung »psychischer Minderwertigkeiten« zu verhindern, ein Ziel, dem man allerdings vorläufig wegen der Nazi-Verbrechen in den Anstalten nicht weiter nachgehen dürfe. Viele trieben mit großem Engagement neuropathologische, neurophysiologische und biochemische Studien. Die dringend vermuteten körperlichen Grundlagen der großen Psychosen aufzudecken, sollte helfen, eine organische Kausaltherapie zu entwickeln und dadurch endlich die Ohnmacht des herrschenden therapeutischen Nihilismus zu überwinden. Wieder andere ergingen sich darin, die Welt der psychisch Kranken in umfangreichsten Abhandlungen minuziös phänomenologisch zu beschreiben und mit philosophischen Kommentaren zu versehen. Diese hörten wenigstens genau zu, wenngleich sie am Ende mehr über die Menschen hinwegphilosophierten, als daß sie sich direkt mit ihnen eingelassen hätten. Eine Gruppe gab es noch, fast hätte ich sie vergessen, die in nichts anderem ihre Energien erschöpfte, als psychiatrisches Leiden etikettierend zu rubrifizieren, sich ständig über Benennungen zu streiten, schließlich klassifizierte Gruppen statistisch zu erfassen und rechnerisch hin und her zu korrelieren.

Jedenfalls vermittelte man mir, als ich in die klinische Psychiatrie eintrat, als oberste Verhaltensregel: Distanz und nochmals Distanz! Vor der Versuchung, sich Schizophrenen – der größten psychiatrischen Krankheitsgruppe – mit einfühlendem Verständnis zu nähern, sollte der Lehrsatz schützen, daß bei ihnen die »Sinngesetzlichkeit«

zerrissen sei. Motivierende Erlebnisse seien bei ihnen nicht vorhanden.[93] Das unterscheide sie von abnormen Erlebnisreaktionen. Diese aber seien keine Krankheiten, weswegen eine psychotherapeutische Beschäftigung mit ihnen nichts mehr mit wissenschaftlicher Medizin zu tun habe.

Psychosentherapie als Gratwanderung

Als ich nach kurzer Tätigkeit auf der Neurosenstation der geschlossenen psychiatrischen Frauenstation zugeteilt wurde (1955), bekam ich es dort überwiegend mit schizophrenen Patientinnen zu tun. Das sollte für fünf Jahre so bleiben. Natürlich war ich als gerade fertig ausgebildeter Psychoanalytiker darauf erpicht, so viel wie möglich mit den Kranken zu sprechen und genau das zu versuchen, was unmöglich sein sollte, nämlich mich in ihre psychischen Prozesse einzufühlen. Aber anfangs fand ich für solche Gespräche kaum Zeit und innere Ruhe. 28 bis 30 Patientinnen, davon viele verwirrt, erregt, von Stimmen geängstigt, hielten uns Stationsärzte pausenlos in Atem.

Dazu immer wieder Neuaufnahmen, Papierkrieg, besorgte Angehörige – alles in Hetze, nur schnell etwas sagen, machen, anordnen. Hätten nicht erfahrene, geduldige Diakonieschwestern und mit diesen gut harmonierende Pflegerinnen einen gewissen Halt geboten, wäre das reine Chaos ausgebrochen. Die Atmosphäre griff mich ungemein an. Sie war ja nicht durch eine nur äußerliche Aufgeregtheit bestimmt, sondern die Ängste, Verzweiflungen, Aggressionsausbrüche der Psychotikerinnen kamen aus dem Mark und drangen ins Mark. Es waren Menschen, deren Ich ungeschützt von frühen archaischen Impulsen und Schuldängsten überschwemmt wurde. Ließen wir uns auf Kontakt ein, wurden wir unmittelbar von der Wucht ihrer Gefühle mitgerissen. Die Halluzinationen und Wahnideen handelten von Gott und Teufel, von Engeln und Verdammnis, von Heil und Vergewaltigung, Erlösung und Weltuntergang. So krankhaft und wirr viele Ideen waren, es war nie bloß irgendein verschrobenes Zeug. Ich spürte, daß diese Mädchen und Frauen wehrlos von Problemen geschüttelt wurden, über die wir »Normalen« mit unseren Verdrängungskünsten überwiegend hinwegleben. Faszination, Angst, zugleich hektischer Eifer, waren anfangs meine vorherrschenden Reaktionen.

Natürlich war auch die aktionistische Betriebsamkeit überwiegend Ausdruck barer Angst und nicht primär durch die Sachzwänge bestimmt. Von erregten Schizophrenen mit ihren aus der Tiefe aufgerührten Phantasien geht ein unheimlicher Sog aus. Man spürt, wie leicht auch im eigenen Inneren mehr in Bewegung kommen könnte, als man in Schach zu halten geübt ist. Schizophrene sind oft ungemein einfühlungsbegabt. Sie spüren im Partner Unbewußtes. Man erlebt durch sie Peinliches in sich entblößt. Und ich habe mehrere Male verfolgt, wie gastweise praktizierende Psychologen nach wenigen Tagen Beschäftigung auf unserer Station durch eine Art Ansteckung selber in eine wahnhafte Stimmung gerieten. Ganz so weit ging es bei mir nicht. Aber mitunter konnte ich mich abends nur schwer von der Spannung befreien, die sich in der Nähe zu den Kranken in mir aufgestaut hatte. Nicht selten gingen mir auch Schuldgefühle nach, wenn ich Gespräche hatte unterbrechen müssen, in denen Patientinnen viel von sich hergegeben hatten. In ihrer Krankheit verstanden solche Frauen oft nicht, warum man den einmal angebotenen Kontakt willkürlich beendete. Warum ließ man sie fallen, nachdem man sie erst aus ihrer psychotischen Absonderung herausgeholt hatte?

Ich erinnere mich an eine junge Frau, die bei jedem Gesprächsende rätselte, ob sie mich durch ihre zwiespältigen Gefühle kaputtgemacht habe. Ich konnte nicht einfach davongehen, weil es Zeit oder weil ich müde war. Daß ich anderntags den Kontakt zu ihr wiederaufnehmen würde, war ihr fraglich, weil ihre Gefühle so radikal hin und her schwankten. Konnte ich sie verlassen und trotzdem verläßlich sein? Sie übte mit mir ein anstrengendes Trennungsritual ein. Hielt ich ihr zum Abschied die Hand hin, nahm sie diese vorsichtig in die ihre und prüfte, ob ich die meinige nach ein paar Sekunden wieder zurückziehen würde. Schickte ich mich dazu an, sobald sie ihre Hand öffnete, drückte sie mir in ihrem Blick tiefe Enttäuschung aus. Also streckte ich meine Hand erneut aus, um sie fühlen zu lassen, daß ich sie nicht im Stich lassen, sondern ihr Gelegenheit geben wolle, den Trennungsakt mitzubestimmen. Natürlich konnte ich ihr mitunter schwer meine wachsende Ungeduld verbergen, was sie zu einem bitteren Lächeln provozierte, das hieß: »Ich durchschaue dich. Du bist schon halb anderswo.« Es kam auch vor, daß sie mich entschuldigte: »Ich war zu anstrengend für Sie!«

Distanz und nochmals Distanz! War diese Verhaltensregel eher zum Wohle der Kranken oder eher zum Selbstschutz des therapierenden oder pflegenden Personals erfunden worden? War es die Furcht, von den Patienten mit verrückt gemacht oder aufgefressen zu werden? Hatten sich deshalb die orthodoxen Psychiater ins Labor davongemacht oder sich ins reine Beobachten und diagnostische Klassifizieren zurückgezogen?

Aber es gab ja nicht nur Rückzug, sondern auch Umschlag in Gewalt. Von manchen Kranken hörten wir Schauriges über Erlebnisse in anderen Anstalten: Man hatte Patienten zur Strafe zwischen Doppeltüren gestellt oder im »Beruhigungsbad« immer wieder mit dem Kopf untergetaucht, bis sie total erschöpft gewesen seien. Folter als Therapie hatte es lange gegeben. Wieviel davon mochte Angst sein, die sich in Haß verwandelt hatte? Verrieten nicht auch noch aktuell gängige Therapieverfahren viel von solchen hintergründigen Impulsen? Waren die Kardiazol- und Elektroschocks (die damals noch ohne Muskelrelaxantien appliziert wurden) tatsächlich, wie behauptet, wissenschaftlich überprüfte, rationale Heilmittel?

Es geniert mich einzugestehen, daß ich damals Elektroschocktherapie mit eigenen Händen mitvollzogen habe. Sie wurde, als ich in die Psychiatrie eintrat, als selbstverständliche Routine bei manchen Psychoseformen angewendet (nach wie vor wird sie in einigen Anstalten und auch Universitätskliniken praktiziert). Ich habe immer noch die Visitenanordnung im Ohr: »Diese Patientin wollen wir nächste Woche *behandeln*!« Also: »Behandlung« war identisch mit Elektroschocks. Den Patientinnen wurden zwei Elektroden gegen die Schläfe gedrückt – ein Stromstoß, durch Knopfdruck, versetzte sie in Sekundenbruchteilen in einen Krampfzustand. Manche brauchten furchtbar lange, ehe sie wieder zu sich kamen. Bilder, die ich schwer vergessen konnte. Aber es galt als unumstößlich bewiesen, daß dies die einzige bewährte Methode sei, um bestimmten Zustandsformen von Schizophrenie und vor allem Depression beizukommen. Was ich an Effekt sah, paßte indessen nur wenig zu dieser Lehrmeinung.

Natürlich meine ich nicht, daß wir damals geschockt hätten oder daß heute Psychiater schocken, ohne diese Therapie für rational begründet zu halten. Aber die Geschichte der Psychiatrie ist nun einmal voll von Spuren rationalisierter archaischer Impulse. Deshalb steht es unserem Berufsstand wohl an, sich fortwährend selbstkritisch zu prüfen, ob sich in das professionelle Handeln unbewußte Tendenzen hineinmengen könnten.

Das Leben auf unserer psychiatrischen Akutstation veränderte sich erheblich mit der Einführung der neuen Generation von Psychopharmaka. Vor allem durch Hanns Hippius war unsere Klinik an der Erforschung der Phenothiazin-Derivate aktiv beteiligt, mit denen zahlreichen Patienten eine wesentliche Linderung vermittelt werden konnte. Die Pharmaka erwiesen sich zwar nicht als Heilmittel, aber sie förderten ein rascheres Abklingen der schweren schizophrenen Erregungszustände. Unsere Patientinnen erwachten schneller aus ihren Verwirrtheiten. Rechtzeitig verabreicht, konnten die Pillen auch oft die Wiederkehr massiver psychotischer Unruhe verhindern. War dies etwa der entscheidende Durchbruch zur Lösung des therapeutischen Problems Schizophrenie? War die naturwissenschaftlich-biologische Psychiatrie auf dem Wege zu ihrem endgültigen Triumph?

Dies bestätigte sich nicht. Die Mittel besorgten, immerhin, eine bemerkenswerte Dämpfung psychischer Spannungen. Dadurch war der Umgang miteinander auf der Station erheblich erleichtert. Aber damit stellte sich auch bald die kritische Frage: Inwieweit rechtfertigt sich die chemische Symptomdämpfung durch den Nutzen für die Kranken, oder in welchen Fällen wird sie vielleicht nur mißbraucht, um dem Personal die Arbeit zu erleichtern? Wenn Patientinnen zu uns in panischen Wahnstimmungen und mit quälenden Halluzinationen eingewiesen wurden, war es natürlich ein Segen, daß sie mit Hilfe der neuen Drogen bald wieder zu klarer Besinnung kamen. Und wenn man sich ihnen dann zuwandte und ihnen Halt in unterstützenden Gesprächen anbot, konnte man die Medikamentwirkung sinnvoll ausnützen.

Aber die Pharmaka eigneten und eignen sich auch als Mittel, sich darum zu drücken, Kranken den so dringend benötigten persönlichen Kontakt anzubieten. Mit genügend hoher Dosierung lassen sich psychotische Patienten über lange Zeit – wie man zu sagen pflegt – ruhigstellen. Ihre künstliche psychische Lähmung läßt sie ausgeglichen und fast gelangweilt erscheinen, so daß, wer will, sich einreden kann, sich nicht mehr intensiv um sie kümmern zu müssen. Die neuen Präparate haben hie und da »Pharmakopsychiater« entstehen lassen, die praktisch ihre therapeutische Aufgabe an die mal so, mal anders dosierten und kombinierten Präparate delegiert haben. In schlecht besetzten Anstalten mit traditionellem therapeutischem Nihilismus stabilisierten die neuen Medikamente gelegentlich nur das hergebrachte System der Verwahrung und Isolierung.

In unserer Klinik verdeutlichte sich unter uns Assistenten die Polarisierung in zwei Fraktionen, die sich freilich schon vorher markiert hatte. Die einen fühlten sich durch die psychopharmakologischen Fortschritte in ihrer physiologischen Laborforschung ermutigt. Vielleicht, so hofften sie, würde die Verfolgung der körperlichen Medikamentwirkungen auf die Spur zu den entscheidenden organischen Krankheitsursachen führen. Die anderen sahen in den chemischen Präparaten vornehmlich die Chance, rascher persönlich an panisch erregte Kranke heranzukommen und mit ihnen klärende und stützende Gespräche aufzunehmen.

Aber wie konnte man die nun erleichterten psychologischen Kontakte qualifiziert methodisch ausnützen? Schlagartig wurde der Mangel fühlbar, daß die orthodoxe Psychiatrie fast nirgends eine systematische psychotherapeutische Fortbildung vermittelt hatte. In unserer Klinik meldeten sich eine(r) nach der (dem) anderen zur Ausbildung am Berliner Psychoanalytischen Institut an. Gern gesehen war es in der Klinik nicht. Und manche Kollegen redeten auch nicht darüber. Am Institut wurde mit Enthusiasmus diskutiert, was an Berichten über psychoanalytische Therapieversuche bei Psychotikern in der internationalen Literatur auftauchte. Es war allerdings bald zu erkennen, daß auch die Psychoanalyse keine therapeutischen Wunder versprach. Immerhin machte sie es leichter, die psychischen Prozesse der Schizophrenen zu verstehen. Was man versteht, verliert an Unheimlichkeit. Und Verstehen begründet Nähe. Dies war vielleicht der wichtigste Nutzen, den die Psychoanalyse für die jungen Psychosetherapeuten abwarf. Sie half ihnen, an die Menschen dichter heranzugehen und diesen Kontakt verläßlich durchzuhalten. Anstelle der bisherigen Sprachlosigkeit kam jetzt erst eine Arzt-Patient-Beziehung auf, die diesem Begriff einigermaßen gerecht wurde. Auch über die stationäre Behandlungsphase hinaus blieb – mit Einwilligung der überweisenden Ärzte – oft eine längere oder sogar dauerhafte Beziehung bestehen.

Daß die Gedankenwelt der Schizophrenen – wie es in den Lehrbüchern hieß – unverständlich sei, erkannten wir um so mehr als Vorurteil, je mehr und länger wir mit den Kranken redeten. Freilich hing die Verständlichkeit davon ab, ob man die eigenen Widerstände überwinden konnte, den aufgelockerten Assoziationen mancher Patientinnen zu folgen. Diese sprangen zum Beispiel scheinbar völlig zusammenhanglos zwischen Gegensätzen hin und her: »Es ist gut, daß ich gestern nichts zum Schlafen eingenommen habe«, meinte eine junge Schizophrene. »Da konnte ich an vieles denken.« Aber hinterher gleich: »Ich weiß nicht, was ich machen soll, damit ich besser vergessen kann.« Dann kommt heraus, woran sie denken mußte: »Man hat bei mir nie etwas gut gefunden. Wenn meine Mutter mich gebadet hat, hat sie mich ins heiße Wasser gesteckt, daß ich ganz rot wurde. Sie hat mich oft verhauen.« Von der Ehe habe die Mutter nichts gehabt: » ›Gleich war das Kind da.‹ Ich habe immer im Abstellraum gespielt. Immer habe ich meine Vergangenheit da, warum forscht man so? Eigentlich dumm, denn man lebt ja in der Gegenwart!«

Also, sie will nicht durch Einschlafen vergessen, zugleich aber die Vergangenheit hinter sich lassen. Aus unwiderstehlichem Drang muß sie sich fortgesetzt mit ihren trostlosen Erinnerungen auseinandersetzen, an denen sie hilflos festhängt. Aber es fehlt ihrem Ich jegliche Kraft, das Geschehene zu strukturieren.

So mußten wir von der Neurosenpsychoanalyse her gründlich umlernen. Mit dem Neurotiker-Ich arbeitet man zusammen, um Verdrängungen aufzulockern, Vergessenes bewußt zu machen. Das schwache Psychotiker-Ich, das wehrlos von Erinnerungen und archaischen Phantasien überschwemmt wird, braucht ganz andere Formen der Hilfe. Es muß erst geduldig gekräftigt werden, um ein Stück Festigkeit und Autonomie zu gewinnen. Wer sich etwa wie diese Kranke noch total wertlos in einer Abstellraum-Situation fühlt, hat zunächst in einer haltgebenden Beziehung zu lernen, sich selber ein Stück weit zu bejahen und in sich etwas von verläßlicher Kontinuität herzustellen.

Bei Psychosen ist der Therapeut in besonderem Maße als *Person* gefordert, speziell in seiner Fähigkeit, für den kranken Menschen durch alle Ambivalenzen und affektiven Schwankungen hindurch, die dieser ihm zumutet, da zu sein. Er kann nur wenig an das Instrument einer technischen Methode delegieren. Mit Routine ist nichts zu machen, wenn er sein Tun mit einiger Berechtigung Therapie nennen will.

Aber es wurde auch schon damals deutlich, daß wir manchen unserer Patientinnen erst dann helfen konnten, wenn wir auch ihre Angehörigen einbezogen. Die eine oder andere blieb hilflos in einem Problem stecken, an dem Familienmitglieder einen hohen Anteil hatten, ohne bisher mitverantwortlich an der Bearbeitung teilzuhaben. So bewährte sich die am Wedding eingeübte Sichtweise auch hier:

Eine Frau mit Wahnideen wurde eingeliefert, in denen deutlich ein schwerer Schuldkonflikt steckte. Nach Überwindung anfänglicher Verwirrtheit konnte sie uns die Umstände berichten, unter denen sie erkrankt war: Bis heute lebte ihr 17jähriger Sohn im Glauben, er stamme aus der Ehe der Patientin. In Wirklichkeit war er außerehelich mit einem Mann gezeugt, der ein hohes öffentliches Amt bekleidete. Dieser hatte die Patientin mit Hinweisen auf die Gefährdung seiner Karriere bis jetzt davon abgehalten, dem Sohn seine wahre Herkunft zu offenbaren. Wenn er – mit Billigung des Ehemannes – häufig in der Familie erschien und den Jungen mit allerhand Aufmerksamkeiten bedachte, so ließ er sich »Onkel« nennen. Seit einiger Zeit war der Junge in Grübeleien versunken, versagte in der Schule und wirkte schwer bedrückt. Man beschaffte ihm eine Psychologin, die – über die Familienverhältnisse im unklaren gelassen – keine Besserung zuwege brachte. Die Mutter drängte es, sich dem Sohn zu offenbaren. Aber sie brachte es nicht übers Herz, den innerhalb des Beziehungsgeflechtes dominierenden »Onkel« zu verraten. So zermartete sie sich einsam mit dem Schuldgefühl, daß ihr Fehltritt das Scheitern des Sohnes bewirke – und brach daran letztlich zusammen.

Wir gewannen den »Onkel« dafür, sein Schweigegebot aufzugeben. Alle Beteiligten sprachen sich miteinander aus und reagierten entlastet, nachdem das Geheimnis offengelegt war. Der Junge hatte die Wahrheit schon geahnt. Die Patientin erholte sich rasch und konnte bald entlassen werden.

Bekanntlich hat die damals in ersten Ansätzen begonnene Familientherapie bei Psychosen später einen rasanten Aufschwung genommen. Insbesondere amerikanische Psychiatriezentren haben diese Methode systematisch gepflegt und viel für deren Verbreitung getan. In Deutschland indessen hatten es bei Psychosen Einzeltherapie wie Familientherapie schwer, in der akademischen Psychiatrie Boden zu gewinnen. Die »biologische Psychiatrie« behielt eindeutig die Oberhand. Auch an unserer Klinik blühte die Psychosen-Psychotherapie, so sehr sich auch einige Assistenten darin engagierten, fast nur im verborgenen. Es war opportun, über diese Versuche nicht viel zu reden. Denn nach wie vor hieß es, bei Psychosen sei Psychotherapie untauglich, wenn nicht gar ein Kunstfehler. Also tauschten wir innerhalb der kleinen Psychoanalytiker-Fraktion unsere Erfahrungen meist nur im eigenen Kreis aus. Was immer therapeutisch bewirkt wurde, war nach offizieller Version Verdienst der Medikamente.

Rückblickend erkenne ich, daß wir in Konkurrenz mit den »biologischen« Kollegen damals eher geneigt waren, speziell bei Schizophrenie, unsere psychotherapeutischen Chancen zu überschätzen. Was wir bei den Kranken an innerpsychischen Abläufen und an familiären Beziehungskonflikten besser als zuvor verstanden, führte nicht zu sensationellen Heilungsrezepten. Allmählich war zu lernen, daß man den Kranken eher half, wenn man weniger ehrgeizig darauf ausging, sie therapeutisch zu verändern, sondern wenn man sich positiv auf ihre Schwächen und Besonderheiten einstellte. Die Veränderung mußte also von *uns*, von den *Angehörigen*, vom *sozialen Umfeld* ausgehen. Wir mußten darauf einzugehen lernen, wie Menschen mit andauernden Schwächen und Anfälligkeiten ihre Lebens- und Arbeitsverhältnisse einrichten möchten, um sich in unserer Gesellschaft zurechtzufinden. Die Frage war und ist, wie können Anpassungsprozesse einmal in umgekehrter Richtung bewirkt werden, nämlich daß man gesellschaftliche Bedingungen an eine beträchtliche Gruppe von Menschen anpaßt, die ungeeignet für den Hochdruck- und Streßbetrieb sind, den wir gemeinhin als normal bezeichnen? Die psychotherapeutisch orientierten Psychiater können und müssen hier wesentliche Vermittlung leisten, indem sie geduldig an den defensiven Vorurteilen der Allgemeinheit arbeiten – zunächst durch das Beispiel eines gewandelten Stils in den eigenen Institutionen.

Aber damals dominierte in unserer Klinik der Glaube an die neuen Psychopharmaka. Davon bekamen wir auf den Stationen laufend neue Varianten zum Ausprobieren. Am liebsten hätten uns manche Firmen in ein klinisches Außenlabor ihrer Forschungsabteilungen verwandelt. Aber sie dürften ohnehin zufrieden gewesen sein, wie willig ihnen zugearbeitet wurde. Sie profitierten hier wie in anderen Kliniken davon, daß junge »biologische Psychiater« in der Psycho-Pharmakologie oder Pharmako-Psychiatrie neue Profilierungs- und insbesondere auch Karrierechancen erblickten. Daraus wurde – zu beiderseitigem Vorteil – eine enge Zusammenarbeit, welche die klinikinternen Machtverhältnisse noch mehr zuungunsten unserer Psychotherapeutengruppe beeinflußte. Wir Analytiker bestritten ja nicht den begrenzten Wert der neuen Pharmaka, den wir in der Mitwirkung an pharmako-psychologischen Studien bestätigten. Aber für uns fing das Problem, den Menschen zu einer sozialen Reintegration zu verhelfen, erst da an, wo das wissenschaftliche Interesse der anderen endete. Der Hintergrund des Konfliktes war natürlich wieder der alte – Nähe oder Distanz, Solidarität oder Dominanz, Medizin als Umgang des Menschen mit dem Menschen oder Medizin als Umgang mit der Sache Organismus.

Völlig unerwartet ließ mich 1960 die Medizinische Fakultät Gießen wissen, daß sie mich bei der Besetzung eines neuen Lehrstuhls für Psychosomatische Medizin in die engere Wahl gezogen hatte. Als ich dann schließlich sogar einen Ruf für diese Professur bekam, hatte mich mein Berliner Chef gerade erst zur Habilitation in Berlin angemeldet.

Ich war der erste einer Anzahl von wissenschaftlich aktiven Psychoanalytikern, die in der Folge aus den großen Mutterfächern Psychiatrie oder Innere Medizin in das neue Spezialfach Psychosomatik/Psychotherapie gelenkt wurden. Das verhalf uns zu stärkerer wissenschaftlicher Unabhängigkeit. Andererseits wurden die orthodoxe Psychiatrie und die konservative innere Medizin auf diese Art und

Weise manche unbequeme kritische Geister los. Man gab ihnen ein, meist sehr kleines, selbständiges Arbeitsfeld – und wurde im »Mutterfach« nicht mehr von ihnen gestört. Man richtete ihnen bescheidene Polikliniken oder auch ein paar Betten für psychosomatisch oder neurotisch Kranke ein und beschränkte ihren psychotherapeutischen Anspruch damit auf eine engumgrenzte Sonderkategorie von Patienten.

Es war eine machtpolitisch elegante Lösung, die aber das fatale Mißverständnis nährte, als markiere die künstliche neue Fächergrenze die Einflußbereiche der somatischen und der psychischen Krankheitsfaktoren. Als sei das ganze Feld jenseits des kleinen Freigeheges der psychosomatisch/psychotherapeutischen Lehrstühle nun endgültig legitimer Herrschaftsbereich der konservativen Organmedizin. Es ist bezeichnend, daß in Ländern wie den USA, wo sich eine psychodynamische Psychiatrie entwickeln konnte, die Abspaltung eines Spezialfaches Psychotherapie/Psychosomatik nie in Betracht gezogen wurde.

Hätte ich Chancen für selbständige wissenschaftliche Arbeit bekommen, wäre ich damals gern in der Psychiatrie verblieben. Aber ich hatte einzusehen, daß die Zeit für eine psychotherapeutische Öffnung der deutschen Psychiatrie noch längst nicht reif war. Maßgeblich war hier ja nicht irgendeine beliebige Methodenkonkurrenz, sondern eine profunde Differenz im Menschenbild. Und dieser Gegensatz wiederum stand im Zusammenhang mit den gesellschaftlichen Verhältnissen. Wie in der Medizin psychisch Kranke behandelt werden, hängt davon ab, wie eine Gesellschaft grundsätzlich mit auffälligen, andersdenkenden oder behinderten Gruppen umgeht, ob sie sich zu ihnen eher herrschaftlich autoritär oder partnerschaftlich solidarisch einstellt. Die Hoffnung, daß es bloß ausreichend psychotherapeutisch geschulter Nachwuchskräfte bedürfe, um die Strukturen der Psychiatrie zu verändern, war naiv und utopisch. Als später durch die Antipsychiatrie und neue Ansätze von Sozialtherapie revolutionäre Bewegung in die Psychiatrie hineinkam, waren dafür bezeichnenderweise primär gesellschaftspolitische Ansätze bestimmend.

Zur Klarstellung sollte ich noch nachtragen, daß ich persönlich meinen Gießener Lehrstuhl – den ich 1962 antrat – keineswegs Leuten verdankte, die mich auf diese Weise kaltstellen wollten. Thure von Uexküll und die anderen Kollegen der Gießener Fakultät wollten mir uneingeschränkt wohl. Und mein Berliner Chef hatte mich, so unbequem ich ihm auch mitunter gewesen sein mochte, nicht etwa freudig weggelobt. Allerdings zog er mich auch nicht in Betracht für einen schon damals in Berlin etatisierten Lehrstuhl für Psychotherapie. Sonst wäre ich sicherlich in Berlin geblieben – auch wegen der erfüllenden Nebentätigkeit am Wedding, die aufzugeben mir äußerst schwerfiel.

Beförderung lockt den Macher hervor

Mein Kopf war voller Pläne, als ich zusammen mit einer Reihe mir gut vertrauter Mitarbeiter in Gießen an die Arbeit ging. Es waren eine Psychosomatische Klinik aufzubauen, Studentenunterricht in Medizinischer Psychologie, Medizinischer Soziologie und Psychosomatischer Medizin zu entwickeln, psychoanalytische Weiterbildung zu organisieren und sinnvolle Forschungsschwerpunkte zu finden. Aber wichtiger als das *Was* war das *Wie*. Genau wie mein besonderer Förderer Thure von Uexküll stellte ich mir vor, daß meine Mitarbeiter und ich jenen besonderen Geist der Medizin verwirklichen sollten, den ich etwa bei Werner Hollmann erlebt hatte. Wir wollten nicht einfach neben den anderen Fächern mit einer speziellen Krankengruppe herarbeiten, sondern dafür werben, daß die Medizin im ganzen »weiblicher«, persönlicher, zuhörender, dialoghafter würde. Gegen die Verdinglichung des Menschen durch eine ins Maßlose ausufernde Labormedizin wollten wir angehen. Dazu hatte ich bei Viktor von Weizsäcker Überzeugendes gelesen:

»Es ist nicht im geringsten so, daß etwa durch das Hinzufügen der Psychologie die Medizin nun von selbst menschlich würde... Vielmehr ist der Untergang der Menschlichkeit zu allen Zeiten und bei allen Formen der Medizin ihre chronische Krankheit, das sozusagen perennierende Übel, in das wir abzugleiten drohen mit Psychologie und ohne Psychologie.« Die Gefahr sei, daß sich die Kliniken in technisierte und bürokratisierte Fabriken verwandelten, in denen die persönliche Beziehung zum Menschen mehr und mehr Schaden leide. Aber: *»Medizin, das ist eine Weise des Umgangs des Menschen mit dem Menschen.«*[94]

Wenn man zuviel um sich herum verändern will, kann einem leicht entgehen, wie man selber durch die Umwelt verändert wird. Obwohl ich einigermaßen sensibel für gesellschaftliche Zusammenhänge zu sein glaubte, unterschätzte ich den Druck, in den ich durch meine unerwartete neue Rolle geraten war.

Im Gegensatz zu meinen Überlegungen, wie wir in Ausbildung, Fortbildung und Forschung mehr für ein psychosoziales Denken in der Medizin tun könnten, sahen die Erwartungen der meisten Professoren meiner neuen Fakultät ganz anders aus. Einige stellten sich Psychosomatik als ein erbauliches geisteswissenschaftliches Ergänzungsfach vor. Andere freuten sich, endlich einen Abladeplatz für unsympathische Patienten gefunden zu haben, die ihnen auf ihren Abteilungen den einen oder anderen Ärger bereiteten. In der klinischen Zusammenarbeit – und auch in der Forschung – sollten wir uns, das stand gar nicht in Frage, dem Denkstil und der Sprache der Somatiker anpassen, so wie wir uns ebenso selbstverständlich in die hierarchische Struktur der Ordinarienuniversität einzufügen hatten. Ich war der Fakultät beziehungsweise der Verwaltungsbehörde gegenüber für unseren Betrieb allein verantwortlich. Mitbestimmungsregelungen gab es nicht.

Unter diesen Bedingungen auf einen Schlag so etwas wie eine therapeutische Gemeinschaft zu inszenieren, wie ich es naiverweise versuchte, bedeutete schlicht eine Realitätsverkennung. Es dauerte Jahre, ehe wir später unter Ausnutzung einer reformfreundlichen Schönwetterperiode zuerst allein, dann zusammen mit der Fakultät und dem Kultusministerium eine fortschrittlichere Struktur unseres Betriebes erreichten. Indem ich gleich am Anfang vieles anders machen wollte, verfing ich mich in Konflikten und stand mir bei der Verwirklichung meiner Ideen durch mein Verhalten bald selber im Wege. Ich entwickelte ein klassisches »Beförderungssyndrom«, wie ich es in »Flüchten oder Standhalten«[95] ausführlich geschildert habe. Indem ich meine juristische Führungsverantwortung verleugnete, stiftete ich mehr Verwirrung als alles andere. Die Widerstände, auf die ich prallte, machten mir angst. Daraus folgte eine hektische Rackerei, die zwar wenig einbrachte, aber die Angst noch verschlimmerte. Ich tat mir innerlich Gewalt an, was automatisch autoritäre Züge im Außenverhalten verstärkte. Meine Mitarbeiter verspürten zu Recht wenig Lust, sich von meinem überkompensatorischen Eifer anstecken zu lassen. Ihre sanfte Resistenz machte mich eine Weile noch nervöser. Ich fing an zu ermahnen, zu kontrollieren – kurz alle Fehler eines paranoiden Chefs zu machen, der sich in neurotisch übersteigertem Leistungsehrgeiz von seiner Umwelt im Stich gelassen wähnt – weil er sich der eigenen Gestörtheit nicht bewußt wird.

Wenn mir manche ältere Mitarbeiter heute noch gelegentlich vorspielen, wie ich mich damals zeitweise benommen habe, graust es mir. Es spricht für die Widerstandskraft und zugleich die Toleranz der Gruppe, daß sie mir über diese Phase hinweggeholfen und mir mein »Beförderungssyndrom« in schonender Weise bewußt gemacht hat, bis ich mithelfen konnte, unser Gruppenleben wieder ins Lot zu bringen.

Nützlich war, daß wir viel über diese konflikthaften Gruppenprozesse miteinander sprachen. Manche Fehlhaltungen und Beziehungskonflikte lassen sich auflösen, wenn man die Abspiegelung des Sozialen im Persönlichen erkennt. Man muß dann nicht gruppeninterne Spannungen weiterhin nur auf persönlicher Ebene austragen, sondern kann darüber nachdenken, wie man sich gemeinsam sinnvoller zu den belastenden sozialen Faktoren einstellen kann.

Im Verlauf solcher Erwägungen schauten wir uns nun genauer den Gegensatz zwischen den Erwartungen der Fakultät und unseren Wünschen und Möglichkeiten an. Medizinische Fakultäten haben eine Fülle von Spezialdisziplinen organisiert, die alles beschreiben, benennen und analysieren, was in der Maschine Organismus und zwischen ihr und der materiellen Umwelt geschieht. Was da alles aus physiko-chemischen Ursachen kaputtgehen und wie man es technisch reparieren kann, darüber wird jedem Mediziner mit enormem Aufwand der Kopf vollgestopft. Jetzt wollten wir uns dazwischendrängen und zeigen, daß Krankheit und Gesundheit durchgängig auch eine psychische und eine soziale Seite haben, daß sie von ökonomischen Bedingungen, Familiendynamik, Erziehung, Arbeitsverhältnissen und ideologischen Einflüssen mitbestimmt werden; und daß die Wirkung von Therapie davon abhängt, wie der Arzt, die Schwester, das Behandlungsteam, das Krankenhaus, das Gesundheits- und das Versicherungssystem psychisch auf kranke Menschen und Gruppen einwirken. Für dieses vielgestaltige Gebiet mußte eine Mehrzahl von Fächern entwickelt und in die medizinischen Fakultäten integriert werden.

Durch unsere besondere Situation fiel uns in Gießen dafür eine Pionierrolle zu. Mitscherlich war überlastet, da er neben seiner Heidelberger Psychosomatischen Klinik das Sigmund-Freud-Institut in Frankfurt gegründet hatte, das viel von seinen Energien verschlang. Bereits entschlossen, sich allmählich aus der Heidelberger Klinik und damit aus der Medizin überhaupt zurückzuziehen, sah er in der Reform der ärztlichen Ausbildung und den Medizinischen Fakultäten nicht mehr ein Thema, dem er sich vordringlich widmen wollte. Wir waren seinerzeit neben Heidelberg die einzige selbständige Psychosomatische Universitätsklinik. Damit entfiel natürlich auf uns eine besondere Verantwortung, die Interessen der psychosozialen Medizin politisch zu vertreten.

Als ich mich ab 1966 nacheinander in zwei Kommissionen an der Vorbereitung einer neuen ärztlichen Ausbildungsordnung beteiligen konnte, hatte sich in unserer Klinik bereits eine Untergliederung in drei Teilfächer markiert: Neben der klinischen Psychosomatik und Psychotherapie hatte Peter Fürstenau durch seine Forschungs- und Unterrichtstätigkeit die Medizinische Soziologie als einen eigenständigen Bereich ausgewiesen. Dieter Beckmann, methodisch hervorragend geschulter Psychologe, machte uns deutlich, wie sinnvoll es wäre, Medizinpsychologie als Grundlagenfach auszubauen. Diese schon früh eingeübte Dreigliederung kam auch unserer Gruppendynamik zugute.

Ein gemeinsames Zentrum mit drei gleichgestellten Professuren und Abteilungen für Medizinische Soziologie, Medizinische Psychologie und Psychosomatik/Psychotherapie sollte später geschaffen werden. Daß Fürstenau selber Psychoanalytiker und Beckmann der Psychoanalyse vorurteilsfrei geneigt waren, förderte über viele Jahre unsere freundschaftliche wissenschaftliche Zusammenarbeit, die im übrigen durch die föderative Aufgliederung der Bereiche eher erleichtert als erschwert wurde.

Von unserem Gießener Modell ging ich aus, als ich ab 1967 in der »Fachvertreterkommission des Westdeutschen Medizinischen Fakultätentages« mitwirken konnte, um eine Reform des medizinischen Studiums vorzubereiten. Ich hatte dort die Medizinische Psychologie und die Psychosomatik/Psychotherapie zu vertreten, später zusätzlich die Medizinsoziologie. In endlosen Sitzungen warb ich dafür, Medizinpsychologie und Medizinsoziologie mit einem gemeinsamen Pflichtkurs ins vorklinische Studium zu integrieren und zu Physikumsprüfungsfächern zu machen. Ein Praktikum in Psychosomatik und Psychotherapie sollte sich im klinischen Studienteil anschließen.

Es wurde ein Kampf gegen viele Widerstände, auch gegen den des Psychiatrievertreters. Mein Nachteil war, daß alle anderen Vertreter eine mehr oder minder imponierende Fachgesellschaft hinter sich hatten, während es weder für die Psychosomatik noch für die Medizinpsychologie oder die Medizinsoziologie entsprechende Vertretungen gab. Also strengte ich mich an, Assistenten, Lehrbeauftragte und Hochschullehrer, die irgendwo an einer Medizinischen Fakultät Studentenunterricht in Psychotherapie, Psychosomatik oder Medizinpsychologie erteilten, in einer »Ständigen Hochschullehrerkonferenz« zu vereinigen. Walter Bräutigam und Adolf-Ernst Meyer unterstützten mich dabei. Bald stießen noch die wenigen damals schon etablierten Medizinsoziologen hinzu.

So entstand – vergleichbar unserer Gießener Dreigliederung – eine in drei Sektionen unterteilte »Ständige Hochschullehrerkonferenz für Psychosomatik/Psychotherapie, Medizinische Psychologie und Medizinische Soziologie«. Dieser neue Rückhalt und eine engagierte Fürsprache Thure von Uexkülls halfen, alle drei Fächer zu Pflichtbestandteilen des Medizinstudiums nach der neuen Approbationsordnung von 1970 zu machen. Damit waren nun alle bundesdeutschen Medizinischen Fakultäten gezwungen, Abteilungen und Professuren für Psychotherapeuten, Psychologen und Soziologen einzurichten. Da gleichzeitig auch die Sozialmedizin fest etabliert wurde (es war im wesentlichen das Verdienst des früh verstorbenen Manfred Pflanz), war der Weg für einen Durchbruch des psychosozialen Denkens in der Medizin geebnet, so dachte ich.

Es ging auf diesem Weg dann auch einige Schritte vorwärts, mit dem Rückenwind der Studentenbewegung und der Reformstimmung der siebziger Jahre. Aber dann erstarkten die Gegenkräfte. Es kam die Wende. Es bestätigte sich, was ich Ende des vorigen Kapitels bereits im Hinblick auf die Psychiatrie gesagt hatte: Die Medizin kann nicht anders werden als die Gesellschaft, deren Konzepte sich in ihr abbilden. Verschärftes Konkurrenzdenken, restriktive Sozialpolitik, massive Expansion von Technik und Pharmakochemie passen nicht zu einer sanften psychosozialen Medizin nach Weizsäckers Muster des »Umgangs des Menschen mit dem Menschen«. Das entwertet nicht, aber es relativiert die praktische Bedeutung der damaligen mit soviel Mühe errungenen Reformerfolge.

Bereits 1966 hatte mir die Medizinische Fakultät Heidelberg die Nachfolge Mitscherlichs angetragen, der endgültig nach Frankfurt übergewechselt war. Die Heidelberger Psychosomatische Klinik war in fast jeder Hinsicht besser ausgestattet als die unsrige in Gießen. Aber dort gab es keine Aussicht, ein dreigliedriges Zentrum mit Medizinischer Psychologie und Medizinischer Soziologie aufzubauen. Und dann fanden meine Frau und ich einen entscheidenden Gegengrund, mit dem wir, wo wir ihn auch mitteilten, eher Kopfschütteln erregten: Gießen war uns lieb geworden als eine ursprünglich zerbombte Stadt, deren Narben noch auf Schritt und Tritt sichtbar waren. 4800 der 5500 Gebäude des Stadtkerns waren 1944 in einer einzigen Nacht von britischen Bombern völlig oder weitgehend zerstört worden. Gießen erinnerte uns an unser verletztes, halb repariertes Berlin. Dagegen war uns das idyllisch heile Heidelberg mit dem nachts angestrahlten Schloß, Traumziel der amerikanischen Touristen, irgendwie unheimlich. Es widersprach unserem Lebensgefühl. Wir wollten eine Umwelt behalten, in der mehr von dem bewahrt war, was wir erlebt hatten. Auch erschien uns Heidelberg konservativer, selbstgefälliger und selbstgerechter als Gießen, wo wir uns mit der stark mit Flüchtlingen durchmischten Bevölkerung inzwischen recht gut eingelebt hatten. So lehnte ich den Ruf ab.

Als diese Entscheidung fiel, flackerte bereits jene außerparlamentarische Protestbewegung auf, die in den folgenden Jahren tief in unser aller Leben in der Bundesrepublik eingriff. In dieser Bewegung entlud sich eine längst angestaute gesellschaftliche Konfliktspannung. Es war der sichtbare Teil eines Dramas, das die scheinbar nur passiv betroffene schweigende Mehrheit unsichtbar mitinszeniert hatte.

Mich selber veränderte diese Krisenphase wesentlich. Sie bewog mich endgültig, Person, Beruf und politische Wirklichkeit als unlösbaren Zusammenhang zu begreifen. In der Beschäftigung mit der Wechselwirkung zwischen gesellschaftlichen und psychischen Vorgängen verfolgte ich nun systematischer einen Ansatz, den ich später als »introspektives Konzept« bezeichnete und der mich in die Nähe zu Parins Untersuchungen über den »Widerspruch im Subjekt«[96] führte: Noch gründlicher als bisher fahndete ich in mir und anderen danach, wo und wie sich unsere Innenwelt per Anpassung in ein Spiegelbild gesellschaftlicher Einflüsse verwandelte, insbesondere wo bereits das Gefühl für innere Unfreiheit durch die Verinnerlichung äußerer Unfreiheit geschwunden war.

Gleichzeitig – und im Zusammenhang damit – wurde mir zu jener Zeit klar, daß ich dieser fortschreitenden Deformation nur entgehen könnte, wenn ich künftig ganzheitlicher handelte. Ich erkannte: Es würde mich nicht vor schleichender Korrumpierung bewahren, dehumanisierende Strukturen und Rollenmuster nur kritisch zu interpretieren oder ihnen in einem schmalspurigen beruflichen Tätigkeitsfeld zuwider zu handeln. Wo ich in innerer Unselbständigkeit Entpersönlichung, Ressentiments, Rückwirkungen aus unheilvoller Politik entdeckte, hatte ich als politischer Bürger meine Mitverantwortung wahrzunehmen und damit einen – noch so unscheinbaren – Beitrag zu leisten, um auf diese Verhältnisse einzuwirken. Das hieß, mich mit Leuten und Gruppen zu verbünden, die für entsprechende Veränderungen wichtig waren: mit Basisinitiativen, Journalisten, Politikern.

Trotz aller Mängel und Fehlkalkulationen offenbarte die damals aufkeimende große Protestbewegung eine richtige Einsicht, die Herbert Marcuse artikulierte: Die Introspektion, nämlich die Bewußtmachung schmerzlicher psychischer Unfreiheit, konnte Kräfte freisetzen und Richtungstafeln vermitteln für gesellschaftsverändernde Interventionen.[97] Marcuses megalomanen Utopismus teilte ich nicht, und ich wollte und konnte auch nicht mitvollziehen, was die anbrechende Revolte an übersteigerten Zielvorstellungen und radikalen Methoden zutage förderte. Aber sie legte eine Saat, aus der überdauernde, höchst konstruktive Initiativen hervorgingen, die mir ein neues Wirkungsfeld eröffneten.

Von der Jugend zur Rede gestellt

In meiner Sicht wurde die Außerparlamentarische Opposition (APO) der Studenten Ende der sechziger Jahre jedenfalls nicht durch die Ostermarschierer, durch die »Kampagne für Abrüstung« und den Sozialistischen Deutschen Studentenbund (SDS) ausgelöst, sondern durch die herrschende Schicht und deren Scheitern im Verarbeiten des Nationalsozialismus. Diesen Zusammenhang etwas genauer zu betrachten, erscheint mir wesentlich, weil jene Krisenperiode, die mich tief beeinflußt hat, oft zu oberflächlich als ein flüchtiges Erzeugnis extremistischer Gruppen abgehandelt wird.

Wie geschildert, hatte der formale Demokratisierungsprozeß in der Bundesrepublik – auch eine vorbildliche Verfassung – nicht verhindert, daß nach dem Kriege nicht Hitlers Gegner, sondern eher Kräfte aus seinem angepaßten Gefolge allmählich die gesellschaftliche Macht zurückgewonnen hatten. Der Ersatz der Führungsinstanz Hitler durch die Amerikaner hatte es erlaubt, einen wesentlichen Teil des Nazi-Militarismus in den offiziellen amerikanischen Antikommunismus einzubringen. So waren es nicht Pannen, sondern logische Folgen aus der verdeckt weiterwirkenden Mentalität, wenn Männer wie Globke, Seebohm, Oberländer, Filbinger, Kiesinger Karriere machen konnten.

Die opportunistischen Amerikaner hatten diese Entwicklung kräftig gefördert. Ihr Interesse an der »Entnazifizierung« endete dort, wo ihre Machtinteressen berührt wurden: Bedenkenlos kooperierten sie mit Ex-Gestapo-Chefs bis hinauf zu Klaus Barbie und brachten diese in Sicherheit. Genauso ungeniert nahmen sie die gesamte Elite der deutschen Raketenexperten, ob Nazis oder nicht, in ihre Arme und ließen sie die V 1 und V 2 des Hitlerkrieges zu den neuen Großraketen der eigenen Rüstung weiterentwickeln. Entsprechend traditionellem

Siegerbrauch hatten sie in Nürnberg gemeinsam mit ihren ehemaligen Alliierten imperialistischen Machtwahn und menschenverachtende Aggression als spezifische Übel des Gegners abgeurteilt, die eigenen Anfälligkeiten dafür durch Projektion verleugnend. Blind dafür, worin sie in ihrem eigenen expansionistischen Vorherrschaftsstreben dem zerschlagenen Regime verwandt waren, war es ihnen schon bald nach Nürnberg recht, die bundesdeutsche Wiederaufrüstung mit Hilfe der gleichen Wirtschaftskreise anzukurbeln, die noch kurz zuvor Hitler mitgetragen hatten. Nicht kurzes Gedächtnis, sondern imperialistisches Trachten verleitete sie zu der Remilitarisierung der Bundesrepublik.

In einem seiner letzten Briefe klagte Albert Einstein: »Gestern Nürnberger Prozesse, heute Bewaffnung Deutschlands unter hohem Druck. Wenn ich es mir zu erklären versuche, komme ich von folgender Idee nicht los. Das letzte meiner Vaterländer hat für sich eine neue Art von Kolonialismus erfunden, ... nämlich das Herrschen durch investiertes Kapital im Ausland. Dies schafft solide Abhängigkeiten. Wer aber sich dagegen wehrt, ist ein Feind.«[98]

Durch ihre zweideutige Deutschlandpolitik – die verbal auf politische Umerziehung, praktisch aber auf Kollaboration mit wirtschaftlichen und geistigen Stützen Hitlers ausgerichtet war – kamen die Amerikaner jener Mehrheit der hiesigen Kriegsgeneration entgegen, die bald nicht mehr im Glauben an ihre neue amerikanisierte (Pseudo-)Identität erschüttert werden mochte. Eine verflachte, allein der wirtschaftlichen Expansion und dem Konsum zugewandte Mentalität hatte sich ausgebreitet. Über die Vergangenheit wurde mit Bedacht hinweggelebt. Die Schwenkung zu einer neuen Stärke- und Militärpolitik in den fünfziger Jahren schürte nur wenige beunruhigende Erinnerungen. Was mit dem Segen, ja auf Geheiß der Amerikaner und im Rahmen der parlamentarischen Regeln geschah, brauchte anscheinend nicht kritisch an der jüngsten Geschichte gemessen zu werden.

Aber nun wuchs eine neue Generation heran, die genau diese Verbindung herstellen und wissen wollte, was die Eltern verdrängten; wie ernst es diese Generation mit der ständig gepriesenen demokratischen Erneuerung meinte. Hatte etwa Karl Jaspers recht, der 1966 schrieb: »Heute droht kein Hitler und kein Auschwitz und nichts Ähnliches. Aber die Deutschen scheinen durchweg noch nicht die Umkehr vollzogen zu haben aus der Denkungsart, die die Herrschaft Hitlers ermöglichte. Werden wir, wenn es uns als Produktions- und Konsumgesellschaft gut geht, so zufrieden mit dem Augenblick, so blind für die Tatsachen, so phantastisch, so verantwortungslos, so verlogen bleiben? Dann gehen wir einem Verhängnis entgegen, ganz anderer Art als dem Hitlers, und dann werden wir uns so wenig verantwortlich dafür fühlen wie seinerzeit und heute noch die Mehrzahl der Deutschen der Realität des Hitlerstaates gegenüber. Um unseren sittlich-politischen Zustand zu durchschauen, dazu bedarf es der Kenntnis der Geschichte im Tatsächlichen und im Verstehbaren. Heute scheint noch wie früher das Tollste möglich.«[99]

Aber es stand nicht gut damit, »unseren sittlich-politischen Zustand« zu durchschauen und sich mit der Geschichte innerlich zu konfrontieren. Das Schweigen über die Vergangenheit hatte vielerlei Gründe. Für die oberflächlich angepaßten »amerikanisierten« Mitläufer war das Schweigen logisch. Für sie war die Vergangenheit bruchlos in ihrer neuen erborgten Pseudo-Identität aufgehoben. Als Musterschüler der neuen Schutzmacht, deren Ideale, Moden, Sprache, Rituale sie bis aufs I-Tüpfelchen übernommen hatten, empfanden sie sich als total bekehrt. Warum die Geborgenheit in der Anpassung an das neue Über-Ich gefährden, das insgeheim vieles zu bewahren erlaubte, was man vorher gedacht hatte? Andere schwiegen aus Scheu und Ratlosigkeit, mitunter auch aus zu ängstlicher Rücksichtnahme auf die Mehrheit der Belasteten. Aus Anstand schien es vielen geboten, den Konsens in der Phase des »Neubeginns« nicht zu stören. Aber es gab auch eine echte, sozusagen natürliche Sprachlosigkeit. Die Bilder des Holocaust und die fabrikmäßige Vernichtung der psychisch Kranken verschlugen die Sprache. Wie war das so rasch zu begreifen, einzuordnen, der nachwachsenden Jugend zu vermitteln?

Auch meine Frau und ich hatten Mühe, unsere Vergangenheit unseren drei Kindern verständlich zu machen. Was wir vom Nationalsozialismus hielten, haben wir ihnen wohl klargemacht, auch was unsere Familien direkt oder indirekt durch Hitler erlitten hatten. Aber warum hatten wir nicht noch mehr gegen das Unrecht getan? Warum hatte ich für Hitler gekämpft? Wir versuchten, ihnen als

Eltern einen Kontrast zu den Nazi-Werten vorzuleben. Dazu gehörte, sie gerade nicht zu indoktrinieren, vielmehr ihnen den Spielraum zu lassen, sich selber zu entscheiden. Das war freilich nicht nur souveräne Maxime. Es war auch Unsicherheit. Und die heranwachsenden Kinder merkten uns natürlich auch unsere Schwierigkeiten an, uns mit der neuen Gesellschaft und ihrer Machtelite zu identifizieren. Was waren wir eigentlich? Bürgerlich wohl eingeordnet und zugleich Außenseiter, teils angepaßt, teils kritisch. Sicherlich boten wir kein klares Bild.

Wir waren vielleicht ein klassisches Beispiel für das in »Eltern, Kind und Neurose« beschriebene Beziehungsmuster, in welchem Kinder ausleben, was Eltern ihnen unbewußt von eigenen geheimen Impulsen übertragen. Die Teilnahme der ältesten Tochter und des Sohnes an den antiautoritären Protesten der sich ausbreitenden Jugendrebellion war eine logische Fortsetzung von Ansätzen, die sie in uns Eltern erspürten. Aber sie ertrugen nicht unsere Zwiespältigkeit, unsere »liberale Schwammigkeit« und »Verwaschenheit«.

Typischerweise entstammten damals viele Jugendliche, die sich in der Protestbewegung engagierten, eher liberal strukturierten Familien. Und sie empörten sich auch mit Vorliebe gegen liberale, reformbereite Lehrer, Professoren oder sonstige Amtsträger. Was auf den ersten Blick paradox erschien, hatte durchaus Sinn: Natürlich konnte man von denen besonders enttäuscht sein, welche die Remilitarisierung, die Atombewaffnung der Bundesrepublik, die Notstandsgesetzgebung, das Schweigen zu dem kolonialistischen Vietnam-Krieg und nicht zuletzt zugelassen hatten, daß sich die neue Machtelite mit Ex-Nazis durchsetzte, obwohl ihnen das alles nicht gefiel.

Die liberalen Älteren traf man am Nerv, wenn man sie der Korrumpierung und der Halbherzigkeit zieh. Hätten nicht gerade sie jener opportunistischen Rückzugspolitik Einhalt gebieten müssen, welche die SPD vorgeführt hatte? Diese hatte 1953 gegen die Wehrergänzung des Grundgesetzes, 1955 gegen die »Pariser Verträge« und damit gegen den Eintritt in die NATO, 1958 gegen die Ausrüstung der Bundeswehr mit Atomwaffen gestimmt. Noch 1959 hatte sie in Europa die Bildung einer Entspannungszone mit verdünnter Rüstung sowie in ihrem Deutschland-Plan die Räumung von »Fremdtruppen und von Atom- und Wasserstoffwaffen« vorgesehen. Vier Jahre später war sie total umgekippt: Sie sagte ja zur Wehrpflicht, zur Beteiligung der Bundesrepublik an der atomaren Rüstung und nahm Kurs auf die Notstandsgesetzgebung.

In der Mehrzahl hatten die kritisch denkenden Älteren die Wende – wie widerwillig auch immer – hingenommen, weil sie Hoffnungen auf den Machtzuwachs der SPD setzten, weil ihnen die Spielregeln der Parteiendemokratie unantastbar erschienen oder weil sie geschockt waren durch die auf breiter Basis laufende Verdächtigungskampagne, die alle Opponenten zu verkappten oder offenen Kommunisten stempelte.

So war es alles andere als ein Wunder, daß in der außerparlamentarischen Opposition, die mit der Ostermarsch-Bewegung begonnen und sich in der »Kampagne für Abrüstung«[100] institutionalisiert hatte, schließlich radikale Gruppen der akademischen Jugend die Führung übernahmen. Es war ein Aufstand gegen das Verschweigen, Verdecken, Vergessen, geführt von der Generation, die spürte, daß das angeblich Überwundene immer noch virulent war. Sie begriff die lebensgefährliche Bedrohung der demokratischen Prinzipien durch eine Remilitarisierung der Gesellschaft im Schlepptau der amerikanischen Machtpolitik. Sie erkannte die zunehmende Abhängigkeit der Wirtschaft von Rüstungsinteressen, die zugleich die Richtung der technologischen Forschung bestimmten und mit der Schubkraft eines massiv geschürten Antikommunismus ungeheure militärische Gefahren heraufbeschworen.

Waren nicht der Einsatz von Napalm und Agent Orange in Vietnam Kriegsverbrechen von der Art, wie sie noch kurz zuvor in Nürnberg als Nazi-Unmenschlichkeit abgeurteilt worden waren? Ähnelte My Lai nicht Lidice und Oradour? Gerieten wir nicht durch Vietnam in Gefahr, von der geheiligten Führungsmacht in einen neuen Weltkonflikt mit den Sowjets gestürzt zu werden? Und holte unsere offizielle Propaganda nicht mit Bedacht sämtliche wohlbekannten antisowjetischen Feindbildklischees hervor, um alle Bedenken gegen unsere bedrohliche Verwicklung in diese Hasard-Politik niederzuhalten?

Die allmähliche Radikalisierung des Protestes ergab sich aus der politischen Ohnmacht der Aufbegehrenden gegen die breite Machtallianz der herrschenden Parteien. Um sich überhaupt fühlbar zu machen, mußte man provozieren, Unordnung schaffen, sich verweigern. Die Rebellierenden fürchteten, gelähmt zu werden, wenn sie ihren Widerstand den gebotenen Spielregeln des Systems unterwarfen. Wir haben herausgearbeitet, verkündete Rudi Dutschke 1967, »daß die bürgerliche Demokratie, in der wir leben, sich gerade dadurch auszeichnet, daß sie es dem Lord gestattet, mit seinem Hund spazierenzugehen und so auch den Vietnam-Protesten den Weg zur Verfügung stellte und die Kanalisierung des Protestes durchführte«.[101] Man folgte Rudi Dutschke in der Einschätzung, daß man »die bedeutendsten Ansätze demokratischen Bewußtseins nach dem Zweiten Weltkrieg in Deutschland«[102] vertrete und das Recht zu einer radikaldemokratischen Opposition wahrnehmen dürfe und müsse. Radikaldemokratische Opposition schloß bewußte Konfrontation mit der »staatlichen Gewaltmaschine« ein.

Theoretisch suchte die Protestbewegung Halt bei Marx und Marcuse und folgerte aus dem antikapitalistischen Selbstverständnis die Notwendigkeit, eine Brücke von der Studentenbewegung zur Arbeiterschaft zu schlagen. Dies mißlang. Um so mehr vertieften sich ihre Mitglieder in marxistische Literatur, um den richtigen Weg für die Veränderung des Systems unter den aktuellen Bedingungen herauszufinden. Aber für die große Mehrzahl ging es mehr darum, *überhaupt* irgendein verbindendes theoretisches Fundament zur Legitimation der Revolte zu ermitteln. Fanden sie bei Marx hilfreiche Formeln, war es gut. Wie wenig tief sie sich in seine Lehre einarbeiteten, erwies sich dadurch, daß später nur bei den wenigsten davon noch etwas haften blieb.

Allmählich vollzog sich, was jeder aktionistischen Protestbewegung droht: Die Protestierenden verinnerlichten unbewußt, wogegen sie kämpften. Sie propagierten, durch Herausforderung des staatlichen Machtapparates dessen »latenten Faschismus« in »manifesten Faschismus« umschlagen zu lassen und damit für jedermann deutlich zu entlarven.[103] Die »Guerilla-Mentalität«[104], die Rudi Dutschke ausdrücklich forderte, verstärkte die Aggressivität der Aktionen und bewog Jürgen Habermas, Dutschkes »voluntaristische Ideologie« als »linken Faschismus«[105] zu verurteilen.

Es wuchs die Enttäuschung, daß sie nicht in der Breite jene revolutionäre Stimmung entzünden konnten, von der sie in den eigenen

Kerngruppen erfüllt waren. Ohnmächtige Wut entlud sich in wilden Ausfällen gegen alles, was in den erreichbaren Institutionen Autorität repräsentierte. An die Stelle bedachter politischer Aktionen trat Gewalt gegen hilflose Individuen. Die Studenten jagten ihre Professoren und bewarfen sie mit Eiern. Teile der Bewegung kippten um zu einer – wie es Marcuse nannte – »pubertären Revolte, die sich gegen das falsche Objekt richtet«. Denn: »Der Gegner wird längst nicht mehr durch den Vater, den Chef oder den Professor repräsentiert; die Politiker, Generäle und Manager sind keine Väter, und das Volk, das sie beherrschen, besteht nicht aus revoltierenden Brüdern. Gesamtgesellschaftlich gesehen hat pubertäre Rebellion nur einen kurzlebigen Effekt; sie erscheint oft kindisch und clownesk.«[106]

Trotz ihrer Unklarheiten und ihres oft ins Chaotische ausufernden Ungestüms erhellte die Revolte ein zentrales gesellschaftliches Konfliktfeld. Tatsächlich war der »latente Faschismus«, den ja auch Jaspers diagnostiziert hatte, als geistige Grundhaltung noch bis in den familiären Bereich hinein lebendig. Das Mann-Frau-Verhältnis, die Kindererziehung, die Strukturen in den Bildungseinrichtungen enthielten nur wenige Ansätze, autoritär-repressive Mechanismen abzubauen. Entgegen ihren Deklarationen eröffnete die Elterngeneration der Jugend nirgends den Weg zu einer radikalen Überwindung der geistigen Erbschaft, mit der sie selber noch allenthalben behaftet war. Also hatten die Rebellierenden durchaus recht, mit ihrer enttabuierenden Razzia alle Bestände an privaten und institutionellen Lebensformen gründlich zu entrümpeln. Sie taten gut daran, an sämtlichen Rollenstereotypen zu rütteln, um sich den Spielraum für einen Neuanfang zu schaffen. Die Befreiung mußte von ganz unten anfangen bei der Möglichkeit jedes einzelnen, von Kind auf eine neue Mündigkeit zu erlernen. Also waren die Mütter, die Väter, die Lehrer *notwendige* Adressaten kritischer Befragung, auch entlarvender Herausforderung. Die qualvollen Intergenerationen-Konflikte, die durch diese Verunsicherungen in Hunderttausenden von Familien ausbrachen, waren unvermeidlich, wenn diese Gesellschaft die Stagnation in der Verarbeitung ihrer Geschichte je überwinden wollte.

Aber die Gefahr jeder radikalen Konfrontation besteht darin, daß beide Seiten in sich nicht mehr wiedererkennen, was sie auf der jeweils anderen Seite bekämpfen, beziehungsweise, daß die eine Seite der anderen total abspricht, wofür sie sich engagiert. Den Rebellierenden entging weitgehend, daß – wie es Habermas ihnen vorwarf – faschistoide Elemente in ihre aggressive Strategie einflossen. Umgekehrt mißachteten sie die Sehnsucht, die zumindest in Teilen der Elterngeneration bereitlag, sich an die Impulse der Jungen anzuhängen und mit deren Hilfe persönliche und gesellschaftliche Veränderungen voranzubringen. Die Furcht, die Eigeninitiative aus der Hand zu geben und von aufgeschlossenen Eltern und Lehrern vereinnahmt zu werden, ließ die Protestierenden oft gerade diejenigen am schroffsten zurückstoßen, die ihnen innerlich am nächsten standen.

Aber die herausgeforderte machttragende Generation verfiel weitgehend den entsprechenden Mechanismen. Die ohnehin noch nicht wirklich umgedacht hatten, erkannten selbstgerecht in der Bewegung von vornherein nur einen infamen Angriff auf die demokratische Ordnung und den Rechtsstaat. Aber auch offenere und kritischere Väter und Mütter schützten sich durch Empörung defensiv vor dem Frontalangriff auf ihr Selbstbild, das sie zu Unrecht über Gebühr entwertet sahen. Nicht wenige im Grunde liberale Hochschullehrer habe ich erlebt, die sich damals in erbitterte Gegner der linken Studenten wandelten und fortan die konservative Gegenfront verstärkten. Sie waren von der Entrüstung übermannt, daß ausgerechnet sie – die sich zuvor als Pioniere demokratischer Fortschrittlichkeit ausgewiesen zu haben glaubten – nun von der Bewegung links überholt und in die rechte Ecke gestellt worden waren.

Ich selber hatte die Auseinandersetzung an drei Fronten zu bestehen. In der Klinik gab es Unruhe. Ein paar Mitarbeiter machten sich auf die Suche danach, wo auch in unserer Struktur verschleierte Repression steckte, wo mein oberflächlich sanfter Führungsstil gerade wegen dieses Merkmals gefährlich manipulativ wirkte. Ich bekam zu hören, daß meine offen gezeigte Enttäuschung und Bedrücktheit, wenn Konflikte unbereinigt schwärten, eine besonders gemeine Einschüchterungstendenz enthielten. Man müsse, wenn man gegen mich aggressiv sei, schwer erträgliche Schuldgefühle auf sich nehmen, die mich machttaktisch stets in Vorteil brächten. Auf dem Höhepunkt der Krise beschäftigten wir uns alle paar Tage stundenlang mit unseren internen Konflikten, bis wir einsahen, daß wir durch diese Nabelschau in höchst unsozialer Weise die bei uns angemeldeten Patienten vernachlässigten, denen wir unverantwortlich lange Wartezeiten zumuteten.

Mit den Studenten hatte ich es weniger schwer als die Hochschullehrer aus dem Bereich der Gesellschaftswissenschaften. Die Medizinstudenten bildeten auch in Gießen die lahmere Nachhut der Studentenbewegung, und ich gehörte nicht zu ihren erkorenen Lieblingsfeinden. Das waren vielmehr die Herrscher über die Großkliniken, deren hohe Privateinnahmen den Hauptdebattenstoff lieferten. Aber auch ich sah mich – zumindest von den orthodoxen marxistischen Gruppen – in die Feindfront eingereiht. Das mußte schon wegen der Theorie so sein: Ich könne nicht wirklich ein anderes Bewußtsein als jenes haben, das aus meinem gesellschaftlichen Sein entspringe. Alles andere als das Bestreben, die Privilegien meiner Klasse zu erhalten, sei unglaubwürdig.

Mein Sohn, damals Medizinstudent an unserer Fakultät, focht auf der Seite der reformsozialistischen Studenten. Sein und seiner Gruppe Kampf etwa gegen schikanöse Prüfungsstile und willkürliche Notengebungen bestimmter Professoren war nur zu berechtigt. Die beiden Töchter waren zu jener Zeit schon aus dem Haus. Beide mieden damals die Nähe zu uns Eltern. Die eine, streng marxistisch engagiert, betrieb ihre Emanzipation zeitweilig in rigorosem Protest gegen ihre Mutter. Es war die Phase, in der es zu glaubhafter Emanzipation gehörte, mütterliche Fürsorglichkeit ausschließlich mit verkappten Macht- und Besitzansprüchen gleichzusetzen. Die andere Tochter entfloh radikal der bürgerlichen Welt und suchte vor der als zerstörerisch empfundenen organisierten Gesellschaft Zuflucht in der Aussteigerkultur. Alle drei Kinder forderten uns auf je besondere Weise heraus und erschütterten mehr oder minder unseren Glauben, unsere Sache als Eltern ganz passabel gemacht zu haben. Es dauerte unterschiedlich lange, ehe wir wieder nahe zueinander fanden.

Was die vielen aufwühlenden Erfahrungen im damaligen gesellschaftlichen Konfliktfeld in mir bewirkten, kam nach den beiden durchgemachten Analysen fast einer neuen eingreifenden Therapie gleich. Erst jetzt wurde mir bewußt, wo ich politisch steckengeblieben war. Die Protestierenden, wiewohl in der Form ihres Kleinkrieges gegen zweitrangige Repräsentanten des Systems und in ihrem diffusen Antiautoritarismus mitunter pubertär, faszinierten mich durch die Radikalität ihrer Fragestellungen. Sie enthüllten das blamable Identitätsdefizit der machttragenden Generation, deren Repräsentanten in den kontroversen Diskussionen oft so hilflos dastanden wie Schauspieler, die ihre Rolle mit dem Konzept eines Stückes verteidigen, das ein anderer geschrieben hat.

Es beschämte mich zuweilen, mit welcher Energie und welchem Leseeifer diese Jugend ihren gesellschaftskritischen Interessen nachging. Zwar konnte ich denen nicht folgen, die darauf beharrten, aus Marx' Werk aktuell passende Revolutionsrezepte herauslesen zu können. Um so mehr fühlte ich mich zu den weniger dogmatischen Linken hingezogen, die, was sie im Großen nicht durchsetzen konnten, in ihrem engeren Lebenskreis zu verwirklichen versuchten. Sie orientierten sich an einem von Marcuse skizzierten Menschenbild einer freieren Gesellschaft, das in den wichtigsten Zügen meinem – oft mit Mühe verteidigten – Ich-Ideal entsprach. Dazu rechnete Marcuse: »Ablehnung grobschlächtiger ›Virilität‹ ... Bejahung der Sensibilität und Sinnlichkeit des Körpers ... der ökologische Protest, die Verachtung des falschen Heldentums der Weltraumeroberungen und Kolonialkriege, die Emanzipationsbewegung der Frauen ...«[107]

Ich stimmte Marcuse auch bei, wenn er feststellte: »Die individuelle Befreiung ... muß im besonderen Protest die allgemeine Befreiung vorwegnehmen, und die Bilder und Werte einer künftigen freien Gesellschaft müssen in den persönlichen Beziehungen innerhalb der unfreien Gesellschaft bereits auftreten.«[108] Und: »Kein radikaler gesellschaftlicher Wandel ohne radikalen Wandel der Individuen, die seine Träger sind.« Zugleich aber: »Keine Befreiung des Individuums ohne die der Gesellschaft. Das ist die *Dialektik der Befreiung*.«[109]

Daß es meiner Frau und mir leichter als vielen Vertretern unserer attackierten Generation fiel, die Herausforderung für die eigene Entwicklung zu nutzen, lag natürlich daran, daß wir ohnehin auf einem Weg waren, für den die Bewegung nun neue Breschen geschlagen hatte. Wir gehörten zu denen, die zwar manche aggressive Ausuferungen der Proteste schlimm fanden und die sich mehr als nötig angeklagt fühlten. Aber daß die so lange verleugnete Vergangenheit unerbittlich ans Licht gezerrt und unsere Generation überhaupt radikal zur Rechenschaft gezogen wurde, empfanden wir als unausweichlich. Genau besehen war es unsere Sache, für die jene fochten.

Unsereins *mußte* zur Rede gestellt werden, damit endlich Klarheit geschaffen würde, wie es in der von unserer Generation dominierten Gesellschaft hinter der Fassade des wirtschaftlichen Expansionismus und des hedonistischen Konsum- und Vergnügungsbetriebs aussah.

Anders mußte die Provokation auf diejenigen wirken, die ihre Vergangenheit unbearbeitet in sich deponiert hatten. Auch ihnen hätte es zwar gutgetan, endlich darüber zu reden. Aber wie sollten sie erkennen, daß in der ungestümen Anprangerung auch ein latentes Angebot für sie steckte, von dem sie hätten profitieren können? Mußten sie sich nicht, noch bevor sie sich öffnen konnten, gleich wieder in die Enge getrieben und zu neuerlicher Verdrängung genötigt fühlen? Die Mehrheit der Herausgeforderten wich also zurück und insistierte darauf, daß die Spuren der Vergangenheit mit der stabilisierten neuen demokratischen Ordnung ein für allemal überwunden seien. Aufmüpfig sei die Jugend nur, weil ihr das Leben in Überfluß und Verwöhnung zu Kopf gestiegen sei – Privilegien, die sie dem Leistungsstreben und dem Ordnungssinn jener zu verdanken hätten, die sie jetzt als verrottetes und verfaultes Establishment verdammten. Man solle endlich den Blick nur noch entschlossen nach vorn wenden.

Als schließlich die Masse der revoltierenden Studenten infolge des Scheiterns ihrer übersteigerten revolutionären Träume aufgab, machten einige Gruppen auf sehr unterschiedliche Weise weiter. Eine kleine Fraktion ging in den Untergrund und verlegte sich auf terroristische Aktionen. Mit ihren spektakulären Anschlägen erhielt sie sich zwar auf Jahre großes öffentliches Interesse. Aber auf sie fiel zurück, was sie eigentlich entlarven wollte. Statt als von faschistischer Gewalt Verfolgte, wie sie sich darzustellen hoffte, arbeitete sie durch die Brutalität ihrer Aktionen genau den Kräften in die Hände, gegen die ihr Kampf zielte.

Andere Teile der Neuen Linken führten ihre Arbeit vor allem theoretisch in diversen Arbeitskreisen und Seminaren fort. Aber die wohl folgenreichste Fortsetzung der Studentenbewegung fand dort statt, wo versucht wurde, an der Basis neue Lebens- und Arbeitsformen mit den von Marcuse skizzierten Merkmalen einzuüben. Die Erschütterung der gesellschaftlichen Machtzentralen war mißlungen, und so besann man sich auf die beschränkten sozialen Spielräume, in denen man damit anfangen konnte, sich persönlich zusammen mit anderen zu verändern. In aller Stille taten sich viele tausend kleine private Experimentier-Werkstätten auf. Zwei oft miteinander verschränkte Modelle verbreiteten sich in Windeseile in vielen Städten: die *Wohngemeinschaft* und der *Kinderladen* beziehungsweise die *Eltern-Kinder-Gruppe*.

Rückblickend lassen sich diese beiden Modelle als Keimzellen aller späteren Selbsthilfeinitiativen und der neuen sozialen Bewegung ausmachen. Sie wollten die neuen Gegenkonzepte nicht in privater Abschirmung, sondern offen in der Gesellschaft gestalten und dadurch ansteckend wirken. Sie wollten zeigen, daß Frauen ihre Ansprüche besser erfüllen, daß Männer sich mit emanzipieren, daß sie in Wohngemeinschaften eine neue Solidarität lernen können, daß unautoritär erzogene Kinder früher sozialen Verantwortungssinn zu entwickeln vermögen. Sie wollten von unten neues Denken und neue Strukturen einüben, um damit eine Basis für gesellschaftspolitische Veränderungen zu erreichen.

Wie in der »Gruppe«[110] ausführlich dargestellt, habe ich zwei Kinderladen-Gruppen als Psychoanalytiker, jeweils zusammen mit einer Analytikerin (es waren nacheinander Dörte von Drigalski, Angela Plaß, Marina Moeller-Gambaroff und Ulrike Christ), über längere Zeit begleitet, und zwar in einer Art Supervision. Aber es war mehr als eine fachliche Betreuung. Ich denke, daß ich von diesen jungen Leuten vielleicht mehr gelernt habe als sie von mir. Sie hatten die Ideen und den Mut zu kühnen Neuerungen in ihren Lebensformen. So bemühten sie sich etwa um eine neue Offenheit in der Sexualität – und rangen mit dem schwer lösbaren Widerspruch zwischen größerer sexueller Freizügigkeit und dem Anspruch auf Verläßlichkeit. Sie probierten aus, wie sich Männer fühlen, die sich wider ihr klassisches Geschlechtsstereotyp verhalten, wie Frauen sich entwickeln, wenn sie sich untereinander verbünden, und wie Eltern damit zurechtkommen, die häuslichen Lasten und die Kinderpflege unter sich aufzuteilen.

Besonders spannend verliefen die neuen Erziehungsexperimente. Bis zu welcher Grenze war es sinnvoll, sich mit lenkenden Eingriffen zurückzuhalten? Von welchem Alter ab und mit Hilfe welcher Anregungen waren die Kinder fähig, voneinander und miteinander soziales Verhalten einzuüben? Inwieweit waren die Eltern selber fähig, ihre fortschrittlichen Prinzipien unautoritärer Pädagogik emotional durchzuhalten? Wie konnten sie, wenn ihnen kindliche Herausforderungen auf die Nerven gingen, ihre Wut verarbeiten? Wo wurde das Rezept, die Kinder möglichst viel untereinander allein austragen zu lassen, zum Alibi für eigene Ratlosigkeit oder Bequemlichkeit? Diesen und anderen grundsätzlichen Fragen stellten sich die jungen Eltern in einer permanenten gemeinsamen Selbsterforschung.

Die Initiative zur Kooperation mit mir ging übrigens von den jungen Leuten aus, die mich nicht nur als Analytiker, sondern auch als politischen Sympathisanten kannten. Die jungen Eltern lieferten den pionierhaften Elan, viel kreative Phantasie und ein großes Maß an selbstkritischer und kritischer Besinnlichkeit. Ich teilte mit ihnen die neue Wertorientierung und steuerte meine Kompetenz zur Verstehenshilfe bei. Jedenfalls war es eine Verbindung, die über ein reines Arbeitsverhältnis erheblich hinausreichte. Ich konnte jene innere Seite von mir einbringen, die ich über lange Zeitstrecken nur mit Außenseitergefühlen in mir bewahrt hatte.

In jener Phase bekamen wir auch an der Universität eine Weile mehr Luft, unsere rigiden Strukturen ein wenig aufzulockern. Während die hessische Regierung an einem Hochschulreformgesetz arbeitete, gaben wir uns an der Klinik eine neue Geschäftsordnung, die uns demokratischere Verhältnisse bescherte.

Ab Sommer 1968 übertrugen wir praktisch alle Entscheidungen einem »Anstaltsrat«. Der bestand aus allen Universitätslehrern, eingeschlossen waren alle Assistenten, die sich am Unterricht beteiligten, den Leitern sämtlicher Funktionsbereiche sowie einem technischen Mitarbeiter, der vom technischen Personal gewählt wurde. Laut »Anstaltsordnung« entschied dieses Gremium fortan über Struktur und Organisation der Klinik, verwaltete alle Sachmittel und Personalstellen, regelte die Benutzung sämtlicher Einrichtungen, entschied in allen Fragen der Forschung und des Klinikbetriebes, die die Interessen mehrerer berühren, koordinierte die Lehrveranstaltungen und entschied über Streitfragen zwischen den Mitarbeitern. Der Anstaltsrat entschied mit Mehrheit. Meine Stimme zählte nicht mehr als irgendeine andere. Wir tagten wöchentlich, so daß dieses Gremium die laufende Übersicht über die aktuellen Fragen behielt.

Mit dieser Praxis delegierte ich Rechte und Pflichten, die das Gesetz mir zugeteilt hatte. In der Umbruchphase redete uns – fünf Jahre lang – niemand von oben herein, so daß wir unsere Ordnung strikt und ohne Ausnahme anwenden konnten. Von meinen Sonderrechten als Direktor machte ich grundsätzlich keinen Gebrauch mehr. (1973 wurde unser Anstaltsrat per Gesetz durch ein Direktorium ersetzt. Aber die Möglichkeiten unserer gemeinsamen Selbstbestimmung wurden wieder dadurch stärker eingeschränkt, daß man uns – insbesondere im Zug der Wende – von oben mehr und mehr hereinredete, sinnvolle Gruppenentscheidungen revidierte oder suspendierte und durch traditionelles, hierarchisch autoritäres Gebaren den Mitbestimmungselan der Mitarbeiter dämpfte. Immerhin blieb uns *eine* Errungenschaft erhalten, die das Gesetz speziell auf unsere Initiative hin vorgesehen hatte und die an Universitätskliniken in Hessen bislang einzigartig ist: Wir haben keine lebenslänglichen Abteilungsleiter mehr, sondern praktizieren eine Kollektive Abteilungsleitung mit Rotation im Amt des Geschäftsführers. So wurde ich zum Beispiel unlängst von der Klinikleitung entbunden.)

Wir erfuhren durch unser Anstaltsrat-Experiment, wie sehr Strukturen die Zusammenarbeit von Menschen beeinflussen. So wenig perfekt unsere neue Organisation auch war, sie wirkte enorm entlastend und zugleich stimulierend. Das aus zehn bis zwölf Leuten bestehende Gremium sorgte dafür, daß alle laufend über alles informiert waren. Und in der Mitverantwortung entwickelten manche rasch ein gemeinschaftsbezogenes Denken, das ihnen in der vormaligen hierarchischen Struktur schwergefallen war. Die Sorge konservativer Beobachter, daß die Regelung sich nachteilig auf die Leistung auswirken und daß sie die Lahmeren instandsetzen würde, das Tempo zu bestimmen, ging fehl. Der Anstaltsrat entschied oft strenger, als ich es als Chef allein hätte tun können. Nach seiner Gründung minderten sich die vorherigen gruppeninternen Spannungen erheblich. Alles machte mehr Spaß. Es begann eine unserer kreativsten Phasen. Kliniker und Psychologen arbeiteten wie besessen an diversen originellen Forschungsprojekten zusammen. Einiges spürten wir von dem belebenden Klima, das mit der Kinderladen- und Wohngemeinschaftsbewegung eingezogen war. Es war eine erfrischende Beunruhigung, die uns freilich auch einen neuartigen Konflikt eintrug:

Einige, wie mich, drängte es zu enger Verbindung mit den neuen spontanen Initiativen, die um uns herum neue psychosoziale Lebens- und Arbeitsmodelle erprobten. Vom Beispiel der Zusammenarbeit mit Obdachlosen werde ich gleich noch reden. Wir brannten jedenfalls darauf, näher zu erkunden, welche Energien, Hoffnungen, Heilungsvorstellungen hier wirksam waren. Aber andere unter uns sahen keinen Grund, ihre Interessen und Tätigkeiten über den eingefahrenen Ausbildungs- und Therapiebetrieb hinaus zu erweitern. Der Bewegungsradius zwischen Analytikersessel und Schreibtisch genügte ihnen. Zwei ausgedehnte interne Arbeitstagungen, die wir fernab von unserem Zentrum veranstalteten, erhitzten unsere Köpfe.

Welche unserer beiden Fraktionen war die »bessere«? Je nachdem fühlten sich die einen oder die anderen in der Defensive: War es großartig progressiv, sich mit den neuen Initiativen im sozialen Feld zu beschäftigen, dann erschienen die anderen, die an »zeitlosen« Themen mit den klassischen Methoden weiterarbeiteten, rückständig konservativ. Galt umgekehrt dieses Festhalten an den traditionellen Inhalten und Methoden als gediegen und solide, entfiel auf die »Politisierten« der Verdacht des Agierens, der Unseriosität.

Die Verarbeitung dieses Konfliktes habe ich als denkbar fruchtbar erlebt. Beide Gruppen lernten, daß sie einander nötig hatten. Wir brauchten ebenso den Kontakt zu der mit neuen Lebens- und Arbeitsformen experimentierenden linken Jugend – möglicher Ausdruck wichtiger gesellschaftlicher Selbstheilungskräfte – wie die Kontinuität in der Pflege überdauernder Aufgaben im Klinik- und Wissenschaftsbetrieb. Im übrigen erfuhren wir durch ein »Selbsterforschungsgespräch«, das ich später schildern werde, wie sehr wir untereinander unterschiedlich strukturiert waren. Warum sollten sich nicht die einen eher als *»Hocker«*, die anderen eher als *»Rocker«* benehmen?

Im Spaß assoziiert, bewährte sich diese Typologie als therapeutisch erfolgreiche Intervention. Keine Gruppe kam bei dieser Charakteristik besser weg als die andere. Der wichtigste Effekt der Bearbeitung dieses Konfliktes war wohl, daß man sich nicht auseinanderentwickelte, sondern weiterhin aneinander Anteil nahm und auch irgend etwas jeweils auf der Gegenseite mitmachte. Ein profilierter »Super-Hocker« engagierte sich für Gruppentherapie mit Unterschicht-Patienten. Und jeder der »Rocker« verblieb mit einem Bein in »Hocker«-Aufgaben. Allmählich verflog auch das Mißtrauen, ich könnte als »Ober-Rocker« von allen anderen erwarten, meinem Engagement und meinem Stil zu folgen.

Je sicherer ich in meiner Rolle wurde, um so leichter fiel es mir übrigens, den individuell divergierenden theoretischen Anschauungen, Therapie-Konzepten und Arbeitsstilen möglichst freien Lauf zu lassen. So sind aus unserem Zentrum unter anderem zahlreiche einander und auch mir widersprechende Arbeiten erschienen. Es entwickelte sich nie eine einheitliche »Gießener Schule« und – so glaube ich zumindest – innerhalb unserer Gruppe erfreulich wenig Konformismus.

Falsche Angst vor Karitas

Deprimiert hatte die Studentenbewegung auf Dauer ihre Isolation ausgerechnet von der Bevölkerungsschicht, an deren Interessen ihre Revolutionstheorie angesetzt hatte. Als Resultat gerade dieser Trennung registrierte ihr Kultphilosoph Marcuse »Minderwertigkeitskomplexe, Defätismus oder Apathie«, zugleich »Entpolitisierung und Privatisierung des Hippie-Flügels, dem der politische Flügel seinen politischen Puritanismus in Theorie und Praxis entgegensetzt«.[111]

Aber bestand nicht auch die Möglichkeit, die Solidarität mit den sozial Schwachen und Schwächsten tätig zu beweisen? Konnte man nicht mit ihnen sozialpolitische Selbsthilfe-Initiativen entwickeln, ähnlich – und doch unter den spezifischen gesellschaftlichen Bedingungen anders – wie die Wohngemeinschafts- und Kinderladenmodelle der Mittelschicht-Studenten? Genau das taten damals einzelne engagierte Studentengruppen. Angela Plaß, aus unserer Gießener Klinik, und ich schlossen uns einem solchen Initiativkreis an, der sich in der Gießener Obdachlosensiedlung »Eulenkopf« an die Arbeit machte. Wir arbeiteten einzeln und gruppenweise in der Siedlung und trafen uns einmal wöchentlich in der Klinik, um über unsere Erfahrungen und unsere weiteren Planungen kritisch nachzudenken. Über dieses Projekt habe ich ausführlich in der »Gruppe«[112], in »Lernziel Solidarität«[113], einem ARD-Fernsehfilm[114] und einer Reihe von Aufsätzen[115] berichtet.

Manches Lehrgeld haben wir in der Obdachlosenarbeit zahlen müssen, ehe wir hinreichend verstanden, wie wir am ehesten die Selbsthilfekräfte der Bewohnerschaft der ausgegrenzten und verelendeten Randsiedlung anregen konnten. Wir bauten allerlei Hilfen auf: Kindergarten, Vorschule, Schularbeitenhilfe, Krisenintervention bis zur Familientherapie, Vermittlung gegenüber Behörden, Moderation eines Jugendclubs und von Bewohnerversammlungen. Aber nahezu genauso viel Zeit wie in der Bewohnerarbeit benötigten wir für uns selber, um unsere eigenen Ängste, Aggressionen und Enttäuschungen zu verarbeiten.

Wir erlebten an uns drastisch die Impulse, die in unserer Schicht zur Abstoßung und Ausgrenzung von Menschen führen, die von unseren Denk- und Verhaltensmustern abweichen. Da halfen weder Rezepte aus der marxistischen Theorie noch unsere gruppendynamischen Erfahrungen im Mittelschicht-Bereich viel weiter. Manche Studenten, die gedacht hatten, durch forsche Fraternisierung verinnerlichte Klassenvorurteile mit einem Schlage auslöschen zu können, verwanden die Desillusionierung nicht und schieden aus. Die meisten indessen blieben – und bewiesen in der Folge, daß sie das Problem zumindest aushalten konnten.

Es schälte sich die dialektische Erkenntnis heraus, daß wir einerseits klar zu unserer Identität als Mittelschicht-Akademiker zu stehen, andererseits so nah und persönlich wie möglich an die Bewohnerfamilien heranzugehen hatten. Sie mußten uns im wörtlichen Sinne berühren können, mit uns trinken, feiern und Musik machen. Nur in dieser Vertrautheit konnten sie ihre Hemmungen uns gegenüber überwinden und unsere Anregungen aufgreifen. Was von uns zu den Bewohnern positiv »rüberkam«, war alles, was auch uns Spaß machte oder wobei wir zumindest mit unseren Gefühlen beteiligt waren. Andererseits war nicht zu verleugnen, daß wir außerhalb des Eulenkopfes als Studenten, Lehrer, Psychologen oder ich als Klinikleiter ein anderes Leben führten. Wir durften uns nicht scheuen, rechtzeitig zu signalisieren, sobald wir uns mitunter durch drastische und provokative Umgangsformen überfordert fühlten oder uns ärgerten, wenn man mit uns allzu launisch und unzuverlässig umsprang. Spontan geäußerter Unmut schreckte die Bewohner viel weniger, als wenn wir mit zusammengebissenen Zähnen Ärger aufstauten, um – wie gelernt – möglichst lange die Contenance zu wahren.

Immer wieder einmal nahmen uns orthodoxe Kommunisten unter die Lupe – einige arbeiteten auch zeitweilig mit – und warfen uns vor, daß wir durch unseren Ansatz das politische Problem nur verkleisterten. Wir sollten die Bewohner gefälligst nur systematisch politisch schulen und ihre Protestenergie stärken, anstatt ihnen »karitativ« unter die Arme zu greifen. Bezeichnenderweise fühlten sich die Bewohner von diesen Eiferern meist unangenehm bevormundet und ausgenutzt. Sie wollten, daß man sich für sie interessierte, ihnen zuhörte und es ihnen selber überließ, welche Schritte sie für sich, ihre Kinder und die gesamte Siedlung für vordringlich hielten. Das hieß für sie, daß sie erst einmal regelrechte Mietverträge, Duschen in den Wohnungen, asphaltierte und beleuchtete Straßen, ordentliche Mülltonnen, einen Spielplatz für die Kinder und ähnliches brauchten. Für sie war viel gewonnen, wenn wir sie ermutigen konnten, teils allein, teils mit uns zusammen für derartige Verbesserungen zu kämpfen, anstatt sich wie bisher in das Gettoelend apathisch zu fügen.

Die kommunistischen Kritiker unserer Eulenkopf-Arbeit waren uns auf eine von ihnen nicht gerade intendierte Weise durchaus behilflich. Sie nötigten uns, darüber genauer nachzudenken, ob tatsächlich zwischen »karitativ« und »politisch« jener absolute Gegensatz klaffte, wie sie behaupteten. Für sie selbst war er unverkennbar gegeben. Denn sie verließen meist bald wieder die Siedlung, wenn sie an dem Widerstand der Bewohner merkten, daß diese nicht nur als Bundesgenossen einer Klassenfront gesehen und instrumentalisiert werden wollten. Die Marxisten-Leninisten dachten über die Köpfe der Menschen hinweg. Sie fürchteten geradezu, durch persönliche Hilfen in der Bewohnerschaft Entspannung zu fördern. Dies konnten sie den Eulenkopf-Leuten freilich schlecht ins Gesicht sagen, die alle Mühe damit hatten, ihre elementaren Lebensbedingungen zu sichern. Also machten sie sich wieder still davon und beklagten außerhalb die politische »Unbrauchbarkeit« dieser Randgruppe.

Sie konnten, aus welchen Hemmungen auch immer, keine Gefühle für die Menschen aufbringen oder durchhalten, für deren Interessen sie zu kämpfen vorgaben. Für uns war es gewiß, daß sie ihre Kontaktunfähigkeit rationalisierten, indem sie, was sie nicht konnten, politisch entwerteten. So mochten sie uns in Traktaten des »Neokolonialismus«[116] bezichtigen und sich besser dünken, weil sie konsequenter die großen gesellschaftlichen Veränderungen im Sinne hätten.

Wir waren immerhin herausgefordert, unsere Motive immer wieder einer kritischen Prüfung zu unterziehen. Wir entdeckten, daß wir uns – nach allmählicher Überwindung mancher Ängste und Gekränktheiten – mit den Eulenkopf-Familien mehr und mehr verbunden fühlten. Es tat uns wohl, von den Leuten angenommen zu werden, was sie uns auch gelegentlich an Mißtrauen oder Provokationen zumuteten. Wir lernten zu verstehen, daß sie uns lange Zeit testen mußten, ob wir es wirklich ernst mit ihnen meinten oder sie, wenn sie uns Ärger bereiteten, genauso im Stich lassen würden, wie sie es von den bürgerlichen Institutionen gewöhnt waren. Die Studenten waren froh, daß sie ihre Verläßlichkeit beweisen konnten. Es war für sie kein unwichtiger Schritt der Veränderung, daß sie es fertiggebracht hatten, nun ein Stück ihres Lebens über eine strukturelle Barriere hinweg mit den Ausgegrenzten zu teilen.

Dennoch konnten sie über ihre freundschaftlichen Gefühle für die Bewohner nicht leicht sprechen. Sie waren sich ja nicht sicher, ob sie diese emotionale Genugtuung, die sie spürten, auch theoretisch gutheißen durften. Vom Empfinden her war es ihnen zwar klar, daß sie es besser machten als die Marxisten-Leninisten, die zu einer echten Bundesgenossenschaft mit den Bewohnern unfähig waren. Aber war das Mitfühlen, die Sympathie mit den Menschen wirklich »gesellschaftlich wertvoll« oder nur eine Reaktion von subjektiver Bedeutung? Nutzte man gar am Ende die Bewohner lediglich zur Befriedigung irgendwelcher persönlicher Bedürfnisse aus? Durfte man sich zu Recht als sozialistische Basisinitiative einschätzen, oder betrieb man nichts anderes als eine in die Länge gezogene bürgerliche Wohltätigkeitsveranstaltung?

Noch steckte in allen Köpfen der moralische Anspruch, ein soziales Projekt nur dann gut finden zu dürfen, wenn es unmittelbar »gesellschaftlich relevant« war. Entweder man tat etwas für die Gesellschaft oder für sich selber. Daß dies ein falsches Entweder-Oder war, versuchte ich den Studenten viele Male darzulegen. Sie hätten allen Grund, sich ihrer beteiligten Gefühle von Freundschaft, Sympathie, Nächstenliebe, Karitas nicht zu schämen, sondern diese als ihren politischen Zwecken in hohem Maße dienlich zu akzeptieren. Wie sollten sie sich denn darin glaubwürdig finden, gegen die Ausgrenzung einer diskriminierten Minderheit anzukämpfen, ohne diese Kluft in ihren Gefühlsbeziehungen zu überwinden?

In den Skrupeln der Studenten lebte, unter linken Vorzeichen – ein preußischer Moralasketismus Kantscher Prägung fort. Was Freude machte, war schon dadurch allein fragwürdig. Jahre hindurch übte man sich in moralistischer Selbstkasteiung. Es gehörte sich – so auch in unserer Gruppe –, daß man sich fortwährend bezichtigte zu versagen, Widersprüche nicht klar genug herauszuarbeiten, Dinge zu oberflächlich zu sehen, zu harmonisierend und kompromißlerisch zu arbeiten, Schlimmes unter den Teppich zu kehren, nicht genug »politisch« zu sein, die Mächtigen zu wenig herauszufordern. Erst wenn man sich unnachsichtig aller möglichen Schwächen und Fehler überführt hatte, konnte man sich einmal zaghaft ein kleines Eigenlob gönnen.

Bekamen die Studenten von mir Anerkennung zu hören, tat ihnen das wohler, als sie es zu zeigen wagten. Erst allmählich lockerte sich dieser moralistische Radikalismus auf – unter wirksamer Mithilfe der Bewohner. Denen kamen wir ohnehin weltfremd vor, wenn sie, als gelegentliche Zuhörer unserer Debatten, uns in masochistischen Selbstzweifeln versunken erlebten. Je sicherer sie sich unserer unbefangenen Sympathie fühlten, um so aktiver und kreativer nahmen sie ihre Probleme in die Hand. Hätten sie uns nur als pflichteifrige Vertreter eines gesellschaftspolitischen Konzeptes registriert und nicht gemerkt, daß wir sie gern und mit ihnen viel Freude hatten, unsere Angebote hätten bei ihnen kaum gezündet.

In unserem Miniaturmodell offenbarte sich in Grundzügen der Gegensatz zwischen der Vision eines menschenfreundlichen und der eines bürokratischen Sozialismus. Unser Projekt wurde in der Hauptsache von Studenten getragen, die – auch wenn sie es anfangs nicht einzugestehen wagten – aus dem Herzen heraus mit den Minderheiten zusammenarbeiten wollten, deren ungerechte Unterdrükkung ihnen bewußt geworden war. Sie wollten ihr Mitgefühl in sozialpolitische Tätigkeit umsetzen, die Menschen innerlich anteilnehmend ermutigen und mit ihnen zusammen von der Basis aus gegen das Unrecht der Ausgrenzung ankämpfen.

Anders die Marxisten-Leninisten. Die konnten oder wollten sich nicht auf die Menschen einlassen, sondern fanden ihrer Meinung nach sinnvolle Handlungsansätze erst auf höherer Ebene, auf der es um das Planen und Organisieren von größeren Aktionen ging. In diesem autoritär-technokratischen Denkmuster übernahmen sie selber die Rolle einer disziplinierenden Führerschaft. Wir sahen darin keimhaft angelegt, was sich in den real existierenden sozialistischen Gesellschaften überwiegend entwickelt hat: ein zentralistisches Funktionärstum. Die Gesellschaft wird nicht *von* und *mit* den Menschen gestaltet, sondern *für* diese von einer Funktionärsschicht, die von oben bürokratisch dirigiert.

Wir also blieben bei unserem Konzept einer Basisarbeit mit politischen Zielen zugleich bewußt gefühlsmäßig beteiligt. Wir schöpften Befriedigung aus der Hilfe zur Selbsthilfe, und nicht wenige Studenten erfuhren, daß sie dabei obendrein mit sich selber weiterkamen. Man hätte unser Unternehmen also auch getrost eine bipolare Selbsthilfeorganisation nennen können. Ich persönlich sah darüber hinaus für unsere Klinik die Chance, unsere professionellen Hilfsangebote auf eine davon bislang ausgeschlossene Bevölkerungsgruppe auszudehnen. Daß zahlreiche Eulenkopf-Familien wegen depressiver Reaktionen, Alkoholproblemen, psychogener Lernschwierigkeiten von Kindern therapeutischen Beistand gebrauchen konnten, lag auf der Hand.

Aus der anfänglichen Gefahr, sich in einer zu ausgeprägten Versorgermentalität zu verfangen, befreiten die Bewohner die Studenten dadurch, daß sie immer mehr kreative Eigenaktivitäten entwickelten. Sie machten selber Vorstöße bei den Behörden, die Frauen schlossen sich zu einem Hausfrauenclub zusammen, der eine Basis für allerhand gemeinsame Unternehmungen wurde. Die Männer bauten in mehrjähriger systematischer Arbeit einen Fußballverein auf (in dem ich immer noch eine Rolle als »Ehrenspielführer« bekleiden darf). So entstanden neuartige Kontaktzentren, die Solidarisierungsprozesse in der Siedlung förderten. Wir lernten, uns in Rollen einzuordnen, die primär von den Bewohnern bestimmt wurden. Deren Selbstachtung und Entschlußkraft nahmen in dem Maße zu, wie es uns in gemeinsamen Anstrengungen mit ihnen glückte, die Lebens- und Wohnbedingungen in der Siedlung zu verbessern: Eine Asphaltstraße mit ordentlicher Beleuchtung, Duschen in den Wohnungen, ein Kinderspielplatz und als Höhepunkt ein eigenes Gemeinschaftszentrum nahmen dem »Eulenkopf« viel von seinem ursprünglichen Gettocharakter.

Unsere Arbeit war aber nur ein Projekt unter sehr vielen, die damals fast gleichzeitig in allen bundesdeutschen Städten entwickelt wurden, die mit vergleichbaren Obdachlosensiedlungen behaftet waren. Wie unsere Gruppe verbanden auch die meisten übrigen praktische soziale Arbeit mit kritischem Nachdenken darüber, warum unsere sich laufend ihrer humanitären Fortschritte rühmende Gesellschaft Armut, die oft unverschuldet war, mit konsequenter Ausschließung bestrafte. Wie weit war das Denken in Kategorien von wertvollem und minderwertigem Leben wirklich überwunden? Waren nicht die skandalösen Verhältnisse, in denen man eine dreiviertel Million verarmter Menschen, darunter ein paar hunderttausend Kinder, vegetieren ließ, ein augenfälliger Beweis dafür, daß man diese große Gruppe praktisch abzuschreiben bereit war? Aber in den Hunderten der neu entstandenen Projekte wollte man sich eben nicht mit theoretischer Entlarvung und Anprangerung begnügen, sondern durch eigenes praktisches Beispiel konstruktive Anstöße geben.

Psychiatrie-Reform als gesellschaftskritisches Lehrstück

Es war nur logisch, daß die mit der Studentenbewegung ausgelöste gesellschaftkritische Strömung den Blick außer auf die Armen auch auf die psychisch Kranken und Behinderten lenkte. Jetzt endlich wurde hier ein weiteres gesellschaftliches Verdrängungsproblem schlimmsten Ausmaßes erkannt. Pioniere der Antipsychiatrie wie der Amerikaner Th. Szasz[117], der Brite D. Cooper[118] und der Italiener F. Basaglia[119] machten mit ihren Thesen Furore. In Deutschland wurde die Studie »Bürger und Irre«[120] von Klaus Dörner ein Kultbuch für das aufgerüttelte Personal der Psychiatrieszene. Die Antipsychiatrie fragte: Wo liegt mehr Irrationalität, bei den psychiatrischen Institutionen oder bei den psychiatrisch etikettierten Patienten? Wie viele werden »psychiatrisiert«, nur weil es der Mehrzahl der anderen nicht paßt, wie jene denken und sich verhalten?

Im 19. Jahrhundert hatte man bei schwarzen Sklaven, die aus ihren aufgezwungenen Arbeitsplätzen zu fliehen trachteten, die psychische Krankheit »Drapetomanie« – »Sucht zu fliehen« – diagnostiziert. Offenbar war es zu jener Zeit, wie Battegay u. a. schreiben, »so selbstverständlich, daß der Sklave in seinem Zustand ohne passiven Widerstand resignierte, daß ein Versuch der Flucht nichts anderes als etwas Abnormes bedeuten konnte«.[121] Und wie war die Diagnose »Kriegsneurose« in den beiden letzten Weltkriegen zustande gekommen? Nach Schulmeinung wurden die Kriegsneurotiker regelmäßig gesund, wenn man sie aus dem Kriegsdienst entließ. Sie mußten trotzdem als unnormal etikettiert werden, weil gefordert war, mitten in der Szenerie der Massentötung ungestört zu funktionieren. War am Ende die gesamte Psychiatrie Produkt einer solchen Etikettierungs- und Ausgrenzungswillkür?

Die Anstöße der prominenten Antipsychiater entfachten jedenfalls eine breite Diskussion über skandalöse Mängel im System der Psychiatrie. Es wurde deutlich, daß psychisch Kranke vielfach unnötig oder zumindest unnötig lange in Anstalten gehalten und dort durch Isolierung und Therapiemangel zusätzlich schwer geschädigt wurden. Manche Lehrbuch-Symptome chronischer psychischer Krankheiten stellten sich plötzlich als Kunstprodukte der Institutionsverwahrung – sogenannte »Anstaltsartefakte« – heraus. Ohne weiteres war Tausenden von psychisch Kranken eine Anstaltseinweisung zu ersparen, wenn man ihnen in ihrem Wohnort entsprechende ambulante Hilfen anböte: Übergangsheime, Patientenclubs, Patientenwohngemeinschaften, spezielle Werkstätten usw.

Wer dennoch dringend klinischer Hilfe bedurfte, müßte im Krankenhaus viel mehr als bisher Gelegenheit erhalten, als aktiver Partner im Behandlungsprozeß mitzuwirken. Die Therapie hätte vor allem anderen die Fähigkeit zur selbständigen Lebensbewältigung ins Auge zu fassen. Partnerschaftlicher Umgang mit den Patienten war aber undenkbar, wenn nicht zugleich die hierarchische Personalstruktur in den psychiatrischen Abteilungen verändert würde. Wie sollten sich die Kranken zu aktiver Mitgestaltung ihres Anstaltslebens ermutigt fühlen, wenn sie auf der Personalseite ein krasses Gefälle zwischen anordnenden Mächtigen und mehr oder weniger ahnungslos Ausführenden erlebten? Nottat die Einführung neuer Formen von therapeutischen Gruppen,[122] die sich nach Möglichkeit obendrein gemeinsamer Supervision unterzogen. Ideen und Konzepte wurden in Hülle und Fülle geboren. Zu ihrer Durchsetzung sammelten sich in der Psychiatrie beschäftigte Berufsgruppen scharenweise in der neu gegründeten Deutschen Gesellschaft für Soziale Psychiatrie und im sogenannten Mannheimer Kreis.

In unserer Obdachlosenarbeit hatten wir am Punkt Null begonnen. Es gab dort keine Versorgungseinrichtungen. Wir konnten experimentieren, um herauszufinden, wie die Bewohner am ehesten zu Selbsthilfe-Initiativen zu ermutigen waren. Die Ideen der neuen sozialen Psychiatrie prallten hingegen auf eine in ihren Strukturen festgefügte Subkultur der Absonderung, Etikettierung, Verwahrung und therapeutischen Insuffizienz. Die gesellschaftliche Isolierung des Anstaltssystems hatte ja noch unlängst die vorübergehende

Umwandlung von Versorgung in massenhafte Tötung fast geräuschlos zu vollziehen erlaubt.

War diese Psychiatrie überhaupt zu reformieren? Oder sollte man sie nicht besser gleich ganz abschaffen, wie es die »Antipsychiatrie« forderte? Gegen die Möglichkeit der totalen Beseitigung sprachen zwei Argumente: Erstens konnte eine Gesellschaft, die sich dagegen wehrte, mit psychisch auffälligen oder kranken Menschen zusammenzuleben, nicht per Handstreich dazu gezwungen werden, was nur ein gründlicher Umdenkprozeß bewirken konnte. Zweitens war die Tatsache schlecht wegzuleugnen, daß es echte psychische Krankheiten gibt, die nicht erst durch Abstoßungs- und Etikettierungsprozesse künstlich produziert werden.

So gewannen in der Bundesrepublik die Kräfte die Oberhand, die eine reformierte soziale Psychiatrie anstrebten. Ihre Ziele waren u. a.: Wesentliche Verringerung der stationären Einweisungen; Verlagerung der klinischen Therapie von Anstalten in psychiatrische Abteilungen an Allgemeinkrankenhäusern; Schaffung einer neuen »Gemeindepsychiatrie« unter Zusammenarbeit von Selbsthilfeorganisationen Betroffener mit sozialpsychiatrischen Diensten; Öffentlichkeitsarbeit, um der traditionellen Neigung zur Abschiebung psychisch Kranker oder Behinderter aus ihren sozialen Lebenszusammenhängen entgegenzuwirken. Ein wegweisendes Modell von »Gemeindepsychiatrie« hat Niels Pörksen seit 1969 in Mannheim entwickelt und 1974 vorgestellt.[123]

Obwohl vom Kernbereich der klinischen Psychiatrie inzwischen ein Stück entfernt, beteiligte ich mich nach Kräften an den Bemühungen der Reformer. Gegen den Widerstand einiger konservativer Psychiater drängte ich mich nachträglich in die Sachverständigen-Kommission, die von der Bundesregierung für eine Psychiatrie-Enquête eingerichtet wurde. Ich konnte erreichen, daß die Psychotherapie und die Psychosomatik in die Erhebung einbezogen wurden. Aber weder die progressiven Sozialpsychiater noch wir Psychotherapeuten vermochten zu verhindern, daß der Schlußbericht in vielen Halbheiten steckenblieb.[124] Erst dringende Mahnungen konnten Jahre später den Bundestag bewegen, sich mit dem Bericht überhaupt zu beschäftigen. Nur ein kleinerer Teil der Empfehlungen wurde von den zuständigen Instanzen verwirklicht.

Für mich bedeutete die Arbeit in der Enquête-Kommission erneut eine wichtige Lehre wie auch schon vorher die Mitarbeit an der Reform des Medizinstudiums. Es war deprimierend, wie kreative Ideen und innovativer Schwung in den zähen Verhandlungsprozessen auf der Strecke blieben. »Fundamentalistische« Sozialpsychiater beteiligten sich erst gar nicht an dieser jahrelangen Kärrnerarbeit. Und es zeigte sich, daß die von der Regierung eingesetzte, beaufsichtigte und bezahlte Kommission bereits strukturell das Hierarchie-Prinzip spiegelte, das in der psychosozialen Versorgung aufzubrechen war. Von 26 Kommissionsmitgliedern waren 13 Direktoren oder Leiter von Kliniken oder Abteilungen, acht bekleideten hohe Ämter in der Gesundheitsverwaltung. Vertreter der Pflegeberufe waren erst gar nicht berufen worden. Was sollte ein solches Gremium veranlassen, die Macht- und Einflußverhältnisse in der Personalstruktur zu ändern? Was sollte die überrepräsentierten Chefs daran hindern, vornehmlich Geld für den Ausbau und die Renovierung ihrer Herrschaftsbereiche zu fordern?

Mehr aus psychohygienischen Gründen tröstete ich mich am Ende damit, wenigstens einige Vorstellungen mit durchgesetzt zu haben, und erlag der naiven Illusion, daß das, was auf dem Papier stand, nun auch die Wirklichkeit verändern müsse. Ich hatte bei mir die Versuchung zu solchen magischen Einbildungen bereits deutlich bemerkt, wenn ich gelegentlich stundenlang um eine bestimmte Formulierung stritt. Nachträglich fragte ich mich, ob den konservativen Politikern und Psychiatern je hätte Besseres einfallen können als die Inszenierung dieser jahrelangen mühseligen Erhebung, um einen erheblichen Anteil von beunruhigten und beunruhigenden Teilen des Psychiatrie-Personals, die in diversen Hilfs- und Untergruppen der Enquête beschäftigt wurden, auf kaltem Wege zu beschwichtigen. Hunderte von Stunden wurden für Hearings, Besichtigungen, Harmonisierungskonferenzen, Klausurtagungen, Redaktionssitzungen bis zur totalen Erschöpfung der Teilnehmer aufgewandt. In einer der letzten Sitzungen entfuhr mir die Feststellung, daß in unserem Unternehmen und in der Gesundheitsverwaltung, als deren verlängerter Arm wir praktisch tätig waren, mindestens genauso viel an Psychopathologie stecke wie in den Menschen, deren Los zu bessern wir angestellt seien.

Bestürzt war ich allein schon durch die lebensfremde Administrationssprache, die sich wie automatisch in den Konferenzen durchsetzte. Kaum war vom Umgang zwischen Menschen die Rede, dafür massenhaft von Zahlen, Kurven, von »Aktivitätsindex«, Bettengrößenklassen, multidisziplinären Problembereichen, Randzonen des Zielfeldes, Bedarfsverschiebungen, Bettenmeßziffern, Ist- und Soll-Daten. Die Menschen verschwanden in abstrakten Kategorien, die in die Schemata des Verwaltungsdenkens paßten. Und schon verwandelten sich die Hilflosigkeit der Betroffenen, die Unzufriedenheit der Helfer, Probleme wie Angst, Verzweiflung, Gewalt, Vereinsamung in neutrale technokratisch-organisatorische Aufgaben. Wären Betroffene anwesend gewesen, hätten sie sich kaum in der Aufführung wiedergefunden, die sich ganz und gar um sie drehen sollte. Besonders gespenstisch war, daß dieser Entfremdungsprozeß sich mit einer eigengesetzlichen Zwangsläufigkeit vollzog.

An diesem repräsentativen Beispiel wurden mir die Sterilität und Menschenferne der Gesundheitsadministration plastisch vorgeführt. Ich verstand besser jenen unheimlichen Filterungsprozeß in Bürokratien, der Menschliches in berechenbare Sachen übersetzt, die dann so oder so bedarfsgerecht verplant und verschoben werden können. An keiner Stelle dieser administrativen Verarbeitungsprozesse taucht dann noch das Gesicht eines Betroffenen auf, seine Fragen, seine Wünsche, seine Not. So ist es dann denkbar, daß ein gewaltiger Verwaltungsapparat unter Umständen auch dazu instrumentalisiert werden kann, um Menschen Schlimmes anzutun. Denn keiner der Hunderte oder Tausende erfährt bei seinem abstrakten Administrieren noch etwas davon, was die Menschen empfinden, die er wie tote Sachen verwaltet. Die kommen vielleicht bereits in seiner Amtssprache gar nicht mehr vor.

In aller Stille ging an der Basis unterdessen doch einiges voran. Es entwickelten sich Selbsthilfegruppen Betroffener. Veranstaltungen der Deutschen Gesellschaft für Soziale Psychiatrie und des Mannheimer Kreises machten die neuen Methoden der kommunalen Psychiatrie besser bekannt. Einige Vertreter der modernen Richtung erhielten nach und nach einflußreichere Positionen und konnten in ihren Anstalten oder Abteilungen Strukturänderungen und fortschrittliche Methoden einführen.

In Gießen hatten wir bereits recht früh ein neues regionales Kooperationsmodell ambulanter Dienste angeregt und ausprobiert: die von uns so genannte *Psychosoziale Arbeitsgemeinschaft.*[125] Es war eine Selbsthilfeorganisation von Mitarbeitern aller interessierten psychosozialen Dienste unseres Umfeldes. Die Gründung im Jahr 1974 kam zustande, weil die Berater und Therapeuten aus den verschiedensten Dienststellen darunter litten, daß sie isoliert und ohne genauere Kenntnis voneinander nebeneinander herarbeiteten. Wir sagten uns, daß wir für die Bevölkerung viel mehr tun könnten, würden wir unsere Angebote besser koordinieren. Also besuchten wir uns fortan regelmäßig gegenseitig in den verschiedenen Beratungsstellen, Kliniken, Heimen und sahen, was die einzelnen taten, was sie gut konnten oder wo sie vielleicht von außen mehr Entlastung brauchten. Da kamen zusammen Leute aus Erziehungsberatungsstellen, aus der Ehe-, Drogen-, Alkoholberatung, aus der Psychiatrie, der Kinderklinik, dem Jugendamt, der Jugendgerichtshilfe, den Obdachlosen-Initiativgruppen, dem Schulpsychologischen Dienst und aus unserem Zentrum. Die PSAG unterstützte Gruppen, die in Geld- oder Personalnot geraten waren oder sonstwie in ihrer Arbeit behindert wurden. Wir betrieben eine Zeitlang auch gemeinsame Fortbildung, stets eng bezogen auf die speziellen Verhältnisse unserer Region. Aber wichtiger als viele konkret aufzählbare Vorteile war, daß wir uns menschlich näherkamen und deshalb fortan leichter persönlich Kontakt aufnahmen, wenn wir einander brauchten.

Mit der Zeit kamen immer mehr Leute aus weiteren Dienststellen hinzu. Wir trafen uns auf gemeinsamen Wochenendtagungen. Ganz ohne Mittel hatten wir angefangen. Dann half uns der Bund eine Weile. Jedenfalls hatten wir bewiesen – und auch im Enquête-Bericht zum Ausdruck gebracht –, daß eine solche rein freiwillige regionale Selbsthilfegruppe von psychosozialen Beratern, Therapeuten, Sozialarbeitern viel Sinnvolles tun konnte – bei einem Minimum an finanzieller Unterstützung.

Aber manches, was wir gerade besonders nützlich fanden, mißfiel den vorgesetzten Instanzen unserer Mitglieder. Diese sahen die hierarchische Ordnung innerhalb ihrer kirchlichen oder staatlichen Einrichtungen gefährdet. Sie wollten nicht, daß ihre Untergebenen ohne Anordnung oder Erlaubnis von oben auf unseren Treffen offen über ihre Probleme redeten oder vielleicht sogar gemeinsame Empfehlungen zu übergreifenden Fragen der regionalen Versorgung aussprachen. Manche Träger organisierten rasch konkurrierende Fortbildungsveranstaltungen oder erschwerten ihren Mitarbeitern den Besuch unserer Treffen. Den Gipfel aller Ärgernisse bildete schließlich die Anstrengung unserer obersten Landesbehörde, uns mit allen Mitteln von einer Modellförderung des Bundes fernzuhalten, als dieser in 14 Ländern Projekte zu unterstützen unternahm, die von der Enquête empfohlen wurden. So kam es, daß unser Modell zwar mehr als hundertmal in anderen Regionen reproduziert und unterstützt, aber ausgerechnet in der eigenen Region letztlich wirksam unterdrückt wurde.

Mit dankenswerter Unterstützung einer privaten Stiftung, der Ertomis Bildungs- und Förderungs-GmbH, konnten wir in einem Teilbereich das Begonnene allerdings weiterentwickeln: In einem benachbarten Landkreis bauten wir ein kleines Psychosoziales Kontakt- und Beratungszentrum auf, das Hilfe für eine ländliche Bevölkerung anbot, die bislang in Ortsnähe keine Psychiater, Psychotherapeuten, Psychologen oder Erziehungsberater zur Verfügung hatte. Auch hier ging es uns primär um Unterstützung regionaler Selbsthilfe. Dieser Landkreis ist ein typisches Beispiel für weite deutsche Landstriche, die nahezu entblößt sind von fachlichen psychosozialen Diensten. Hier übernehmen Nachbarschaftshilfe, Hausärzte, Lehrer, Pfarrer, Gemeindeschwestern manche Aufgaben in Krisen- und Krankheitsfällen, für die anderswo in der Regel Fachleute zuständig sind. Solche improvisatorischen Selbsthilfesysteme in den Gemeinden könnten noch viel mehr leisten, würde man die hier tätigen Laien oder Halblaien besser durch fachlichen Rat, durch Balint-Gruppen oder andere Formen von Supervision unterstützen. Sonst passiert es zu leicht, daß die mangelhaft oder gar nicht geschulten Helfer aus Unsicherheit prompt Kranke in Anstalten schicken, die man durchaus in der Gemeinde hätte halten können. An diesem Punkt hat unsere Kontakt- und Beratungsstelle angesetzt. Mit bescheidenster Ausstattung hat sie sich durch ein langsam entfaltetes Netzwerk von Kooperation so nützlich gemacht, daß sie inzwischen niemand mehr entbehren möchte.[126]

Eines ist mir in den Jahren des Kampfes um eine Verbesserung der

Hilfe für vernachlässigte Randgruppen und psychisch Kranke endgültig klargeworden: Wirkliche Fortschritte waren fast nur in dem Maß zu erzielen, in dem an der Basis Lücken im System hierarchischer Kontrolle bestanden. So wie im Privatbereich Wohngemeinschaften und Kinderläden möglich waren, vermochten sich ehrenamtlich tätige Initiativgruppen oder als Modelle finanzierte soziale Projekte in gesellschaftlichen Nischen zu entfalten. Sie profitierten von der mangelhaften Durchorganisation gewisser isolierter Randbereiche. Aber sobald derartige Basisinitiativen stärker wurden, kontinuierlich Geld von Trägern brauchten oder sich miteinander vernetzten, traf sie der massive Gegendruck von Verwaltungen und Verbänden. Man nahm die Anstöße der kritischen Gruppen auf, um in den folgenden Jahren Obdachlosensiedlungen wohnlicher zu gestalten und psychiatrische Anstalten zu renovieren. Man stellte auch vorübergehend mehr Personal ein. Aber all dies geschah nicht, um das Zusammenleben mit den bislang ausgegrenzten Gruppen grundsätzlich zu verändern. Der Druck der Reformstimmung, die als Nachhall der Studentenbewegung eine Weile nachklang, zwang dazu, das Unruhepotential am Unterrand der Gesellschaft zu beschwichtigen. Dazu gehörte es sich, die Abladeplätze für ein Leben, das praktisch als zweitklassig organisiert war, etwas komfortabler einzurichten. Überall indessen, wo die alten Bevormundungsstrukturen von unten her in Frage gestellt wurden, erwiesen sich die traditionellen gesellschaftlichen Barrieren als schwer verrückbar. Wohltaten ja, aber nicht als Hilfe zur Emanzipation.

Ich habe damals sehr viel für mich gelernt. Vom Alter und von der Stellung als Klinikchef her hätte ich ja eher zu denen gepaßt, die von oben planten, steuerten und organisierten. Aber als Helfer der höheren Verwaltungsebene – in der jahrelangen Enquêtearbeit – fühlte ich mich so unwohl wie selten zuvor. Dagegen lebte ich in der Basisarbeit, im Kreise der engagierten Jüngeren, immer wieder auf. Die Diskrepanz kam nicht daher, daß mich das Nachdenken über eine große Reform der psychosozialen Versorgung nicht gereizt hätte oder daß ich grundsätzlich lieber mit Jüngeren zusammen gewesen wäre. Das Problem lag in dem Unterschied, wie die Menschen, denen mehr geholfen werden sollte, jeweils von oben oder von unten gesehen werden. Unten hatte ich es mit Praktikern zu tun, die direkt persönlich mit psychisch Kranken und Behinderten umgingen. Oben gab es diese persönliche Beziehung zu den Betroffenen nicht mehr. Je höher man die administrative Betrachtungsposition verlegte, um so deutlicher verwandelte sich psychosoziale Versorgung in eine riesige Maschine, die Hunderttausende von Trägern irgendwelcher diagnostischer Etiketten zu verarbeiten hatte. Es ging um Datenerfassung, Regulierung von Finanzströmen, Organisation der Institutionen, Managementprobleme.

Ich grübelte, was an dieser bürokratistischen Betrachtungsweise überhaupt attraktiv sein mochte: Vielleicht ein geheimes phantasiertes Machtgefühl, von oben her Menschen in Summen zu klassifizieren, zu verplanen und jedenfalls – wie indirekt auch immer – über sie zu bestimmen? Diese Vorgesetzten-Mentalität fand ich weniger bei den nüchternen Bürokraten, die zufrieden schienen, die »Materie« rechnerisch ordentlich zu bewältigen. Aber bei einigen tonangebenden Administratoren und Psychiatriemanagern stach das Machtmotiv recht deutlich heraus. Ihre Ausgangsposition, sich als Regierende, als Vorgesetzte der psychisch Kranken zu fühlen, erschwerte es ihnen, sich auf unser Hauptziel einzustellen: Daß wir alle lernen, die Menschen mit psychischen Schwächen, Krankheiten und Behinderungen mit anderen Augen zu sehen. Daß wir in ihnen mehr von uns selber erkennen und dadurch lernen, mit ihnen in den Gemeinden zusammenzuleben.

Kein Wunder, daß die Praktiker dazu am ehesten hilfreiche Einfälle und Experimente beisteuern konnten. Also Leute, die ihr Arbeitsleben Seite an Seite mit den Betroffenen und ihren Familien führen und die innerlich immer ein Stück davon mittragen, was ihre Klienten beschwert. Aber eben, weil sie nicht *über*, sondern *mit* den Kranken arbeiten, finden sie sich nur selten dort ein, wo geplant und regiert wird. Andere hingegen, die oben und Vorgesetzte sein und bleiben wollen, sind schon deshalb weniger oder gar nicht daran interessiert, den Abbau ihrer Macht zu planen. Sie suchen eher dafür neue Gelder, ihren Lenkungs- und Kontrollapparat zu vervollkommnen. Es ist nicht gerade ihr Bedürfnis, sich von den Praktikern sagen zu lassen, wie man von der »Über-Psychiatrisierung« der Gesellschaft wegkommen könnte. Daß einzelne Repräsentanten der Gesundheitsadministration entgegen dieser Regel das Prinzip der sozialen Selbsthilfe bald als wertvoll erkannten und manche Projekte der neuen kritischen Sozialpsychiatrie nach Kräften unterstützen, darf nicht verschwiegen werden.

In unserem Land mit seiner autoritären Denk- und Verwaltungstradition konnte die Reform nicht sehr weit gedeihen. Viele engagierte Psychiatrie-Kritiker pilgerten damals nach Italien, vor allem zu Basaglia nach Triest, um dort unkonventionelle neue Lösungen in Augenschein zu nehmen. Im unautoritären Gesellschaftsklima Italiens konnte sich eine fortschrittliche Psychiatriepolitik durchsetzen, wie sie in der Bundesrepublik in dieser Radikalität nie möglich gewesen wäre. Die italienische Regierung verabschiedete 1978 die berühmte »Legge 180«, die darauf hinzielte, alle Anstalten für Geisteskranke zu schließen und statt dessen ambulante Modelle auszubauen. Interessanterweise hat ausgerechnet das christdemokratisch regierte Triest seine Pionierrolle bei der Durchsetzung der »demokratischen Psychiatrie« – wie sie jetzt genannt wird – bewahrt. Trotz aller Widerstände und Komplikationen sind die Italiener dabei, ihr Zusammenleben mit psychisch Kranken grundlegend zu verändern, wie kürzlich Lorenzo Toresini[127] berichtete.

Willy Brandt, das unerfüllbare Ich-Ideal

Wo war ich eigentlich inzwischen sozial eingeordnet? Ich hatte für die neue soziale Selbsthilfebewegung Partei ergriffen. Ich hatte mich den Kinderläden, den Randgruppen-Initiativen, den Sozialpsychiatern beigesellt. Ein Teil von mir lebte mit dieser jüngeren Pioniergeneration. Ich teilte ihre Ideen und auch viele ihrer Gefühle. Dennoch gehörte ich nicht ganz dazu. Froh war ich, als engagierter Freund mitgenommen und benutzt zu werden. Aber unkompliziert war diese Verbindung nie. Mein Alter und meine Stellung erschwerten einen unbefangenen Umgang. Mitunter willkommen als psychoanalytisch versierter Konflikthelfer und Interpret, auch als sympathisierender Chronist, war ich zu anderen Zeiten in manchen Gruppen eine suspekte ödipale Reizfigur. Wo auch immer Kämpfe mit der Hierarchie in die Gruppen zurückschlugen und interne Spannungen anheizten, wurde ich automatisch Zielscheibe antiautoritärer Empfindlichkeiten. Wehrte ich mich zu sehr, machte ich alles noch schlimmer. Merkte man dann, daß ich litt, erfuhr ich meist auch schnell wieder Freundliches.

Es gehörte sich, daß ich die Möglichkeiten meiner Stellung dazu ausnutzte, um den Initiativen mehr Platz zu schaffen und ihre Ideen, die ja auch die meinigen waren, in den Machtapparat hineinzutragen. Leicht geriet ich dabei freilich zwischen die Fronten, ähnlich wie es heute manchen »Realos« unter den Grünen ergeht. Ich überforderte mich, wenn ich mir in der Vermittlerrolle zu große Chancen ausrechnete. Wie sollten die Bundesgenossen der deklassierten Minderheiten und ich als deren Anwalt Gehör bei derjenigen Mehrheit finden, die während der Studentenbewegung viele ihrer alten Vorurteile gerade wieder neu befestigt hatte? Ich ließ mich zu sehr von dem vorsichtigen Schweigen täuschen, mit dem das Gros der Etablierten die Rebellion und auch noch ihre Nachklänge hatte über sich ergehen lassen. Wenn beispielsweise zahlreiche Professoren-Kollegen durch unverbindliche Freundlichkeiten den linken Studenten geistige Nähe zu signalisieren schienen, nahm ich das als bare Münze und wähnte, daß in ihnen ähnliches wie in mir abgelaufen sei. Manche, die ich ahnungslos zu halbwegs Gleichgesinnten zählte, stauten in jenen Jahren erhebliche Ressentiments gegen mich auf, die sich später entluden, als ihnen die große Wende endlich den ersehnten Rückhalt bot.

Dafür fand ich damals Verbindung zu einem Mann, der mir viel bedeutete. Ich trat in die SPD-Wählerinitiative ein, die genaugenommen eine Initiative für Willy Brandt war. Ich empfand es als Geschenk, daß wir in der Bundesrepublik einen herausragenden Politiker mit dieser Biographie und dieser Mentalität hatten, der glaubwürdig genau für die politische Linie stand, die ich, damals zusammen mit vielen anderen, für die Zukunft erhoffte. Nie zuvor hatte ich einen Politiker erlebt, bei dem Charakter und politisches Handeln ähnlich übereinstimmten. Bei ihm wußte man, daß er sagte und machte, wie er war und was er dachte. Wie ein Wunder erschien es, daß jemand mit dieser strukturellen Offenheit und Angreifbarkeit in dem Intrigen- und Rivalitätsdschungel der innenpolitischen Szene so weit nach oben gelangt war. Freilich hatte er da wichtige Helfer, die ihm – eine Weile wenigstens – den Rücken freihielten und ihm manche heiklen Geschäfte abnahmen: Herbert Wehner und Horst Ehmke zum Beispiel.

Der Widerstandskämpfer Willy Brandt war der Mann, der uns helfen konnte, unsere Vergangenheit zu tragen. Er tat das, indem er selber vor aller Welt für die deutsche Schuld Verantwortung bekannte. Er stellte sich eben nicht nur hin als Vertreter jenes anderen Deutschland der antifaschistischen Minderheit, sondern als Symbol des gesamten belasteten Volkes. Mich für ihn und seine Versöhnungspolitik zu engagieren, hieß für mich wie für zahlreiche Freunde, aus den eigenen bedrückenden Erinnerungen eine sinnvolle Konsequenz zu ziehen. Willy Brandt als Kanzler schien einen deutschen Lernprozeß anzuzeigen, mit dem sich der Bruch in unserer Geschichte überwinden ließ. Waren wir dabei, als Volk unsere Identität wiederzufinden?

Als ich 1970 im Auftrag der Deutschen Forschungsgemeinschaft drei Wochen lang sowjetische Psychiatrie-Institute besuchte, beglückwünschten mich viele Russen, daß bei uns jetzt Willy Brandt die Politik bestimme. Er sei der erste deutsche Politiker, vor dem sie keine Angst hätten und dem sie glaubten, daß er sich wirklich mit der Sowjetunion aussöhnen wolle. Ich war froh und stolz, mich mit ihm identifiziert zu wissen.

Natürlich hatte ich das opportunistische Umfallen der SPD in der Aufrüstungsfrage nicht vergessen. Nun waren die machttaktischen Gründe aber entfallen, mit denen Wehner einst den unguten Kurswechsel durchgesetzt hatte. Brandt würde, dessen glaubte ich gewiß zu sein, Entspannung und Versöhnung an die Stelle militärischer Bedrohung setzen. In zwei Punkten täuschte ich mich: Ich verkannte Brandts unsichere Stellung innerhalb der Führungsriege der Partei. Sein einsamer Rang als geliebte Symbolfigur wurde von mir wie von vielen anderen mit einer absolut unbestrittenen Führungsposition verwechselt. Der Irrtum sollte sich schon bald nach seinem phantastischen Wahlsieg als Kanzler herausstellen. Ebenso falsch lag ich mit der Phantasie, daß die Parteiorganisation vom Geiste ihrer Leitfigur beflügelt sei.

Willy Brandt war sichtbar durch die Studentenbewegung angerührt worden, die ihn unter anderem auch durch die öffentliche Teilnahme seiner Söhne herausgefordert hatte. Er hatte einen Sinn dafür, daß die in der Jugend erwachte kritische Sensibilität und die spontanen Initiativen an der Basis dazu ausgenutzt werden mußten, eine konsequente soziale Reformpolitik voranzutreiben. Aber im Parteiapparat war eine konservative Funktionärsmentalität fest verankert. Von oben wurde bestimmt, das Parteivolk hörte zu und folgte. Daß innovative Impulse von unten nach oben drangen, war ein seltener Glücksfall. Die Funktionäre auf den verschiedenen Ebenen waren nur selten gewillt, sich basisdemokratischen Impulsen zu öffnen.

In für mich typischer Einfalt wollte ich hier etwas in Gang bringen. In Unterschätzung der Rigidität des Apparates einerseits und im Bewußtsein meiner gruppendynamischen Kompetenz andererseits machte ich mich mit Eifer an ein Experiment.[128] Auf zahlreichen Öffentlichkeitsveranstaltungen, zu denen ich von der Wählerinitiative eingeladen wurde, versuchte ich, die klassische Struktur der belehrenden Informationsveranstaltungen umzukehren.

Ich erklärte den Besuchern, daß sie die Gestaltung des Abends selbst in die Hand nehmen und zunächst eine Stunde lang in kleinen Gruppen darüber reden sollten, wie sie von ihrer persönlichen Lage aus die gegenwärtige Politik einschätzten und was sie vielleicht anders und besser haben wollten. Ich fände, daß sie nicht wie Schüler nur über sich ergehen lassen sollten, was ihnen üblicherweise von vorn und oben belehrend und werbend gesagt werde. Schließlich seien sie es, deren Willen die Politiker umsetzen sollten. Nach kurzer Irritierung spielten die Besucher, auch wenn sie mehrere Hundert, selbst Tausend zählten, gern mit.

Übrigens stellte sich bei der Planung dieser Veranstaltungen heraus, daß die Architekten nur selten große Versammlungsräume einrichten, in denen sich die Menschen mit ihren Stühlen in kleinen oder größeren Kreisen zusammensetzen können. Fast immer sind Sesselreihen wie im Theater oder in der Kirche fest eingebaut, als ob das Modell: alle hören zu, einer redet, ganz selbstverständlich sei.

Anstelle eines erwarteten Vortrages gab ich meist nur einige persönlich gehaltene Stichworte. Auch die lokale Parteiprominenz konnte ich meistens zu rhetorischer Zurückhaltung bewegen. Nach einigen Anlaufschwierigkeiten kam es im Anschluß an die Kleingruppen meist zu einer überaus lebendigen Plenardiskussion, zu der das Publikum originelle, kritische Einfälle beisteuerte. Es ging um so freundlicher mit den Funktionären um, je weniger diese als perfekte Besserwisser reagierten. Statt des gefürchteten Autoritätsverlustes erfuhren die Funktionäre dann vielfach eine unerwartete Bestätigung dafür, daß sie gerade nicht, wie üblich, nur unfehlbare Parteirezepte herunterdeklamierten, sondern die Menschen als mündige Bürger ernst nahmen und ihnen zuhörten. Oft sagten Besucher hinterher, sie würden gern wieder zu solchen Veranstaltungen kommen, wenn man sich an ihnen ähnlich aktiv beteiligen könnte.

Daß dieses Experiment fast immer glückte, lag nicht an irgendwelchen gruppentechnischen Kunststücken, sondern allein an den bereitliegenden, aber von den SPD-Funktionären regelmäßig unterschätzten Fähigkeiten des Publikums. In jener Phase aufgebrochener Sensibilisierung hätte nach meiner Einschätzung gerade diese Partei große Chancen gehabt, sich von der Basis her inspirieren und in ihren Strukturen auflockern zu lassen. Nur mit einer solchen Einstellung hätte sie auch den Teil der Jugend dauerhaft gewinnen können, der sich von dem Machtgerangel und den hierarchisch-bürokratischen Mechanismen der Parteiapparate abgestoßen fühlte.

Aber nur wenige Funktionäre zogen mit. Sie legten, nachdem sie einige solcher Veranstaltungen mitgemacht hatten, bei Willy Brandt ein Wort für mein Experiment ein. Er selbst stimmte zu, daß die Basisarbeit »bürgernäher« gestaltet werden müßte und wollte meinen Vorschlag befürwortend weitergeben, interessierte Parteileute in den modifizierten Veranstaltungsstil einzuweihen. Aber am Ende wurde nichts daraus. Skeptiker meinten – zu Unrecht –, die Methode sei nur von gruppendynamischen Spezialisten beherrschbar. Das Haupthindernis lag indessen darin, daß die Funktionärshierarchie gar nicht willens war, die Machtverhältnisse durch verstärkte Öffnung für Basisimpulse gefährden zu lassen.

Immer deutlicher wurde mir die Diskrepanz zwischen dem konservativ starren Gefüge des Parteiapparates und den progressiven Visionen, in denen sich die engagierte Jugend voller Hoffnung mit dem Symbol Willy Brandt verband. Solange es ging, klammerte ich mich zusammen mit anderen Freunden der Wählerinitiative an eben diese Hoffnung, bis 1973/74 an der Demontage des großen Wahlsiegers sichtbar wurde, wie gering seine Macht gewesen war. Gerade hatte ich noch voller Zuversicht das Buch »Lernziel Solidarität«[129] geschrieben, als die Spitzengenossen öffentlich auf Distanz zu Brandt gingen und erkennbar auf das Ende seiner Kanzlerschaft hinarbeiteten. Weihnachten 1973 hielt ich ihm noch in einem Brief vor, daß er zu defensiv auf die Rückschläge in der Stabilitäts- und Energiepolitik reagiere. Er möge sich nicht auf ein taktisches Krisenmanagement zurückziehen, sondern sich dessen bewußt bleiben, daß er wie kein anderer dazu bestimmt sei, offensiv eine Politik sozialer Reformen und der Abkehr von expansionistischen Zielen durchzusetzen.

Indessen war zu dieser Zeit Brandts Schicksal als Kanzler schon besiegelt. Dem mächtigen Herbert Wehner galt mehr, der Partei die Macht zu erhalten, als ihr Gesicht, ihre klare Identität zu wahren. Das hatte ihn einst auf den Atomrüstungskurs umschalten lassen. Und jetzt ging Wehner ebenso unbeirrbar darauf aus, dem durch die

Energiekrise verängstigten Volk als Führungsfigur einen souveränen technokratischen Manager vorzusetzen. Allerdings sorgte nicht nur Wehner dafür, daß Brandts Autorität schwand. Andere halfen mit.

Willy Brandt hatte seine Führungskraft immer nur als zentrale Figur innerhalb einer solidarischen Gruppe entfalten können. 1974 schrieb ich in einem »Spiegel«-Essay: »Es ist sicher eine für Deutschland erstmalige Konstellation, daß ein so wenig listiger und zugleich mit soviel Weichheit und Sensibilität behafteter Mann überhaupt die Rolle als charismatische politische Zentralfigur erringen und lange Zeit imponierend spielen konnte. Voraussetzung war eben eine genau auf ihn zugeschnittene optimale Gruppenkooperation ... Für das Fundament der Macht, von dem aus er seine in die Zukunft ausgreifenden Ideen zum Tragen bringen konnte, benötigte er stets verläßliche Hilfspotentiale; Freunde, die mit selbstkritischem Augenmaß ihre Vorzüge im Spiel um Macht in den Dienst dessen stellten, dessen Wirkung dort einsetzt, wo ihre Fähigkeiten aufhören.« Aber diese Solidarität der Freunde, schon 1972 allmählich brüchiger geworden, zerbröckelte nach dem grandiosen Wahltriumph vollends. Weiter schrieb ich: »Brandt mußte sofort außer Form geraten und den Anschein von Führungsschwäche in einer Phase hervorrufen, in der seine ›blinden Flecke‹ nicht mehr durch die automatische Kompensationshilfe seiner Partner innerhalb des Gruppensystems abgeschirmt wurden.«

In der Guilleaume-Affäre ließ man ihn kühl im Stich: »In alter Zeit hätten Wehner, Ehmke und mit ihnen die ganze Spitzenmannschaft zusammengestanden, um den Stoß gemeinsam abzufangen und die panische Überschätzung des Schadens zu vermeiden, bei Brandt ebenso wie in der Öffentlichkeit ... Wenn man unterstellt, daß diejenigen in seiner Nähe ihn haben fallenlassen, die früher mit ihm vergleichbare Krisen solidarisch durchzustehen wußten, dann drängt sich natürlich die Frage auf, ob die SPD mit der Person nicht doch auch mehr von dem Konzept und dem Geist ihrer politischen Linie abschreibt, als sie es uns und vielleicht sogar sich selbst eingestehen möchte.«[130]

Genau das hat sie damals unter Wehners Führung getan. Sie hat sich vorläufig die Macht erhalten, aber fortan nicht mehr von demokratischem Sozialismus geredet und sich Schritt für Schritt aus einer

Versöhnungs- und Entspannungspartei in eine Nachrüstungspartei gewandelt, durch deren Entscheidung Deutschland zu einem nuklearen Pulverfaß mit der höchsten Konzentration von Massenvernichtungswaffen überhaupt wurde.

Die SPD verleugnete ihre durch Brandt verkörperte Identität und gab sich unter Wehners Regie einem Helmut Schmidt in die Hände, den ich damals wie heute als einen im Grunde überparteilichen hochbegabten Politikingenieur mit einem starken Sinn für Macht empfand. Die Partei versteckte sich hinter seiner Expertenkompetenz, mit der er bürgerliche Wählergruppen warb. Später sorgte dann Franz Josef Strauß mit seinem drohenden Vormarsch noch einmal dafür, daß man durch Polarisierung das seit 1974 fortschreitende innere Vakuum verdecken konnte.

Was diese Partei augenfällig vorführte, hing mit einer allgemeinen Stimmungsveränderung zusammen. Ernüchterung machte sich breit. Die mit der Studentenbewegung durchbrochene kollektive Verdrängung griff wieder. Der politischen Entmachtung Willy Brandts entsprach sein ziemlich abrupter Abfall auf der Beliebtheitsskala. Eine Symbolfigur des kollektiven Ich-Ideals verlor auf unheimliche Weise ihre Attraktivität. Liebevolle Verehrung löste sich in Betretenheit auf. Viele schienen sich gar zu schämen, als seien sie vorher durch Verführung geblendet worden. Die Veränderung ging nicht von dem Mann aus, sondern in seiner Image-Schwankung spiegelte sich nur wider, was in einem Teil der Bevölkerung vorging.

Im Verlauf der großen Krise Ende der sechziger Jahre war die Vision von einer besseren, menschlicheren Gesellschaft aufgelebt. Solidarität, Gerechtigkeit, Versöhnung formten eine Utopie, die als gemeinsames Ich-Ideal aufleuchtete. Und in der Liebe zu Willy Brandt – oder was man in ihm sah – konnte man sich versichern, mit dem Ich-Ideal einig zu sein. Aber damit hatte man sich überfordert. Konservative Kräfte stimulierten Ängste vor Kollektivismus, Autoritätsverfall, Bedrohung der Leistungsgesellschaft, nicht zuletzt vor der Aufweichung der »inneren Sicherheit«. Und dann war da der Widerspruch zwischen der Utopie und dem täglichen Anpassungsdruck des kapitalistischen Konkurrenzsystems. Nachrichten über ungünstige wirtschaftliche Entwicklung und die Energiekrise taten ein übriges, um die erlösende Vision in eine Fata Morgana zu verwandeln. Gerät ein kollektives Ich-Ideal ins Wanken, gesteht man sich aber nicht leicht das eigene Versagen zu. Entweder streicht man per Verleugnung die Erinnerung. Oder man erklärt, daß man endlich eine Verführung durchschaut habe. Gegenüber Willy Brandt als Repräsentanz des kollektiven Ich-Ideals hieß das: Er war mir auch früher nie wichtig. Oder: Er hat uns allen etwas vorgemacht, und jetzt bin ich endlich dahintergekommen.

Ich habe ihm damals bei Gelegenheit gesagt, daß er die Jugend verlieren werde, wenn er als Parteivorsitzender nur weiterhin loyal vorhabe, Helmut Schmidt abzudecken. Mit der Jugend meinte ich zugleich mich selbst. Ich habe Willy Brandt bis heute meine Verehrung bewahrt. Aber es schmerzte mich, daß er sich, wie ich meinte, zu sehr verleugnete. Gewiß hat er in der Sozialistischen Internationale und als Vorsitzender der Nord-Süd-Kommission hochwichtige Arbeit geleistet. Aber innenpolitisch reichte es mir nicht aus, daß er nicht selber noch mehr davon tat, was er seinen politischen Söhnen oder Enkeln (etwa Lafontaine, Schröder, Engholm) für die Zukunft zutraute, deren Karriere er beharrlich in der Stille mit aufbaute.

Vielleicht konnte er, so wie er war, nicht mehr tun. Da war der Anstand gegenüber Helmut Schmidt. Und da war der eigenwillige Klotz Herbert Wehner, der beiden, aber in erster Linie Willy Brandt, das Leben schwermachte. Inzwischen ist mir längst klargeworden, daß eine Massenpartei damit überfordert war, ihre Politik den Werten zu verpflichten, die sich erst in einer verstreuten Basisminderheit verwurzelt hatten. Eine neue Gesellschaft benötigte: Ein stärkeres Selbstbewußtsein der Frauen; einen Rückgang männlichen Herrschaftsdenkens; die Bereitschaft, das Gewaltverhältnis zur natürlichen Umwelt zu revidieren – all das verbunden mit einer entschiedeneren Aufarbeitung der gemeinsamen Erinnerungen. Aber diese Umbesinnung konnte nur von unten wachsen. Sie mußte Hand in Hand gehen mit einer neuen Erziehung, neuen Formen der Zweierbeziehung, neuen Arbeitsformen, neuen basisdemokratischen Gruppenstilen, neuen Konsumgewohnheiten, neuen Lebensplanungen. Manches davon war für kurze Zeit Anfang des achten Jahrzehnts schon greifbar und politisch nutzbar erschienen. Aber als Massenphänomen war es nur ein Strohfeuer und der Anspruch an Willy Brandt zu einem guten Teil magisches Wunschdenken gewesen.

Ich selber fühle mich diesem Mann unverändert dankbar verbunden. Zu meiner Hoffnung auf eine solidarischere Gesellschaft – beschrieben in »Lernziel Solidarität« und im »Gotteskomplex«[131] – hat er mich wie kaum ein anderer ermutigt. Aber er hat uns Reformpsychiatern und mir persönlich auch noch einmal ganz konkret entscheidend geholfen. Als Schmidts Finanzminister die erhebliche Summe streichen wollte, die für wichtige von der Psychiatrie-Enquête vorgesehene Reform-Maßnahmen vorgesehen war, erfüllte er meine Bitte, die psychisch Kranken nicht im Stich zu lassen. So konnten immerhin in sechs Bundesländern 14 Projekte eines psychiatrischen Modellprogramms durchgeführt werden, bei dem diesmal Praxis, Fortbildung und Administration verheißungsvoll zusammenwirkten.

Menschlichkeit in der Ohnmacht, Macht ohne Menschlichkeit

Eine Einsicht war für mich seit langem bestimmend: Es galt, gleichzeitig auf zwei Ebenen an Veränderungen zu arbeiten. Eine humanere Politik war nur erreichbar, wenn die Menschen so wurden, daß sie diese und keine andere wollten. Aber die Menschen konnten sich nur dahin entwickeln, wenn ihnen die Politik dazu mehr Chancen geben würde. Eine Gesellschaft mit struktureller Hemmung der sozial Schwächeren ließ das Bewußtsein von Solidarität nicht zu. Inhumane Arbeitsbedingungen verhinderten Bewußtseinserweiterung. Umweltzerstörende Industrien verhöhnten ökologisches Denken. Und atomare Rüstungspolitik bereitete unweigerlich den Nährboden für eine militaristische Mentalität.

Herbert Marcuse hatte von der Dialektik der Befreiung gesprochen: »Kein radikaler gesellschaftlicher Wandel ohne radikalen Wandel der Individuen, die seine Träger sind. ... Aber auch keine Befreiung des Individuums ohne die der Gesellschaft.«[132] Aber wie konnten die Bürger, die sich als Individuen veränderten, Einfluß auf die Politik gewinnen, und wie konnten die politischen Entscheidungsträger den dehumanisierenden Einflüssen ihrer Institutionen entrinnen? Politik konnte nur menschlicher werden, wenn in ihr die Akteure als Menschen mit dem Blick auf Menschen handelten, anstatt Politik als bloßes Geschäft der Macht, des Geldes, der Verwaltung zu betreiben. In den anderen Feldern, wo primär nicht an der Gesellschaft, sondern am Menschen gearbeitet wurde, galt es, individuelle Stabilisierung und gesellschaftliche Aktivität gemeinsam zu fördern.

Es drohte und droht noch immer eine Fortsetzung der gegenteiligen Entwicklung: Die herrschenden Kräfte der Politik verrechnen den Menschen zunehmend nur noch als statistische Größe in den Mechanismen des Systems von Wirtschaft, Technik, Militär und Bürokratie. Auf der anderen Seite flüchten immer größere Scharen aus der Gesellschaft heraus, um abseits von deren Druck ihre psychische Integrität zu retten.

In unserer Psychoszene, in der wir als Psychoanalytiker und Psychotherapeuten immer mehr gefragt sind, spüren wir sehr deutlich diese narzißtische Fluchtbewegung. Daß laufend neue Psychotherapie-Moden und -Schulen wie Pilze aus dem Boden gesprossen sind, ist zu einem guten Teil Symptom einer massenhaften Sehnsucht nach einer hermetischen Nebenwelt, in der man sich ausschließlich seinen Gefühlen, Körperempfindungen, Phantasien, Träumen, künstlerischen und spielerischen Einfällen überlassen kann. Dabei mischten sich unter die im engeren Sinne psychisch und psychosomatisch Kranken seit Jahren in wachsender Zahl Mittelschicht-Klienten mit einer diffusen »Halbkrankheit«, die – an statistischen Kriterien gemessen – fast als normales psychosoziales Leiden klassifiziert werden könnte: Unruhe, Schlafstörungen, mangelhafte Erfüllung in Beziehungen, diffuse Ängste, depressive Gedanken und Gefühle sind einige der charakteristischen Zeichen. Tabletten, Alkohol oder andere Rauschmittel helfen nicht oder nicht mehr. Viele suchen nun in der Psychoszene so etwas wie eine neue Heimat. Hier erleben sie, daß sie sich entfalten können, daß sie vieles von sich spüren, was in der Welt draußen unterdrückt wird oder keinen interessiert. Das Leben in der Psychokultur gibt ihnen neuen Sinn und läßt sie darin mitunter für viele Jahre oder lebenslänglich untertauchen, indem sie Therapien, Kurse, Trainings der gleichen oder unterschiedlicher Art ewig aneinanderreihen.

In dieser Rolle funktioniert die Psychoszene als Vorform einer Aussteigerarena. Das gilt für die bürgerlichen Scharen, die in ihr nicht neue Energien für das Leben draußen suchen, sondern sich draußen nur noch in Intervallen durchschleppen, um sich in der Therapie voll auszuleben. Gern lassen sie sich solche Therapeuten oder Psycho-Gurus gefallen, die ihnen die gesellschaftliche Wirklichkeit nur noch als Projektionsfläche oder Auslöser für ihre ihnen allein wichtigen inneren Prozesse deuten. Politik schrumpft in ihren Augen zu einem lächerlichen oder ärgerlichen Theater extravertierter

Ehrgeizlinge oder Wichtigtuer. Magische Größenideen schlagen sich entweder in der Erwartung nieder, daß die Welt durch die in der Psychokultur geweckten inneren Kräfte irgendwie von selbst genesen werde. Oder sie glauben – wie dies in einigen neuen Sekten geschieht –, daß sie in der eigenen Szene gesellschaftliche Katastrophen wunderbarerweise überstehen und anschließend eine bessere Welt schaffen werden. In manchen Kreisen ist man indessen sogar überzeugt, daß die Apokalypse unvermeidlich sei. Aber bis zu deren Eintritt wolle man sich wenigstens noch innerlich verwirklichen.

Daß diese heimliche Realitätsflucht auch von einem Teil der Psychotherapeuten mit vollzogen wird, ist nicht schwer verständlich. Es fördert die Wahl von Psychoberufen, wenn man eher nach innen lebt und nicht so gern in der Praxis entscheidet und handelt. Hinzu kommt die Verführung durch denjenigen erheblichen Teil der Klientel, der Therapeuten ausdrücklich dafür zu prämiieren neigt, wenn sie sich als Meister einer besseren und höheren Gegenwelt darstellen. Reiter und Steiner haben 1979 die Wertorientierung von Psychotherapeuten und sonstigen psychosozialen Helfern mit derjenigen anderer gesellschaftlicher Gruppen verglichen. Frappierenderweise stellte sich heraus, daß die Therapeuten darin am meisten den amerikanischen Hippies der sechziger Jahre ähnelten.[133] Psychotherapeuten als heimliche Hippies?

Auch ich lebe zur Hälfte in dieser Szene. Bevor ich Psychoanalytiker wurde, hatte ich mein philosophisches Refugium und hatte von Gedanken Nietzsches, Sprangers, Platons, Schelers, Viktor v. Weizsäckers gezehrt. Dann hatte ich das psychoanalytische Gespräch als eine moderne Variante des platonischen Dialogs erfahren. Und ich hatte das Leben in diesem Gespräch zu meinem Beruf machen können. Ich könnte mir mein berufliches Dasein nicht mehr vorstellen, ohne einen wesentlichen Teil meiner Zeit mit anderen Menschen in einem gemeinsamen analytischen Besinnungsprozeß zu verbringen. Meinen Patienten kann ich nur helfen, indem ich mich genau wie sie sammle und in mich hineinhorche, was von ihren Regungen in mir widerklingt. Dies bedeutet nicht nur in der Individualtherapie, sondern auch in der Paar- und Gruppentherapie eine beschränkte Klausur, in der man das Getümmel draußen abschaltet. Aber die Realität draußen gräbt ihre Spuren auch in die tiefsten Träume und Phantasien ein. Und was immer an Wünschen, Hoffnungen und Impulsen in der Innenwelt auflebt, es will sich konkret erfüllen in der Entwicklung von Beziehungen, in der Arbeit, in der Gestaltung der Umwelt.

Mir ist es wichtig, daß meine Patienten nie aus dem Blick verlieren, in welchem Maße ihre innere Geschichte und ihre innere Aktualität durchgängig verwoben sind mit gesellschaftlichen Vorgängen. Was sie draußen ärgert, ängstigt, anzieht, sind nie ausschließlich Projektionen kindlicher Erfahrungen oder subjektiver Prozesse. Eine geträumte oder phantasierte Atombombe ist immer auch als solche gemeint und nie lediglich Symbol für explosive Aggressivität. Das bedeutet noch lange nicht, psychoanalytische Therapie mit politischen Informationsgesprächen oder gar Ratschlägen zu vermischen.

Aber ich habe durch mein Schicksal gelernt – und versuche es meiner Umgebung zu vermitteln –, daß man die »Höhle der Innerlichkeit« nicht als Versteck mißverstehen sollte, um die politische Welt den anderen zu überlassen, die darin zu agieren wünschen. Ich hatte es ja einst versucht, das politische Geschehen über mich ergehen zu lassen und nur die Behelligung zu mildern, indem ich mein innerliches Sein zu meinem wahren Sein erklärt hatte. Ich hatte jene »Freiheit des Geistes« erstrebt, von der Nietzsche sprach, um mich so weit als möglich anästhetisch zu machen für die Widrigkeiten der politischen Zwänge und des Militarismus. Obwohl ich es damals noch nicht kannte, hatte ich das Rezept Sigmund Freuds aus dem Jahre 1930 zu befolgen versucht, der eine »narzißtische Lebensform« empfohlen hatte, die darauf ausgehe, »die Triebziele solcher Art zu verlegen, daß sie von der Versagung der Außenwelt nicht getroffen werden können«.[134] Freud hatte noch ausdrücklich beteuert, daß einem bei einer solchen Strategie das Schicksal wenig anhaben könne, während es umgekehrt zwecklos sei, als Tatmensch gegen die übermächtige Realität anzurennen.[135]

Mein Erinnerungsbericht dient gerade und vor allem dazu, diese Illusion zu entkräften, daß zwischen Innerlichkeit und Tatwelt eine derartige Alternativwahl möglich sei. Und ich glaube kaum, daß Freud, der immerhin gelegentlich einen Wahlaufruf unterschrieben und zwei Arbeiten über den Krieg verfaßt hat, heute sein damaliges Rezept wiederholen würde. (Vor den Wiener Kommunalwahlen 1927 unterzeichnete er als Wahlaufruf ein »Zeugnis für die große soziale und kulturelle Leistung der Wiener Gemeinde«. Mitunterzeichner waren u. a. Alfred Adler, Franz Werfel, Anton von Webern.) Ich habe erlebt, daß die »Höhle der Innerlichkeit« mich nicht im mindesten gegen einen zerstörenden Einbruch der durch Hitler entfesselten Gewalt schützte. Zugleich ist mir bewußt geworden, daß meine passive Anpassung es mir doppelt schwermachte, einerseits Auschwitz, andererseits die Vernichtung großer Teile meiner Welt, meiner Angehörigen, meiner Freunde zu verarbeiten. Nichts von dem hätte ich verhindern können. Aber daß ich an einer allgemeinen Wehrlosigkeit mitverantwortlich teilgenommen und als Marionette die Maschinerie der Zerstörung mit in Gang gehalten hatte, kränkte und beschämte mich gerade deshalb um so mehr, weil ich ja durch den Vorzug meiner philosophisch-psychologischen Bildung mehr als zigtausend andere verpflichtet gewesen wäre, meine humanen Wertvorstellungen kritisch zum Ausdruck zu bringen.

So habe ich es als eine irrige und irreführende Vorstellung zu durchschauen gelernt, daß in der Gesellschaft quasi naturwüchsig eine introvertiert apolitische neben einer extravertiert politischen Lebensform existieren könne. In diesem Punkt habe ich mich entschieden von meinem verehrten Lehrer Spranger distanziert, der in den zwanziger Jahren weltweit großen Anklang mit der Beschreibung einer Gesellschaft gefunden hatte, deren Mitglieder er idealtypologisch nach spezifischen Einstellungs- und Verhaltensmustern aufgegliedert hatte.

In seinem vielfach aufgelegten und in viele Sprachen übersetzten Buch »Lebensformen« zeichnete er nebeneinander die Bilder eines theoretischen, eines ästhetischen, eines ökonomischen, eines sozialen, eines religiösen Menschen und eines Machtmenschen und zeigte, wie jeder seine Welt spezifisch strukturiere.

Demnach bemühe sich etwa der soziale Mensch, seine Welt in der »sozialen Geistesrichtung Liebe«[136] auszurichten. Dazu kontrastiere der Machtmensch, der »alle Wertgebiete des Lebens in den Dienst seines Machtwillens« stelle. Der Politiker sei die konkrete Ausprägung dieses Typs. Er sei »der Mensch der Selbstbetonung und Selbstdurchsetzung. Er ist daher in der Regel kein warmherziger Menschenfreund, sondern ein Menschenverächter. Wer wirklich herrschen will, kann sich nicht hingeben und seiner selbst entäußern. Wer selbst etwas ›gelten‹ will, ist nicht geneigt, für andere zu leben.« Freilich müsse, wer zum Träger und Vollstrecker von Kollektivmacht werden wolle, »etwas vom Geiste der Gemeinschaft in sich aufnehmen«. »Seine Macht ruht geradezu auf der Einigkeit und Gemeinschaft derer, die er führt; er muß ihnen also auch etwas vom sozialen Liebesgeist zurückgeben.«[137]

Schon diese Zitate zeigen, daß man sich die einzelnen Typen nicht eingeebnet in Teilkulturen nebeneinander vorstellen kann. Die Lebensform der Macht begrenzt die Spielräume der anderen. So nutzt der Machttyp den Gemeinschaftssinn der »sozialen Menschen« als horizontal und vertikal wirkendes Bindemittel aus, um sie in Schach zu halten. Genau gesehen besiegeln die in den übrigen Teilkulturen lebenden Gruppen ein selbstschädigendes Abhängigkeitsverhältnis, wenn sie in ihren Spezialbereichen eine Reinheitsideologie entwickeln und sich jeweils nach dem Leitbild etwa des Nur-Wissenschaftlers, des Nur-Künstlers, des Nur-Psychologen, des Nur-Seelsorgers ausrichten. Sie unterschreiben damit praktisch jenen Unterwerfungsvertrag, den Max Scheler als die besondere deutsche »Krankheit der Innerlichkeit«[138] bezeichnet hatte. Sie machen sich zu Dienern und Narren, welche die Gestaltung ihrer Lebensgrundlagen und der der Gesamtgesellschaft völlig den Herren der politischen Lebensform in die Hand geben. Sie mögen sogar die Gesellschaft kritisch interpretieren, aber stützen damit in indirekter Apologetik nur die Macht der Herrschenden, solange sie ihre abgespaltene Intellektuellen-Szene nicht überschreiten. Georg Lukács hat dies am Beispiel des pessimistischen Philosophen Schopenhauer herausgearbeitet, dessen Verhalten er durch den von Thomas Mann geprägten Begriff einer »machtgeschützten Innerlichkeit«[139] kennzeichnet.

Freilich ist die Realität noch verwickelter. Denn diejenigen, die in der Kirche, in der Wissenschaft, im psychosozialen Bereich über sektiererische Reinheit und politische Abstinenz wachen, kommen in der Regel nicht von außerhalb. Sondern die diesen Teilkulturen übergeordnete Machtperspektive ist längst überall zu deren eigenem Organisationsprinzip geworden. Die Wissenschaft, die Kirche, die Psychotherapie-Schulen reproduzieren in ihren Institutionen und Verbänden schon freiwillig die Mechanismen der politischen Lebensform. Ähnlich wie ich es am Beispiel der institutionalisierten Psychoanalyse gezeigt habe, formieren sich ihre organisierten Kollektive schließlich nach machtpolitischen Strukturgesetzen. Wähnend, daß es sich dabei nur um äußere Formalien handle, die ihnen sogar hilfreich seien, ihre religiösen und humanistischen Wertrichtungen in der Gesellschaft wirksam zu vertreten, erliegen sie vielmehr der immanenten Mentalität der vermeintlichen bloßen Formalien. Hierarchisierung und Disziplinierung greifen Platz. Wie automatisch grassiert bald in den Führungsrängen machtpolitisches Denken, das sich wie ein Nebel über die gesamte Szene ausbreitet. Fertig ist schließlich die Paradoxie, daß Musterexemplare des politischen Typs von oben unter dem Motto der politischen Abstinenz konformistische Angepaßtheit der reinen Religion, der reinen Forschung, der reinen Heilkunde usw. disziplinarisch kontrollieren.

Das heißt also, innerhalb dieser scheinbar vom Reich der Macht kritisch abgehobenen Teilkulturen begibt man sich bereits selbst der Freiheit zur wirksamen Realisierung gesellschaftlicher Gegenwerte. Wenn Geistliche, Wissenschaftler, einzelne oder Gruppen aus Helferberufen gesellschaftskritisch aktiv werden, werden sie bereits, noch bevor sie die professionellen Politiker aufschrecken, von den Funktionären der eigenen Zünfte in die Schranken verwiesen. Das System der Abschottung der politischen Machtzentralen nach unten funktioniert also mit mehrfacher Sicherung.

Das Sprangersche Klassifikationsschema, das die einzelnen Teilkulturen als ein friedliches Nebeneinander von differenten Wertordnungen und Lebensformen mißzuverstehen anregt, verdeckt also eine nur oberflächlich verschleierte Allianz zwischen politisch entmündigten und sich weiter selbst entmündigenden gesellschaftlichen Bereichen einerseits und der eigentlichen Machtszene andererseits.

Die Aussicht, selbst in den durchorganisierten humanistisch etikettierten Teilkulturen vereinnahmt und entfremdet zu werden, treibt folgerichtig Scharen von Jugendlichen – aber inzwischen auch von Älteren – aus der Gesellschaft heraus und irgendwelchen esoterisch insulären Gruppierungen, nicht zuletzt den neuen Psycho-Sekten, zu: Sind wir schon zu ohnmächtig, in der Politik noch etwas zu bewegen, warum dürfen wir dann nicht außerhalb versuchen, wenigstens noch ein Stück unserer psychischen Integrität zu retten?

Aber wenn gerade die Empfindsamen, die an Inhumanität, Sozialabbau, Militarismus und Umweltzerstörung Leidenden in die diversen Innerlichkeitskulturen abwandern, sorgen sie automatisch für eine weitere Entseelung der politischen Welt. Es droht sich laufend ein eigendynamischer Kreisprozeß zu verstärken: *Die Menschlichkeit entweicht in die Machtlosigkeit, und in den Zentren der Macht schwindet die Menschlichkeit.*

Wer mitunter Gelegenheit hat, sich im bundesdeutschen Machtzentrum Bonn umzuschauen, wird schwerlich bestreiten können, daß dort massenhaft Spuren dieses Prozesses zu finden sind. Es sind die Mechanismen der Szene, welche die Umgangsformen, oft gegen die Bedürfnisse der Menschen, prägen. Wie anders die Individuen auch immer sein möchten – die eingeschliffenen sozialpsychologischen Rollenzwänge holen sie ein und erwecken oder verstärken in ihnen bestimmte typische Merkmale, wenn sie nicht über eine außerordentliche Widerstandsfähigkeit verfügen.

Aber selbst die Standfestesten bekennen, wenn sie der Verschwiegenheit eines außenstehenden Zuhörers gewiß sind, wie es sie anstrengt, der psychischen Korrumpierung zu entgehen. Gelegentlich flieht einer, wie einst Erhard Eppler, sogar in die Öffentlichkeit und schreibt: »Gejagt von der Konkurrenz – was tut der Abgeordnete von der anderen Partei, was tut mein Rivale in der Partei? – getrimmt auf Wirkung – bin ich angekommen? – eingeübt in taktische Rücksichten – wem darf ich was sagen? – entfernt der Politiker sich meist sehr rasch von dem, was er fordert und was ihm wohl selbst vorschwebt ... Es stimmt ja nicht, daß sich in der Politik von Hause aus ein besonders windiger Menschenschlag tummle. Aber es stimmt, daß Menschen in der Politik noch rascher und gründlicher deformiert werden als anderswo, und zwar um so heilloser, je weniger sie dessen gewahr werden.«[140]

So äußerte sich der Ex-Minister aber erst, nachdem er die Bonner Szene verlassen hatte. Unter welchen Bedingungen jemand darin ausharren und trotzdem sich selbst treu bleiben kann, wäre an dem einsamen Beispiel von Hildegard Hamm-Brücher zu untersuchen. Gehärtet im Widerstand gegen Hitler, ließ sie sich in ihrem liberalen Humanismus nie kleinkriegen, und schließlich wurde sie als glaubwürdiges Gesicht für ihre Partei so unentbehrlich wie Willy Brandt für die SPD. Sie gehört zu den integren Vorzeigepersönlichkeiten, hinter denen sich die Masse der Zermürbten, der opportunistischen Taktierer und der seelenlosen Macher verstecken kann. Hier wird parlamentarischer Geist repräsentiert – aber nicht der Geist des real existierenden Parlaments, in dem Persönlichkeiten wie Hildegard Hamm-Brücher als moralische Symbolfiguren nur so lange gelitten sind, als sie die herrschenden Machtmechanismen nicht ernsthaft gefährden.

Einmal habe ich mit einem Kreis junger Bonner Politiker des zweiten Gliedes eine Gruppenveranstaltung von der Art jener Öffentlichkeitsarbeit probiert, die ich im Rahmen der Wählerinitiative erfolgreich praktiziert hatte. Das Unternehmen scheiterte. Nur wenigen Politikern kam etwas Persönliches über die Lippen. Hinterher erklärten mir einige unter vier Augen ihre Sprachlosigkeit: nichts bleibe in Bonn geheim. Jede eingestandene Blöße sei anderntags szenebekannt und werde schonungslos ausgenützt, selbst von politischen Freunden, die noch Karrierehoffnungen hegten.

Man werde, so hörte ich immer wieder, in der Szene geradezu systematisch einerseits zur Tarnung, andererseits zu maximaler Flexibilität – was nahe beieinander liegt – erzogen. Man müsse ständig eine Vielzahl von Rollen parat haben. Je nach Gremium und Situation gelte es zu variieren: Ein Gesicht brauche man für die Beamten des Ministeriums, eines für die Freunde in der Fraktion, ein anderes für die Gesamtfraktion, wieder ein anderes für den gemischten Ausschuß, ein weiteres für die Öffentlichkeit. Wer sich dabei noch um seine psychische Integrität sorge, habe es schwer, gesund und obendrein am Ball zu bleiben. Wen es dränge, seine Zweifel, Sorgen, Ängste offen herauszulassen, werde irgendwann im Ellbogenkampf unterliegen.

Als Idealisten seien sie in Bonn eingezogen, haben mir verschiedene jüngere Aufsteiger bekannt. Sie seien als Abgeordnete gekommen oder als Helfer für eine Parteizentrale geworben worden. Sie hätten sich vorgestellt, in dieser verkrusteten Szene mit kritischen Ideen und kreativem Schwung, die sie von der Basis mitgebracht hätten, einiges bewirken zu können. Statt dessen habe man sie kühl auflaufen lassen. Hier sei reibungsloses Mitfunktionieren und Zurückhaltung eigener Gedanken gefragt. Mit taktischem Geschick und glücklicher Protektion vermöge der eine oder andere an aussichtsreichem Platz Fuß zu fassen. Die anderen verschwänden in totaler Bedeutungslosigkeit. Viele würden lieber heute als morgen aus diesem korrupten und intriganten Theater wieder aussteigen. Aber einmal als Berufspolitiker halbwegs etabliert und ihrem früheren Beruf entfremdet, scheuten sie die Risiken der Umkehr.

Bedrückende anschauliche Beispiele, die mir beruflich bekannt geworden sind, muß ich beiseite lassen. Vielfach habe ich jedenfalls Epplers Urteil bestätigt gefunden, daß die Mechanismen der institutionalisierten Politik dehumanisierend auf die darin Tätigen wirken. Sie pressen Menschen in das von Spranger beschriebene Stereotyp des Machttypus hinein und drohen damit natürlich auf Dauer die Sensibleren und um ihre Integrität Besorgten abzuschrecken. Was sich ändern müßte, formuliert Erhard Eppler ohne Zweifel zutreffend: »Politik kann wohl nur dann wieder mehr werden als eine Exekution von Zwängen, wenn sie die Zwänge abbaut, die im politischen Getriebe selbst die menschliche Entfaltung derer hemmt, die eine menschlichere Gesellschaft anstreben.«[141]

Aber wie können die internen Zwänge der Politik und deren korrumpierende Verflechtung mit wirtschaftlicher Macht anders aufgebrochen werden als durch Druck von der außerparlamentarischen Basis her? Diese aber kann erst dann außerhalb der und durch die Parteien mehr bewirken, wenn schließlich jeder einzelne Bürger – wie introvertiert oder extravertiert er auch veranlagt ist – seine Mitverantwortung anerkennt und mit mehr Mut wahrnimmt.

Erfüllen wir, was wir von anderen fordern?

Wiederholt wurde ich mit der Frage konfrontiert, wie sich denn das Amt eines psychosomatischen Klinikers und Hochschullehrers mit den diversen sozialpsychologischen, sozialtherapeutischen und politischen Interessen vertrage, über die ich mich hier gerade ausgelassen habe. Jedenfalls sei es nicht das übliche Rollenverhalten, das Arbeitsfeld in dieser Weise auszudehnen. Gehe das überhaupt, neben Therapie, psychoanalytisch-psychosomatischer Forschung und Lehre, Prüfungen, Gutachten, Mitarbeit in der Universitätsselbstverwaltung noch so viel anderes zu machen? Jedenfalls ließen mich zumal konservative Gruppen in der Medizin, in der Psychoanalyse und später auch in der Universitätsadministration spüren, daß sie mein standesunübliches Verhalten irritierte. Mir wurde vermittelt, daß ich angeblich nirgends mehr klar dazugehöre. Für die Mediziner war ich nur noch ein halber Arzt, für die Psychoanalytiker eher ein psychoanalytisch trainierter Sozialarbeiter, für die wissenschaftliche Community schon fast ein Politiker und für die Politiker umgekehrt ein politisch dilettierender Wissenschaftler. Interviewende Journalisten wußten nie so recht, unter welcher Berufsbezeichnung sie mich vorstellen sollten. Sonderbarerweise geriet ich durch mein gleichzeitiges Arrangement in heterogenen Aufgaben kaum je selbst in Verwirrung, sondern fand, daß alles im Zusammenhang miteinander für mich wichtig war.

Das psychoanalytische Gespräch in verschiedenen Settings blieb für mich jederzeit eine unentbehrliche Quelle von Erkenntnis, Selbsterkenntnis und Erfüllung eines sozialen Bedürfnisses. Psychosomatisch und sozialpsychologisch zusammen mit Gießener und anderen Kollegen zu forschen, befriedigte ein nie nachlassendes

Interesse. Aber viel Kraft holte ich mir insbesondere auch aus den neuen Gruppeninitiativen, die gegen Ende der Studentenbewegung aufgebrochen waren. Hier lebte ein neuer Geist von Solidarität, von Sanftheit, von neubestimmter Männlichkeit und Weiblichkeit auf, den ich sowohl für meine persönliche Entwicklung brauchte wie für die Klärung meiner Vorstellungen von Gesundheit und Krankheit und vom Menschenbild der Politik. In dieser keimenden sozialen Selbsthilfebewegung sah ich den entscheidenden Ansatz, unsere gemeinsame Geschichte sinnvoll aufzuarbeiten, die noch unverdaut in uns steckte. Von dieser kritischen Jugend borgte ich mir Kräfte, die meine Generation im Mißglücken der eigenen Jugend und im Verdrängen dieses Mißglückens verschwendet hatte. Es erschien mir als natürliche Konsequenz, meine erlernten Fähigkeiten in Psychoanalyse und Gruppendynamik auch dazu zu nutzen, diese Bewegung bis in die geschilderten Formen politischer Öffentlichkeitsarbeit hinein zu unterstützen. Die Kernfrage auf allen Ebenen, in denen ich mich engagierte, lautete: Wie läßt sich mitmenschliche Solidarität nicht nur deklarieren und propagieren, sondern auch glaubhaft verwirklichen?

Es ist nun an der Zeit, darüber mehr zu sagen, wie wir mit diesem Anspruch in meinem amtlichen Tätigkeitsfeld, der Klinik, zurechtgekommen sind. Im Umgang untereinander hatten wir ja einen Schritt nach vorn getan, indem wir, wie geschildert, schon zu Gremienentscheidungen (Anstaltsrat) übergegangen waren, lange bevor dieses Prinzip offiziell eingeführt wurde. Aber wie entwickelte sich unser Verhältnis zur Bevölkerung? Wurden wir eine Klinik »zum Anfassen«, ein vertrauter Bestandteil der Gemeinde? Erfüllten wir die Bedürfnisse der ratsuchenden Menschen, oder beuteten wir diese eher – wie es bei einer Universitätsklinik leicht erwartet wird – als »Material« für Forschungs- und Unterrichtszwecke aus?

Es fiel uns beileibe nicht leicht, Wunsch und Realität leidlich zur Deckung zu bringen. Aus den zahlreichen Problemen, die sich hierbei auftaten, möchte ich drei herausgreifen und kurz skizzieren, wie wir an ihnen gearbeitet haben. Sie betreffen erstens die Organisation der poliklinischen Ambulanz, zweitens den Umgang mit psychologischen Tests und drittens die subjektive Einstellung der Therapeuten zu den Patienten.

Ist es das Ziel von Psychotherapie, daß Menschen pathogene innere Unfreiheit überwinden, dann muß die Therapeut-Patient-Beziehung logischerweise von sozialer Einschüchterung freigehalten werden. Aber derartige Einschüchterungen spielen sich meist schon im Vorfeld ab. Jenseits der Gruppen, die sich geradezu nach der Psychoszene *sehnen*, steckt einem beträchtlichen Teil der Bevölkerung immer noch tiefes *Mißtrauen* in den Gliedern: Psychotherapie, Psychosomatik, Psychiatrie – sind das nicht die Institutionen für die Abfertigung und Ausgrenzung der Minderwertigen? Ist nicht ein Stigmatisierter, wer sich denen ausliefert?

Überwindet der Patient diese Schwelle und meldet er sich in einer Psychosomatischen Ambulanz an, wird ihm erst einmal eine Wartefrist zugemutet. Schon sieht er sich wieder in der Schlange anstehen wie vor einem Behördenschalter, als irgendeine Nummer in der Anmeldungsliste. Das »Behördengefühl« kommt hoch. Er kann froh sein, daß er überhaupt irgendwann vorgelassen wird.

Endlich an der Reihe, wird er von der Ambulanzsekretärin nach Daten befragt. Daten sind nötig für die Verwaltung, aber auch für die Auswertung in der klinischen Forschung. Vielleicht sind außerdem Fragebögen auszufüllen über Beschwerden und zur psychologischen Selbstbeurteilung. Das »Behördengefühl« verstärkt sich. Er gibt Dinge von sich preis, weil das die Bedingung dafür ist, daß er am Ende der bürokratischen Prozeduren überhaupt einen Therapeuten zu sehen bekommt.

Dann sitzt dieser ihm gegenüber und wartet ab, daß er ihm möglichst spontan von sich und seinen Problemen erzählt. Aber was ist jetzt überhaupt noch an Spontaneität und Unbefangenheit möglich, nach dieser Einstimmung auf Wartezeit, Vorzimmerbürokratie und Fragebogen-Prüfung? Kann jetzt ein Therapeut noch glaubhaft machen, daß er sich als diskreter hilfreicher Begleiter auf einem Weg anbieten will, den der Patient zur Bearbeitung und Überwindung seiner Schwierigkeiten selber suchen und gehen möge?

Es dauerte eine Weile, bis wir begriffen, daß wir mit unseren institutionellen Ritualen eine Barriere errichtet hatten, die in Richtung einer therapiewidrigen Disziplinierung wirkte. Dann fiel uns ein Rezept ein, die Wartefristen auf ein Minimum zu reduzieren. Wir luden die Patienten nicht mehr zu einzelnen Therapeuten ein, sondern bestellten eine größere Anzahl gleichzeitig und hielten an den betreffenden Tagen jeweils eine Gruppe von Therapeuten bereit, die sie unter sich aufteilte und die Verantwortung für die weitere Versorgung übernahm. Den Datenfragebogen strichen wir radikal zusammen. Anstelle des zuerst benutzten aufwendigen Persönlichkeitstests (MMPI) entwickelten Dieter Beckmann und ich einen eigenen klinischen Test[142], der nur mehr eine Viertelstunde beanspruchte.

Es war der »Gießen-Test«, der in 40 Fragen eine Beschreibung der Befindlichkeit, der Einstellungen und der Art der sozialen Beziehungen ermöglicht. Wir konstruierten ihn gleich in zwei Fasssungen, sowohl zur Selbst- wie zur Fremdeinschätzung (Selbstbild und Fremdbild), um ihn außer für die Individual- auch für die Paar- und Gruppendiagnostik verwenden zu können. Wie wir feststellen konnten, wirkten die Fragen auf die Mehrzahl der Patienten eher anregend, so daß sie im nachfolgenden Therapeutengespräch oft spontan darüber sprachen, was ihnen inzwischen noch zu den Testfragen eingefallen war. 1968 haben wir den »Gießen-Test« für die Bevölkerung der Bundesrepublik standardisiert und 1975 neu standardisiert. Zu unserer Freude bedienen sich seiner inzwischen viele in- und ausländische Institute zu klinischen und Forschungszwecken.

Ein Test kann, je nachdem wie man mit ihm umgeht, die partnerschaftliche Beziehung zwischen dem Therapeuten und dem Patienten fördern oder auch hemmen. Er kann, nach Art eines naturwissenschaftlichen Experimentes verstanden, den Patienten vergegenständlichen. Der Tester erweitert seine Macht über die »Testperson«, die ihm ihre verrechenbaren Antworten zu einer undurchschaubaren Auswertung überläßt. Magische Phantasien über das enthüllende Wissen des Diagnostikers werden angeregt. Aber wenn der Diagnostiker sich zugleich als psychoanalytischer Therapeut versteht, wird er – wie ich es in einer Arbeit formuliert habe – im Test nur »eine Fortsetzung des Gespräches mit anderen Mitteln« sehen:

»Für die gemeinsame Verarbeitung des Tests ist es wichtig, die künstliche Frageform und die künstlichen Antwortmuster des Tests als eine momentan dem gemeinsamen Verstehensprozeß dienliche Entfremdung des partnerschaftlichen Dialoges aufzufassen, der als solcher anschließend unter gemeinsamer Aufarbeitung der so gewonnenen Informationen wieder hergestellt werden muß. Der Getestete ist hierbei kein Ablieferer von Befunden, die der Tester je nach Belieben in Verwahrung nehmen oder auch wieder herausgeben kann. Sondern dieser sieht sich unmittelbar verpflichtet, die unter Umständen nur für ihn lesbaren Bedeutungen der Testantworten und der Auswertungsbefunde dem Klienten umgehend zurückzuübersetzen. Denn diesem gehört nach wie vor primär das, was er als Autor im Test von sich gegeben hat. Der Klient erweitert dadurch sein Selbstverständnis, und er kann außerdem übersehen, wie der Psychologe mit einer Information umgeht, die er diesem quasi als Vorgabe anvertraut hat, ohne diesen Akt des Anvertrauens bewußt realisiert zu haben. Damit können beide in partnerschaftlicher Beziehung ihr Gespräch fortsetzen.«[143]

Die Beziehungsstruktur zwischen Therapeut und Patient wird in der analytischen Psychotherapie im besonderen Grade von der *Struktur des Therapeuten* geprägt. Er ist Teil seiner Methode. In diese geht ein, was er für ein Mensch und wie er motiviert ist. Freilich sollte seine Motivation klar sein. Alles, was er sagt und tut, sollte sich allein nach dem Wohl des Patienten richten. Aber ist das so selbstverständlich? Vielleicht drängt es ihn etwas zu sehr, selber zu bestimmen, was dem Patienten guttut? Vielleicht möchte er unbewußt den Patienten so lenken, daß dieser für ihn ein besonders passender Partner bleibt oder wird? Vielleicht braucht er zu sehr das Gefühl, daß *er* den Kranken gesund macht – und hält diesen damit in kindlicher Abhängigkeit fest, statt ihn davon zu befreien?

Das erscheint auf den ersten Blick als Gipfel der Verantwortungslosigkeit. Ein Therapeut, der seine Patienten mißbraucht, um eigene Bedürfnisse zu erfüllen? Eine schreckliche Vorstellung. Immerhin verlangt man von Psychoanalytikern, daß sie sich zunächst einer Eigenanalyse unterziehen. Sie sollen ihre persönlichen Probleme so weit bearbeiten, daß sie mit diesen nicht mehr ihre Patienten belasten. Die Lehranalyse soll sie befähigen, ausschließlich »patientengerecht« zu intervenieren. Aber ist diese Erwartung realistisch?

Wir haben uns im Jahr 1967 dieser Frage mit einem Forschungsprojekt zugewandt, das ich zu den wichtigsten zähle, die wir je durchgeführt haben.[144] Wir – acht Ärzte und Psychologen – haben uns eigene von uns fernsehaufgezeichnete Erstgespräche mit 16 Patienten vorführen lassen. Nach jeder Vorführung hat jeder von uns den betreffenden Patienten mit Hilfe eines skalierten Fragebogens diagnostisch beschrieben. Wir benutzten damals noch eine Vorform des Gießen-Tests. Dieter Beckmann hat dann die Resultate verrechnet und ermittelt, daß wir uns beim psychologischen Diagnostizieren unterschiedlich verhielten. Er fand heraus, daß jeder von uns eine im Ausmaß differierende Tendenz zum Stereotypisieren aufwies. (Stereotypisieren heißt, daß der Therapeut bestimmte Merkmale vorzugsweise immer wieder wahrzunehmen glaubt.)

Einer von uns hatte zum Beispiel folgende Merkmalkombination gehäuft diagnostiziert: Der Patient ist darauf aus, andere in sich verliebt zu machen. Er legt viel Gewicht darauf, daß man ihn schön findet. Er hält sich für ausgezeichnet. Er möchte mit dem Arzt insgeheim gegen andere zusammenhalten. Er ist besonders ungeduldig.

Ein anderer aus unserer Gruppe hatte ein eher gegensätzliches Merkmalprofil bevorzugt: Der Patient hat große Angst, daß man ihm etwas wegnimmt. Er hält sich für besonders minderwertig. Er hat Angst, daß man sich von ihm abwendet. Er zeigt ein großes Anklammerungsbedürfnis. Er kann in der Liebe nicht glücklich werden.

Wie kann diese unterschiedliche Stereotypisierung zustande kommen? Offenbar drängen sich bereits in die Wahrnehmung unbewußte persönliche Motive, die das Bild des anderen Menschen, hier also der Patienten, subjektiv beeinflussen. Ohne es zu merken, mischt der einzelne Therapeut in das Bild des Patienten eine eigene Zutat hinein. Und da dies regelmäßig die gleiche Zutat ist, muß ihm ein gleichbleibendes unbewußtes Motiv unterstellt werden.

Um besser zu verstehen, warum von uns der eine so und der andere so stereotypisierte, haben wir uns innerhalb der Gruppe mit demselben Fragebogen gegenseitig beurteilt. Außerdem hat sich noch jeder selber eingeschätzt. Das Ergebnis erheiterte uns. Denn spontan leuchtete uns unmittelbar ein, wie unsere Persönlichkeitsstrukturen mit der Richtung unserer Stereotypisierungstendenzen zusammenpaßten.

Was Dieter Beckmann herausrechnete, sah – vereinfacht – so aus: Je mehr einer von uns an Patienten stereotyp hohe Selbsteinschätzung, stabile Stimmung, Kontaktsicherheit wahrnahm, um so weniger schrieben ihm die anderen Gruppenmitglieder diese Eigenschaften zu. Genau diese Merkmalkombination glaubte die Gruppe aber bei denjenigen von uns zu registrieren, die stereotyp bei den Patienten eher Depressivität, Minderwertigkeitsgefühle und Kindlichkeit auszumachen glaubten.

Dieses exakt errechnete Resultat ließ uns annehmen, daß wir in die Patienten bevorzugt solche Eigenschaften stereotypisierend hineinschauten, die unsere jeweilige eigene Struktur nach dem Gegenstück hin ergänzten. Es fand also etwas von einer kompensatorischen Partnerwahl bereits unbewußt in der Wahrnehmungsverarbeitung statt.

Freilich war das Ausmaß unserer Stereotypisierungstendenzen nicht gerade beunruhigend. Varianzanalytische Untersuchungen zeigten, daß die individuelle Stereotypisierung im Verhältnis zu der Übereinstimmung in unseren diagnostischen Urteilen nur eine untergeordnete Rolle spielte. Und es kam auch heraus, daß die einzelnen um so weniger stereotypisierten, je länger sie ausgebildet waren beziehungsweise ihre Ausbildung schon hinter sich hatten. Lehranalyse und psychoanalytische Erfahrung scheinen also die Versuchung abzuschwächen, die Patientenwahrnehmung nach eigenen Bedürfnissen zu strukturieren – so wie es ja auch sein sollte.

Verhilft die Lehranalyse – der Erwartung entsprechend – dazu, daß junge Therapeuten lernen, mit den eigenen Problemen besser zurechtzukommen, dann sollten sie es auch immer weniger nötig haben, persönliche Konflikte in die Beziehung zu anderen, und speziell zu Patienten, hineinzutragen. Wir gewannen übrigens den Eindruck, daß die Therapeuten unserer Gruppe im Durchschnitt lieber solche Patienten in Therapie nahmen, die in der Richtung ihres diagnostischen Stereotyps lagen. Was sie in die Menschen gern hineinsahen, das lenkte sie auch bei der therapeutischen Partnerwahl.

So fließen also auch in der analytischen Therapeut-Patient-Beziehung subjektive Bedürfnisse des Therapeuten unbewußt in das klinische Arbeitsverhältnis ein. Für unsere Gruppe hatte diese Erkenntnis zur Folge, daß wir in den Fall-Diskussionen künftig toleranter miteinander umgingen. Wir beharrten nicht länger strikt darauf, daß jeder jeden Patienten identisch sehen und behandeln müßte. Wir wußten ja nun voneinander, daß – und in welcher Weise – wir derartige Beziehungen unterschiedlich strukturierten. Wir billigten jedem Kollegen mehr subjektiven Spielraum für seine persönliche Sicht und seine therapeutischen Interventionen zu. In diesem subjektiven Faktor sahen wir auch nicht mehr allein eine potentielle Quelle von Fehlverhalten. Warum sollten Therapeuten, haben sie die Wahl, nicht lieber die Patienten in Therapie nehmen, die ihnen als Ergänzungspartner besonders liegen? Wichtig war nur, daß sie den Patienten ermöglichen konnten, sich zu entwickeln – unter Umständen sich auch erheblich von dem Stereotyp des Therapeuten zu entfernen.

Folgenden Zusammenhang kann man sich als Beispiel vorstellen: Der Therapeut gehört zu denen, die von der Gruppe als relativ selbstsicher, stimmungsstabil und kontaktsicher eingeschätzt werden. Er sucht mit Vorliebe einen eher depressiven, sich seiner Schwäche bewußten Patienten. Vielleicht hat er bislang in sich die Seite eher unterdrückt, die der Patient ihm vorführt. Dann kann es sein, daß er von dem Patienten lernen möchte, was dieser auslebt. Und in dieser einfühlenden Teilhabe kann er wiederum den Patienten ermutigen, sich im Austausch vom Therapeuten mehr Stärke zu holen. Diese Chance hat der Patient freilich nur, wenn der Therapeut wirklich bereit ist, mit ihm zu teilen und nicht – was genauso möglich wäre – die Schwäche des Partners fixiert, um nach wie vor von der eigenen absehen zu können.

In der antiautoritären Phase, aber auch noch danach, gehörten wir zu den Gruppen, die es nicht längere Zeit ohne bohrende Selbstzweifel aushielten. So beschlich uns doch immer wieder Mißtrauen: Waren wir, die sich so besonders sozial fühlen wollten, nicht doch nur besonders raffinierte Ausbeuter unserer Kranken? Wollten wir wirklich unserer Klientel zur Emanzipation verhelfen oder uns nicht etwa nur auf ihre Kosten stabilisieren? Entwickelte sich nicht als neue Leitvorstellung in den psychoanalytischen Seminaren, daß man von Anfang an alles über die Patienten wissen sollte, anstatt – wie in Willi Hoffers Beispiel des von hinten stützenden Bergführers – abzuwarten, welchen unter verschiedenen Wegen die Patienten für ihre psychische Entwicklung wählen würden? War solidarische Partnerschaft mit ihnen für uns wirklich verbindliches Prinzip oder nur eine beschwichtigende Fiktion?

Meine Rolle in der Institution machte es mir oft schwer, dieses kollektive Selbstmißtrauen auszuhalten. Ich wollte stolz darauf sein, daß wir durch unseren Anstaltsrat, durch die Reorganisation unserer Ambulanz, durch die Kooperation mit den Obdachlosen allerhand progressive Veränderungen vorzuweisen hatten. Warum mußte ständig wieder und wieder überprüft werden, ob nicht da oder dort immer noch heimlich geherrscht und unterdrückt wurde, statt partnerschaftliche Solidarität zu üben?

Aber es war eine heilsame Krankheit. Und die gemeinsame kritische Selbsterforschung brachte uns – gerade auch durch die Untersuchung der Stereotypisierung – weiter, obwohl oder gerade weil sie unsere professionellen und persönlichen Selbstbilder nachhaltig irritierte.

Angstneurotiker, angstneurotische Familie, angstneurotische Kleinbürger-Gesellschaft

In der gerade beschriebenen Untersuchung schätzten mich die Kollegen als relativ selbstsicher, positive Resonanz weckend und kontaktbereit ein. Entsprechend gehörte ich zu denen, die in die Patienten eher konträre Züge hineinsahen, also Selbstwertzweifel und Depressivität. Es traf zu, daß ich mich für Patienten dieses Typs besonders interessierte. Ja, ich regte sogar die gesamte Gruppe zur Erforschung einer Krankheit an, die in der Richtung meines »Stereotyps« lag. Unter unterschiedlicher Beteiligung der einzelnen Kollegen beschäftigten wir uns länger als fünf Jahre mit insgesamt 120 *Herzneurotikern.*

Herzneurotiker, auch Angstneurotiker genannt, leiden an anfallartigen Symptomen mit innerer Unruhe, depressiver Stimmung, Herzklopfen, Mattigkeit, vielen vegetativen Beschwerden. Während der Anfallzustände glauben sie, nicht mehr durchatmen zu können. Sie sind von Ängsten geplagt, die sich immer wieder bis zu akuter Sterbeangst steigern. In dieser Panik erwarten sie viele Male den nahen Tod. Es ist schwer, sie von der festen Überzeugung abzubringen, daß sie lebensgefährlich erkrankt seien und daß ihnen ein Herzschlag beziehungsweise ein Infarkt bevorstehe. (Die Herz- oder Angstneurose zählt zu den häufigsten psychosomatischen Störungen. Ihre Zahl wird oft unterschätzt, weil ein erheblicher Teil dieser Patienten fälschlich als »organisch« diagnostiziert und behandelt wird. Jeder siebente Patient unserer Klinik leidet an diesem Krankheitsbild.)

Die meist jüngeren Patienten sind innerlich noch sehr unselbständig. Oft ist ein Ablösungskonflikt mit einem Partner, an dem sie mit zwiespältigen Gefühlen hängen, der auslösende Anlaß. Nachwirkende überaus intensive Mutterbindungen spielen eine Rolle. Nach Ausbruch der schweren Ängste haben die meisten Kranken große Angst vor dem Alleinsein. Sie wünschen sich, daß immer gleich jemand da sei, an den sie sich in der Not anklammern können. Auch der Arzt bekommt diese bedrängende Anhänglichkeit sehr zu spüren. Immer in Sorge, er könnte das ihrer Meinung nach lebensbedrohliche Leiden nicht ernst nehmen, überschütten sie ihn wieder und wieder mit ihren dramatischen Klagen – und machen sich dadurch oft nicht gerade beliebt, weil sie körperlich ja gesund sind. Ihre Angst hat sich zwar an das Herz fixiert, aber das Organ selber ist intakt. Nicht ihr Herz droht zu versagen, sondern ihr Selbst droht, sich aufzulösen, wenn sie sich nicht in einer Abhängigkeitsbeziehung geschützt glauben.

Was trieb mich aber nun dazu, mich dieser als beschwerlich geltenden Patienten besonders anzunehmen? Warum beunruhigte mich ihre fortwährend geklagte Sterbeangst nicht, sondern fesselte mich eher?

Aufgrund des zuvor dargestellten Forschungsprojektes zweifle ich nicht, daß diese Faszination mit meiner eigenen latenten Labilität zu tun hatte. Mein Interesse an der Herzneurose war vermutlich eine indirekte Fortsetzung meiner jahrelangen Studien über den Schmerz. Das Kernthema der Herzneurotiker ist Leiden und Tod, 85 Prozent von ihnen haben depressive Symptome. Ich nahm daran teil, wie sie viele Male vor mir ein leibhaftig gefühltes Sterben durchlitten, wie sie ihr Herz in magischer Weise als eine strafende Instanz erlebten, die sie zu vernichten drohte.

Wahrscheinlich trafen in mir mehrere Motive zusammen. Da war die nach dem Krieg nie ausgelöschte Selbstwert-Unsicherheit, da war die infolge der Schuldgefühle steckengebliebene Trauer. Vielleicht mußte meine heimliche Depression mich wieder einholen, damit ich mich nicht mit dem Bilde verwechselte, das ich durch meine Position und äußeren Erfolge vermittelte. War ich doch innerlich beileibe nicht der unerschrockene soziale Kämpfer, der so etwas wie mein Rollenfach geworden war. Eine Seite in mir war den Herzneurotikern sehr nahe. Indem ich ihre Ängstlichkeit und Depressivität aushielt, kam ich wieder mehr mit der eigenen inneren Schwäche in Verbindung. Andererseits – wenn ich den Patienten Halt geben konnte – vermochte ich mich dadurch wohl zugleich der eigenen Widerstandsfähigkeit ein Stück weit zu versichern. Was ich in einem gemeinsam mit Dieter Beckmann verfaßten Buch »Herzneurose«[145] den behandelnden Ärzten riet, war vielleicht insgeheim auch an mich selbst adressiert: Der Kranke solle das Gefühl haben, daß man ihn mit seiner Angst ernst nehme, daß man sein Leiden anerkenne, daß man es weder verharmlose noch disqualifiziere. Man müsse sein Ich stützen, damit er die Konflikte zu bearbeiten lerne, vor denen er vorläufig mit Hilfe seiner körperlichen Symptome kapituliere. Wenn ich mich selbst durch die Anteilnahme an solchen Patienten stabilisieren wollte, war das dann aber auch diesen dienlich? Konnte ich ihnen helfen, selbstsicherer zu werden und ihre Verzagtheit zu überwinden?

Ich habe im Verlauf unseres Herzneurose-Forschungsprojektes und später eine größere Anzahl von Patientinnen und Patienten, die an dieser Störung litten, intensiv behandelt. Im ganzen empfand ich die Ergebnisse ermutigend. Freilich war es schwierig, sie genauer zu bestimmen. Wir ließen die von uns versorgten Kranken durchschnittlich drei Jahre und drei Monate nach der hiesigen Erstuntersuchung ihr Befinden auf einem Fragebogen erläutern. Von den ambulant Behandelten fühlten sich 81 Prozent überhaupt, 48 Prozent wesentlich gebessert. Das war, gemessen an der bekannten Chronizität des Leidens, ein befriedigendes Resultat, das sich im Vergleich zu Statistiken anderer Forschungsgruppen gut sehen lassen konnte.

Aber konnte man sich damit zufriedengeben, wenn auf dem Symptom-Fragebogen weniger Ängste und weniger Herzbeschwerden angegeben wurden? Mußte man nicht auch die soziale Lebensgestaltung mitbewerten?

In manchen Familien hatte ein Herzneurotiker seine Angstdurchbrüche weitgehend verloren. Dafür hatte er seine Angehörigen mit seinem Leiden derart eingeschüchtert, daß diese ihn nun wie ein rohes Ei behandelten und sich seinem übervorsichtigen Lebensstil gefügig anglichen. Ihm zuliebe klebten sie förmlich an ihm, mieden alle ihn möglicherweise erschreckenden Risiken, aufregende Fernsehprogramme und erst recht kontroverse politische Themen. Fragte man die Angehörigen, wie sie seinen Zustand einschätzten, so fanden sie diesen keineswegs gebessert. Sie orientierten sich an dem Druck, mit dem er ihr Leben einengte. Als Preis dafür, daß sie ihm überall angstauslösende Reize ersparten, hatten sie hingenommen, daß sich die Familie in eine Art Sanatorium verwandelt hatte. Elend, Konflikte, Aggression waren ausgeblendet. Problemen ging man aus dem Wege und spielte einander eine kleine künstliche heile Welt vor.

Solche Beobachtungen trugen übrigens dazu bei, daß allmählich immer mehr Kollegen unseres Zentrums meine Vorliebe für Paar- und Familientherapie zu teilen begannen. Denn die Herz- oder Angstneurose bot ein treffendes Beispiel dafür, daß eine Einzeltherapie nicht selten nur zu einer sozialen Symptomverschiebung führt: Patienten lernen unter Umständen, sich auf Kosten ihrer Angehörigen zu entlasten, die sie neurotisieren. Sie erpressen die anderen mit ihren Symptomen, bis diese gefügig mitagieren. Dann verteilt sich die Angst, und vielleicht bildet man nun sogar eine die Angst rationalisierende Familienideologie: Die Welt ist so böse und gefährlich, daß wir miteinander guttun, uns in eine konflikt- und risikovermeidende Lebensform zurückzuziehen. Es ist sicherer, wenn wir uns gemeinsam nach außen ganz klein machen und uns überall perfekt anpassen, dann wird uns niemand etwas tun.

In unseren Therapien legten wir es statt dessen darauf an, daß die Patienten – wenn möglich mit Unterstützung ihrer Angehörigen – jeden kleinen Zuwachs an Selbstsicherheit dazu ausnutzten, sich mutiger zu verhalten und mehr Verantwortung für ihre Probleme zu übernehmen. Das war oft eine mühselige Arbeit. Zuerst mußte man der ängstlichen Anklammerungstendenz geduldig Rechnung tragen und dann Schritt für Schritt mehr Selbständigkeit von den Patienten fordern.

Mein Erfolg als Therapeut hing dabei davon ab, wie ich – für die Patienten und gegebenenfalls auch noch für ihre Angehörigen fühlbar – mit der eigenen Angst umging. Offene Unsicherheit konnte mich verführen, mich zu schützend und verwöhnend zu benehmen. Unterdrückte ich umgekehrt zuviel von meiner Angst, trieb ich möglicherweise zu ungeduldig an. Schwang in meinen ermutigend gemeinten Interventionen Verachtung für die Schwäche des Patienten mit, war die Beziehung sofort gefährdet – infolge meiner inneren Abwehrhaltung. Oder das Verhältnis mißriet zu einer momentanen vollständigen Unterwerfung unter eine überkompensatorische

Omnipotenz, nach dem Muster: Du bist stark, du sollst mein Guru sein und mir alle Angst abnehmen! Dieses zuletzt genannte Beziehungsmuster kam übrigens häufig anfangs zwischen Patienten und ihren Hausärzten oder Internisten zustande. Diese wischten die Selbstzweifel der Patienten weg mit Sprüchen wie: »Sie brauchen sich nicht mehr die geringste Sorge zu machen! Ihre EKG-Befunde sind prima! Damit können Sie hundert Jahre alt werden!« Das hielt dann mitunter kurze Zeit vor, bis sich die unbewältigte Ambivalenz der Kranken in wiederkehrenden Symptomen meldete. Dann war es schnell aus mit der Guru-Bewunderung, wenn sie den Arzt bei seinem Unwillen darüber ertappten, daß ihre wegbefohlene Besorgnis noch nicht gewichen war.

In der Art, wie ich versuchte, meine Therapie der Herzneurotiker zu vervollkommnen, sah ich jedenfalls keinen Widerspruch zu meinen Selbsthilfe-Bedürfnissen. Die Patienten nötigten mich, wie ich es empfand, gleichermaßen zu ihrem wie zu meinem Vorteil, weiter an der Aufgabe zu arbeiten: Mir meine Fragilität zuzubilligen und trotzdem der Versuchung zur »Sanatoriumstechnik« zu widerstehen, die ich am Modell der »angstneurotischen Familie« genauer studierte.

Dieses Widerstehen fiel mir damals nicht gerade leicht. Denn ich war ja gerade auf dem Wege, mir infolge meiner gesellschaftskritischen Aktivitäten allerlei Anfeindungen zuzuziehen. Indessen steckte der Hang zu Versöhnung und Ausgleich sehr tief in mir. Schließlich entstammte ich selber einer Familie mit ausgeprägten angstneurotischen Zügen. Also war ich in durchaus zwiespältiger Weise von der Kunst mancher Patientenfamilien fasziniert, sich durch ihre Strategie der Anpassung und Konfliktvermeidung ein sanftes Schonklima zu sichern.

Ich mußte mir damals den antisozialen Charakter der angstneurotischen Lebenstechnik kraß vor Augen halten, um mich dagegen zu schützen. Wie ich in diversen Beiträgen diesen Familientyp und seine Widerspiegelung in allgemeinen konservativen Lebensmustern geschildert habe, finde ich im nachhinein immer noch treffend. Aber ich spüre, wie ich mir durch die betont kritische Porträtierung zugleich den eigenen Rückweg dahin versperren wollte. So schrieb ich etwa 1974:

»Die besonderen Chancen einer angstneurotischen Familie, ihr

Abwehrsystem als Organisationskonzept durchzuhalten und von Generation zu Generation zu tradieren, rühren daher, daß sie ihre zwanghaft phobischen Mechanismen als anerkannte gesellschaftliche Tugenden uminterpretieren kann. Ihre phobischen Vermeidungen und Verleugnungen von Auseinandersetzungen und Konflikten kann sie als Ausdruck aggressionsfreier Friedfertigkeit deklarieren. Die wechselseitige Anklammerung der Familienmitglieder, aus infantilen Befürchtungen heraus, vermag sie als Bewährung echter Liebe auszugeben. Die symbiotische Abhängigkeit der Ehepartner voneinander erscheint in anderem Lichte als edles Treueverhalten. Und die Mutter, die zur eigenen Beschwichtigung bei ihren Kindern Halt suchen muß, kann sich vor sich selber und der Umgebung als musterhaft altruistisch fürsorglich darstellen. Und wenn man aus dauernder hypochondrischer Todesangst heraus von morgens bis abends hygienisch lebt, gegen den Infarkt trainiert, Vitamine ißt, nicht raucht, kaum trinkt und sich obendrein mit Psychopharmaka vor unzuträglichen Erregungen schützt, dann vermag man auch damit seine moralische Qualifikation nachzuweisen – in einer Zeit, in der sich die sogenannte Gesundheitsmoral ohnehin surrogatweise in Über-Ich-Bereiche einschleicht, aus denen sich der Einfluß der christlichen Moral zurückzieht.

Die statistisch nachgewiesene starke Zunahme der Angstneurosen mit ihren familiendynamischen Auswirkungen erscheint dem Psychoanalytiker jedenfalls nur voll verständlich in Interaktion mit angstneurotischen Mechanismen, die in unseren gesellschaftlichen Normen selbst verankert sind.«[146]

Damit war erneut eine Brücke zur politischen Psychologie geschlagen. Die Lebensform des konservativen Kleinbürgertums ließ sich in der Tat besser verstehen, unterstellte man, daß in ihr die gleiche Vermeidung von angstauslösenden Reizen wirksam ist wie in der »Sanatoriumsfamilie«. Unter solchem Aspekt traf Nietzsches Ressentiment-Theorie für diese große gesellschaftliche Gruppe durchaus zu: Das narzißtische Fluchtverhalten wird als Streben nach positiven sozialen Werten getarnt. Aus phobischer Unterwerfung wird Anstand, aus symbiotischer Anklammerung Nächstenliebe, aus Konfliktunfähigkeit Harmoniestreben, aus Veränderungsfurcht Sinn für das Bewährte und für Kontinuität.

Aber ebensowenig wie der angst- oder herzneurotischen Familie gelingt es der kleinbürgerlichen Sanatoriumsgesellschaft, das Vermeidungssystem so zu perfektionieren, daß die Harmonie-Idylle wirklich funktionieren kann. Wo soll die *Aggression* denn auch bleiben, die innerhalb des »Sanatoriums« tabuiert ist? Die innere Ambivalenz läßt sich durch das System des äußeren Reizschutzes und durch die Unterwerfung unter das Harmoniegebot nicht aufheben. Es ist eine Hilfsstrategie nötig, um den gruppeninternen Sanatoriumsfrieden leidlich stabil zu halten.

Die angstneurotische Familie hat, angestiftet von ihrem kranken »Regisseur«, bereits ihr Feindbild, auf das sie ihre Aggression projiziert: das ist der Tod. Der einzelne herzneurotische Patient erlebt seine immer wiederkehrende Sterbeangst als entsetzliche Tortur durch einen dämonischen Würger, der das Herz abschnürt, die Atmung fast bis zu Erstickungsgefühlen drosselt und die Sinne bis an den Rand der Panik verwirrt. Seine Angehörigen »erpreßt« der Patient mit der mehr oder minder deutlich signalisierten Drohung: Wenn ihr mich im Stich laßt und euch nicht in meine Regie fügt, bringt ihr mich um! Weil diese todbringende Aggression innerhalb der Familie nicht auszuhalten ist, fügen sich die Angehörigen dem »Sanatoriums-Konzept«, da nur so das Böse herauszuhalten ist.

Je mehr Aggressionspotential in einer Familie steckt, um so eher wandelt sich übrigens der Typ der angstneurotischen Familie in den Typ der *paranoiden* Familie um. Das Heile-Welt-Spiel verwandelt sich in eine militaristische Szene. Die Familie formiert sich zur Kampfgemeinschaft: Wir müssen zusammenhalten, weil wir von dem Bösen draußen verfolgt werden!

Ist nicht unsere gesamte angstneurotische Kleinbürger-Kultur in gleichem Maße auf den Tod als Außenfeind fixiert? Ist ihr psychosoziales Bindemittel nicht die gemeinsam abgewehrte Angst vor dem in vielerlei Gestalt phantasierten todbringenden Aggressor? Die gemeinsame Hypochondrie beschäftigt sich in stetig wachsendem Grade mit mörderischen Viren und Canzerogenen. Die Raucher werden zu kriminellen Gesellschaftsfeinden. Die Kehrseite des angstneurotischen Wir-Gefühls ist tiefstes Mißtrauen gegen Systemveränderer, die im Bunde mit einem potentiellen Aggressor Wohlstand und Sicherheit bedrohen. So wie man in der angstneurotischen

Familie jede Minute auf der Hut ist, sich durch phobische Vermeidungen vor dem Einbruch des Bösen zu bewahren, so schart sich die angstneurotische Kleinbürgergesellschaft um die konservativen Führer, die versprechen, Verbrechen schärfer zu bekämpfen, die linke Protestszene strenger zu verfolgen, das Demonstrationsrecht einzuschränken und vor allem die Aufrüstung gegen den kommunistischen Osten voranzutreiben.

Die angstneurotische Familie schließt jede Menge Versicherungen ab und umgibt sich, wo immer möglich, mit Alarmvorrichtungen. In makrogesellschaftlichem Maßstab übernehmen Militär und Polizei den Schutz gegen das Böse. Sie laufend zu verstärken ist die ewige Sorge des von unterdrückter Angst besessenen Bevölkerungsteils. Denn dessen Sinnen und Trachten ist – freilich uneingestanden – primär vom Negativen her bestimmt. Die Abwehr des Todes als Aggressor ist die Haupttriebkraft, sie absorbiert mehr Energie als die Fürsorge für das Leben. Im großen wiederholt sich, was an der angstneurotischen Familie leicht zu entschlüsseln ist: die verherrlichten positiven Gemeinschaftswerte von Liebe, Treue, Loyalität verdecken ihre Abkunft aus der psychosozialen Abwehr des Bösen.

So konnte ich nun auch besser verstehen, warum wir in den gesellschaftskritischen Gruppen soviel Haß auf uns zogen. Wenn wir uns für mehr Toleranz gegenüber Andersdenkenden, für Solidarisierung mit Unterdrückten und Ausgegrenzten, für Abrüstung und Verständigung mit dem Osten einsetzten, so bedrohten wir die Projektion der Aggression, die Abspaltung des Bösen. Also war es nur logisch, daß man uns als Handlanger, Sympathisanten oder gar als getarnte Agenten des Feindes zu identifizieren versuchte.

Aber auch *wir* auf der anderen Seite waren dafür anfällig, diesen Abspaltungsmechanismus – nur mit umgekehrtem Vorzeichen – zu verwenden. Wir konzentrierten uns mitunter ebenfalls mehr auf die Kräfte des Bösen, die uns am Guten hinderten, als darauf, das Gute positiv zu fördern. In Miniaturformat hatte sich das zum Beispiel in der Obdachlosenarbeit gezeigt. Wie schwer war es uns gefallen, unser Engagement nicht ausschließlich im Protestieren gegen schuldige gesellschaftliche Kräfte, Institutionen und Personen zu erschöpfen. Manche Kreise der Antipsychiatrie waren voll bei der Sache, ging es um das Entlarven und Anprangern der Mißstände in der

Psychiatrie. Aber sie verstummten, wenn die Mitwirkung an konstruktiven Verbesserungen gefragt war. Es lauerte die Angst, die Aggression innerhalb der Gruppe nicht bewältigen zu können, würde man den Außenfeind ein Stück weit entdämonisieren. Tatsächlich schlug die Aggression mitunter in die Gruppe zurück und richtete sich auf diejenigen, die mit den Behörden zu verhandeln willens waren. Sofort waren das Bundesgenossen oder der »verlängerte Arm« der Ämter, gegen welche die scheinbar Mutigeren und Entschlosseneren weiterhin kompromißlos Front zu machen forderten. Dabei waren gerade sie es zumeist, die eine eher angstneurotische Selbstausgrenzung der eigenen Gruppe betrieben.

Sanfte oder kriegerische Medizin?

Die Verständigung zwischen den meisten Organmedizinern und uns Psychosomatikern wird durch einen spezifischen, bereits vorher erwähnten Konflikt erschwert. Er betrifft die grundsätzliche Bewertung von Krankheit und Tod. Im Banne des gesellschaftlichen Fortschrittsmythos fühlt sich die medizinische Forschung gedrängt, laufend neue Mittel zu erfinden oder zu entdecken, um auch die vorläufig noch unheilbaren Krankheiten eines Tages zu besiegen und den Tod in immer weitere Ferne hinauszuschieben. Ob dieser überhaupt unerläßliches Schicksal sei, wird bezweifelt. Selbst der kritische Sigmund Freud schrieb noch 1919: »Unsere Biologie hat es noch nicht entscheiden können, ob der Tod das notwendige Schicksal jedes Lebewesens oder nur ein regelmäßiger, vielleicht aber vermeidlicher Zufall innerhalb des Lebens ist.«[147]

Der Fortschrittsmythos stellt den Arzt in ein pures *Feindschaftsverhältnis* zur Krankheit. Etwas davon verrät sich in der Militarisierung der Medizinsprache, die zum Beispiel krankheitserregende Keime oder Zellen als *bösartig* benennt, von *Killer-Viren* redet oder alle Arten Heilmittel wahllos als *Waffen* bezeichnet, mit denen man diese oder jene Krankheit *bekämpfe.* Selbst diagnostische Methoden nennt man neuerdings immer häufiger Waffen.

In der ambulanten Praxis und im Krankenhaus herrscht also *Krieg*. Aber diesen hintergründigen Aspekt verdeckt die vollständige Technisierung des Betriebes. Die Medizinszene bietet sich ja nicht als Schlachtfeld, sondern als eine nüchterne technische Werkstatt dar, deren Arbeitsprozesse von kühler, sachlicher Berechnung gesteuert werden. Psychische Probleme tauchen scheinbar nur als eine Art »Entsorgungsproblem« auf für den sekundären Abfall von Leiden, Verzweiflung, sozialen und ökonomischen Folgen der Krankheiten.

Irritierend auf manche Kollegen in der Nachbarschaft wirkten wir Psychosomatiker dadurch, daß wir uns nicht der pauschalen Feindbildtheorie der Krankheit anschlossen, sondern immer erst erkunden wollten, was eine Krankheit für den einzelnen Patienten bedeutete. Wir fanden Krankheiten als unbewußte Signale dafür, daß Menschen in unhaltbaren Zuständen lebten. Andere Leiden deuteten wir als Ausdruck zugespitzter innerer Konflikte. Weder in jenem noch in diesem Fall waren die medizinischen Störungen als solche zu bekämpfen. Die Patienten brauchten Hilfe, um das ins Organische verschobene psychische beziehungsweise psychosoziale Problem zu verarbeiten. Aber auch primär organisch Kranke trafen wir an, denen es im Grunde gar nicht recht war, wenn wir von ihnen durch eine Art Enteignung die Krankheit als ein Übel abtrennten, gegen das man mit allen möglichen Waffen Krieg führte. Zumal Patienten mit unheilbaren Leiden ließen uns fühlen, daß es für sie leichter war, *mit* diesen statt *gegen* sie zu leben. Wie sollten sie es auch aushalten, im eigenen Leib ohnmächtig einen unüberwindbaren Dämon zu beherbergen? Wie sollten sie sich mit dem Sterben aussöhnen, wenn sie es als reines Vernichtungswerk eines Aggressors erleben müßten?

Noch im 18. Jahrhundert war es in der christlichen Medizin strikter Brauch gewesen, Todkranken zu helfen, ihr Sterben als sinnvoll zu akzeptieren. Eine Liste von 1768[148] nennt 40 Bücher und Broschüren, die – wie es damals hieß – zum Zeitvertreib auf dem Sterbebett angeboten wurden. Die Titel lauteten unter anderem: »Heilige Sterbelust«, »Sanftes und ruhiges Sterbebette«, »Hochtröstliche Todesgedanken und Betrachtungen«, »Die Kunst, großmütig und selig zu sterben«, »Christliche Sterbeklugheit oder heilsame Anweisung, wie man sich zum seligen Tode bereiten und in Krankheiten gebührlich verhalten solle«. Es war die ausklingende Ära, in welcher der Tod noch zum Lebenssinn gehörte und der Arzt seine Pflicht darin sah, unheilbar Kranke darin zu kräftigen, ihre Endlichkeit zu bedenken und bewußt auf ihren Tod hinzuleben. Möglich war diese Haltung auf dem Hintergrund des christlichen Glaubens. Aber dann ist Gott für die meisten entschwunden. Es war keiner mehr da, der sie nach Vollendung des Lebens zu sich nehmen würde. Sie hatten nur noch den Glauben an sich selbst und an die – illusionäre – Macht der medizinischen Wissenschaft, Krankheit und Tod zu beherrschen.

So hat sich der Humanitätsbegriff in der Medizin inzwischen radikal gewandelt. Todkranke zu stärken, bedeutete fortan nicht mehr, ihnen eine Bejahung des Sterbens im Vertrauen auf göttliche Gnade zu vermitteln, sondern sie bis zum letzten Augenblick auf einen *Sieg* über den *Feind* hoffen zu lassen. Was noch vor zweieinhalb Jahrhunderten barmherzig gewesen war, nämlich die Patienten zum Nachdenken über das bevorstehende Sterben anzuhalten, würde man heute vielen Ärzten eher als Gemütsroheit ankreiden.

Aber hin und wieder begegnete ich unheilbar Kranken, die sich enorm erleichtert fühlten, nachdem sie sich zum Akzeptieren ihres Schicksals durchgerungen hatten. Von ihnen war der Druck gewichen, beständig gegen ein drohendes Gespenst anzukämpfen. Es tat ihnen wohl, wenn sie nun auch vor und mit ihren Angehörigen offen zu reden vermochten, was voraussetzte, daß die übrige Familie sich gleichfalls ermutigt hatte, der Wahrheit ins Auge zu schauen.

Woher wuchs in solchen Menschen die Kraft, die in der Gesellschaft wie in der Medizin vorherrschende Todesverdrängung überwinden zu können? War es ein neuer spontaner Glaube? Die Sicherheit und Klarheit, die solche Patienten ausstrahlten, schien dafür zu sprechen. Eine Kranke hörte ich sagen: »Hätte ich doch schon viel eher meine Hemmung überwinden können, mir über mein bevorstehendes Ende klarzuwerden. Dann hätte ich entsprechend früher so bewußt und intensiv leben können, wie ich es jetzt tue. Jetzt weiß ich, wie kostbar jeder Tag ist, wie wach ich alles in mich aufnehmen muß und wie ich jede Chance zu nutzen habe, um das zu tun, was ich für wichtig halte.«

Es ging also gar nicht nur und nicht einmal primär darum, leichter *sterben* zu können, sondern im Blick auf das Ende erst voll zum *Leben* zu erwachen. Die Aufhebung der Todesverdrängung machte sichtbar, welche Unsumme an Energie vorher verschwendet worden war, nur um die diffuse Angst abzuwehren. Die gesellschaftliche Verteufelung des Todes als Aggressor bedeutete also nur vordergründig einen Kampf gegen den Tod, im Hintergrund war es ein Kampf gegen das Leben, *ein Sieg der Aggression über die Liebe*.

Alles, was ich hier lernte, verdankte ich Kranken, die ich im Verlauf tödlicher Erkrankungen begleitete. Da war zum Beispiel eine krebskranke Frau, Mutter von zwei Kindern. Sie wußte, daß sie

Metastasen hatte und nicht mehr gesund werden konnte. Aber es bestand in der Familie stillschweigend die Übereinkunft, daß nur in Andeutungen über das Unheil gesprochen wurde. Der Ehemann floh, so oft er konnte, aus dem Haus. Die Kinder spürten, daß eine Gefahr in der Luft lag. Die kleine Tochter mochte nicht mehr zur Schule gehen, weil sie von einem toten Vogel auf dem Schulweg phantasierte. Ihr älterer Bruder verfiel in eine bedrückte Schweigsamkeit. Die Familie machte sich Sorgen, daß er sich etwas antun könne. Die kranke Frau schwankte zwischen Angst und Wut über das Versagen der Ärzte, über die Fluchtreaktionen des Ehemannes.

In einer länger als einjährigen Familientherapie, die ich zusammen mit einer Kollegin im Hause der Patientin durchführte, veränderte sich die Szene von Grund auf. Ermutigt durch die Kinder, die freimütige Fragen stellten, überwand auch die Kranke ihre Sprachlosigkeit. Wir Therapeuten boten nicht viel mehr als einen schützenden Halt und die Anregung, miteinander im Gespräch zu bleiben. Gelegentlich arbeiteten wir getrennt mit den Kindern und mit dem Ehepaar, dann wieder mit allen zusammen, einschließlich der im selben Hause wohnenden Großmutter.

Als die Patientin merkte, daß ihr Ehemann und die Kinder wieder näher an sie heranrückten, fühlte sie sich bald aus ihrer quälenden Vereinsamung erlöst. Die Symptome von Sohn und Tochter schwanden in dem Maße, in dem sich die Stimmung der Mutter aufhellte. Sie spürte, daß sie für die anderen nicht mehr eine unheimliche Angstquelle war, sondern daß man um so unbefangener mit ihr umgehen konnte, je spontaner sie ausdrückte, wie ihr zumute war. Obwohl sie körperlich schwächer wurde, entfaltete sie noch über viele Monate kreative Aktivitäten, die man ihr und sie sich selbst zuvor nie zugetraut hatte. Sie zeichnete, malte, fertigte Scherenschnitte an. Sie porträtierte die Kinder, aber auch sich selbst. Ihre Selbstporträts drückten ihre Entschlossenheit aus, sich auch mit den Zeichen der Krankheit anzunehmen. Jede Gelegenheit wurde genutzt, um gemeinsam mit der Mutter Ausflüge zu Plätzen zu machen, die diese lockten.

So wurde die Abschiedszeit für die Familie eine Phase intensiver Kommunikation. Noch kurz vor ihrem Tode holte die Kranke einen jungen temperamentvollen Hund ins Haus, mit dem sich die Kinder schon vorher im Dorf angefreundet und mit dem sie viel Spaß hatten. Alle verstanden, was dieses Geschenk bedeutete. Es war ein Klima entstanden, in dem die Kranke sterben und die anderen sich von ihr verabschieden konnten. Die Symptome der Kinder sind, wie wir noch bei späteren Besuchen feststellten, nicht wieder aufgetreten.

Ähnliche Erfahrungen haben wir in folgenden Jahren öfter mit Krebskranken und ihren Angehörigen gemacht. Immer wieder trafen wir Patienten, die – hatten sie den Schock der tödlichen Diagnose überwunden – ihr Leben konstruktiv veränderten. Manchen kam es vor, als gingen ihnen jetzt erst die Augen für das Wesentliche auf. Fortan kümmerten sie sich viel mehr um die anderen, die sie liebten und deren Liebe sie brauchten. Aber sie sprachen auch mutiger Konflikte an, um Unklarheiten und Ärgernisse zu bereinigen. Einige engagierten sich stärker politisch und kämpften endlich ohne Scheu für Ziele, die ihnen am Herzen lagen. Ihre eigenen Bedürfnisse lebten sie freier aus, aber zugleich fühlten sie sich mehr als je verantwortlich für die Zukunft derer, die sie zurücklassen würden.

Sie benahmen sich so wie einer, der, in einer Mannschaft pausenlos zu einer Gewalt-Dauerleistung vorangetrieben, endlich an einem Ruhepunkt Atem schöpfen, sich besinnen und seine Umgebung klar wahrnehmen kann; und der nun den befreienden Entschluß faßt, gemächlich weiterzugehen, um noch ein nahes bescheidenes Ziel zu erreichen. Die Diagnose, die das unvermeidliche Ende setzt, nötigt die Kranken, aus einer nunmehr fragwürdig gewordenen Lebensform auszusteigen; aus einer entpersönlichenden, entseelenden Mechanik des Funktionierens und des hektischen oberflächlichen Konsumierens. Immer waren sie von außen getrieben worden. Jetzt erst, kurz vor dem Ende, sorgte die Krankheit dafür, daß sie nach eigenem Maß leben konnten und mußten. Was sie persönlich vertrugen, entschied darüber, was sie sich zumuteten. Das war einerseits eine schmerzliche Einengung von Möglichkeiten, aber zugleich die Chance, endlich auch die eigenen Bedürfnisse und Gefühle entscheidend wichtig zu nehmen. Wer irgendwann ein Stück innerer Welt entwickelt hatte, wie jene krebskranke Mutter, der mochte nun vielleicht sogar nie genutzte kreative Fähigkeiten entfalten und sich trotz der physischen Behinderung vollständiger fühlen als zuvor.

Aber war denn erst eine tödliche Krankheit nötig, um einen derartigen Effekt zustande zu bringen? Könnten wir nicht von vornherein versöhnlicher, maßvoller, liebevoller leben, wenn wir die übliche Todesverdrängung schon als Gesunde überwinden oder uns von Kindheit an gar nicht erst aneignen würden? Müßten wir nicht alle – und die Medizin erst recht – zu jeder Zeit Krankheit und Tod dem Leben zurechnen, statt sie als dessen absolute Feinde zu verdammen?

So sagt der Freud-Schüler Kurt Eissler unter Berufung auf den Physiologen Ehrenberg: »... daß der Tod kein zufälliges oder ›Minus‹ Ereignis ist; noch ist er eine Folgeerscheinung des Lebens oder einer Lebenssubstanz, die aufgezehrt ist. Vielmehr ist er für das Leben notwendig; ohne den Tod gibt es kein Leben oder – wie es Ehrenberg ausdrückt – der Tod ist die Vorbedingung des Lebens.« Durch den Physiologen sieht Eissler die These gestützt, »daß der Tod dem Organismus nicht gleichsam gegen seinen Willen aufgezwungen wird, sondern daß der Vorgang des Lebens in sich (nicht gegen sich) und gerade, indem er sich vollendet, den Tod hervorbringt«.[149]

In gleichem Sinne formuliert Max Scheler: »Der Tod ist also nicht ein bloß empirischer Bestandteil unserer Erfahrung, sondern es gehört zum *Wesen* der Erfahrung jedes Lebens, und auch unseres eigenen, daß sie die Richtung auf den Tod hat. Der Tod gehört zur Form und zur Struktur, in der uns allein jegliches Leben gegeben ist, unser eigenes wie jedes andere, und dies *von innen und von außen*. Es ist nicht ein Rahmen, der zufällig zu dem Bilde einzelner psychischer oder physiologischer Prozesse hinzukommt, sondern ein Rahmen, der zu dem Bilde selbst gehört und ohne den es nicht das Bild des Lebens wäre.«[150]

Aber wäre es nicht Resignation, würde die Medizin Krankheit und Tod nicht mehr als absolute Gegner bekämpfen? Es wäre Resignation, hieße die Alternative nur Passivität und Ohnmacht. Aber es gibt ja eine *andere Medizin*, die sich zunächst als soziale und ökologische Medizin darum kümmert, daß Menschen nicht infolge widernatürlicher Lebens-, Arbeits- und Ernährungsweisen millionenfach künstlich Krankheiten produzieren. Es gibt eine sanfte Medizin, die eher die natürlichen Heilkräfte des Organismus zu stärken versucht. Es gibt eine verstehende Medizin, die Menschen hilft, die hinter einer Vielzahl von Krankheiten verborgenen psychosozialen Probleme anzugehen. Es gibt eine behutsame, schonende Chirurgie, die nicht

Krankheiten mit Mitteln beherrschen will, die am Ende mehr Elend als jene verursachen.

Aber nicht zu übersehen ist ja die besondere Art von Resignation, die bereits in der heute dominierenden Kampf-Medizin steckt. Da wird oft bedenkenlos chemotherapeutisch unterdrückt, was unnatürliche Lebensweise an Nervosität, Unlust, Kopfschmerzen, unruhigem Schlaf, Konzentrationsstörungen usw. erzeugt. Der Arzt kapituliert gemeinsam mit den Kranken vor deren Lebensschwierigkeiten, an denen er eigentlich ansetzen müßte. Resignation bedeutet auch die früher schon geschilderte Verdeckung ärztlicher Ratlosigkeit durch polytherapeutisches Trommelfeuer. Und sie entsteht, wenn sich unheilbar Kranke unbewußt mit der Verantwortung für das Scheitern der Kampf-Medizin belastet fühlen. Sie müssen die peinliche Rolle übernehmen, daß sie den überlegenen Feind in sich beherbergen, den der Arzt aus allen Rohren vergeblich beschossen hat. Da kommt es selbst vor, daß Patienten glauben, den resignierenden Arzt dafür trösten zu müssen, daß ihr Krebs stärker war als seine Waffen.

Viktor von Weizsäcker hat einmal geschrieben: »Die Krankheit ist schlimm, aber das Leiden an den psychologischen, sozialen, ökonomischen Folgen der Insuffizienz ist schlimmer. Ist es möglich, daß die Medizin einen Begriff von sich beibehalte, der diese Insuffizienz des Menschen in seinem menschlichen Dasein als eine Begleiterscheinung betrachtet, die nicht zu ihrem Gegenstand gehöre?«[151]

Darin drückt sich die Mahnung aus, die »männliche« Kampf-Medizin mit der »weiblichen« sanften und verstehenden Medizin so zu verbinden, daß letztere nicht mehr als untergeordnete und mehr oder weniger unwissenschaftliche Hilfstätigkeit abgespalten bleibt. Wir machten jedenfalls die Verarbeitung chronischer, schwer heilbarer Organkrankheiten künftig zu einem der wissenschaftlichen Schwerpunktthemen unserer Klinik. Das war keine x-beliebige Wahl. Sondern wir drückten damit einen Haltungswandel aus. Neben den Neurotikern und psychosomatisch Kranken, bei denen auch wir – in bescheidenem Maße – auf therapeutische »Siege« aus sein konnten, wollten wir nunmehr gezielt chronisch Schwerkranke und Behinderte mit ihren Familien begleiten, wo immer diese in ihren Selbsthilfekräften überfordert waren. Als wir zu dritt (Alfrun von

Vietinghoff-Scheel, Peter Möhring) ein von der Bosch-Stiftung gefördertes Projekt »Familientherapie bei Krebskranken« begannen, stellten wir bezeichnenderweise fest, daß wir alle drei bereits schwer zu bewältigende Erfahrungen mit Tod und Trauer hinter uns hatten. Also wollten wir unbewußt aus dieser speziellen Therapie und Forschung auch für uns selber weiterlernen.

Aber es war eine Illusion, daß sich die beiden konträren Haltungen der Medizin miteinander konfliktfrei vertragen könnten. Wer es für machbar hält, daß er den Tod irgendwann endgültig niederringen kann, dem widerstrebt es, ihn als zum Wesen des Lebens gehörig zu akzeptieren. Wer für letzteres plädiert, provoziert unweigerlich die Gläubigen an den Fortschritt zur medizinischen Allmacht. Diese aber stehen für die gesellschaftliche Mehrheit, für einen Menschentypus, den Max Scheler in seinem nachgelassenen Aufsatz »Tod und Fortleben« unnachahmlich portraitiert hat:

»Der Sturz in den Strudel der Geschäfte um der Geschäftigkeit selbst willen, das ist, wie Blaise Pascal sagt, die neue fragwürdige Medizin, die dem modernen Menschentypus die klare und leuchtende Idee des Todes verdrängt und die Illusion eines endlosen Fortganges des Lebens zur unmittelbaren Grundhaltung seiner Existenz werden läßt. Nicht irgendein Sinn und Zweck erzeugt diese beispiellose ›Geschäftigkeit‹; sondern es ist, als ob das Zappeln des psychomotorischen Apparates – als Folge eines tiefen Bewußtseins der Seinsunwürdigkeit und der methaphysischen Verzweiflung dieses Menschentyps – sich erst hinterher als einen scheinbaren Sinn seiner Existenz den Trieb zu grenzenlosem Arbeiten und Erwerben schaffe und das moralische Wertkorrelat, als ein ›Surrogat‹ für ewiges Leben: den sogenannten ›Fortschritt‹, den Fortschritt ohne Ziel, ohne Sinn – den Fortschritt, in dem das Fortschreiten selbst, wie Sombart gezeigt – der Sinn des Fortschritts wird!«[152]

Die Medizin stellt sich als einer der wichtigsten Schauplätze dar, auf dem der gesellschaftliche Konflikt um die Einstellung zum Tode auszutragen ist. Denn wie kaum ein anderer hat sich der Arzt zur Symbolfigur des scheinbar unbegrenzt Machbaren entwickelt. Von allen naturwissenschaftlich-technischen Erfindungen und Entdekkungen stehen diejenigen der Medizin immer noch im höchsten Ansehen. Die Überschätzung ihrer Möglichkeiten ist bei einem großen Bevölkerungsteil so weit gediehen, daß dieser ihr Unzulänglichkeiten in der Diagnostik und erst recht in der Therapie nirgends mehr durchgehen lassen will.

Aber auf der anderen Seite wächst auch Mißfallen an einer immer unpersönlicheren, sprachlosen Apparatemedizin. Menschen wünschen sich einen Arzt, der sich außer um ihre Organe auch um ihre Gefühle und ihre von dem Kranksein berührten Lebensumstände kümmert, der sich auch dann und erst recht dann noch für sie interessiert, wenn er mit ihnen nichts Eindrucksvolles mehr *machen* kann und sie nur noch in unvermeidlichem Leiden und vielleicht im Sterben anteilnehmend begleiten sollte.

Möglicherweise, so dachte ich, würde sich die Diskussion innerhalb der Ärzteschaft fruchtbarer führen lassen, würde man sie nicht allein auf eine Entscheidung zwischen *richtiger* und *falscher Medizin* focussieren, sondern auf den Widerspruch in den Erwartungen der *Gesellschaft*, den man die Medizin austragen läßt. Genau besehen ist die Medizin ja nur – sozialdynamisch gesehen – designierter Symptomträger eines allgemeinen gesellschaftlichen Konfliktes.

So benutzte ich die Einladung zu einem Festvortrag zum 30. Jubiläum der Deutschen Gesellschaft für Ärztliche Fortbildung in Berlin als Chance, das heikle Thema auf diesem Hintergrund zu behandeln. Ich sagte, daß wir Ärzte das Problem nicht *stellvertretend* für die Gesellschaft, sondern nur *mit* deren Hilfe leisten könnten. Wir sollten nicht allen Druck *auf uns* nehmen und als spezifisches Problem unserer Zunft mißverstehen, was in Wahrheit aus einer allgemeinen Krise des Selbst- und Weltverständnisses unserer Industriegesellschaft herrühre. Ich führte dabei aus:

»Eine echte fundamentale Revision dieses kollektiven Verhaltensmusters, dem wir Ärzte in höchst konfliktträchtiger Weise ausgesetzt sind, erfordert also eine breite radikale Wandlung unseres gesellschaftlichen Selbstverständnisses. Sterben kann nur akzeptiert werden, wenn es nicht länger den absoluten Gegensatz zu den Aspekten des Lebens darstellt, auf deren Verherrlichung wir bisher eingeschworen sind. Wir müssen lernen, daß zu uns die Ohnmacht wie die Macht gehörten, das Leiden wie das Fitsein, die Schwachheit wie die Stärke. Wer das Leiden haßt, muß den Tod verteufeln. Die fatale einseitige Fixierung auf die Ideale von Macht und Größe reproduziert in der politischen Dimension ein ewiges expansionistisches Rivalisieren und die Niederhaltung der Schwachen und Armen, auf deren Kosten sich die jeweils Mächtigeren in Richtung ihrer Ideale zu stabilisieren versuchen. Und gleiches vollzieht der einzelne Mensch in seinem Innern, indem er sich seiner Selbstachtung dadurch vergewissern will, daß er die Seite seiner Zerbrechlichkeit und seiner Hinfälligkeit durch Verdrängung, Überkompensation oder Feindbild-Projektion zu tilgen versucht. Wir müssen also lernen, unser Selbstbild auf ein neues Maß zu bringen und unsere Position gegenüber den Mitmenschen und der Natur mit derjenigen Bescheidenheit zu bestimmen, die uns erlaubt, auch unsere Zartheit, unsere Anfälligkeit und eben auch unsere Sterblichkeit zu akzeptieren.«[153]

Und weiter sagte ich: »Wir müssen den Widerspruch einer Gesellschaft täglich austragen, die zwar allenthalben nach mehr Menschlichkeit und nach einem würdigeren Sterben in der Medizin schreit, im gleichen Augenblick indessen Gesunderhaltung um jeden Preis verlangt und uns mit Hilfe juristischer Einschüchterungen unter einen kaum erträglichen Erfolgszwang setzt. Einerseits sollen wir mehr Zeit für geduldige Zuwendung, für einfühlsames Gespräch aufbringen, andererseits maximale Energie darauf verwenden, als Gesundheitsingenieure unfehlbar zu werden. Selbst gehetzt von gewaltigen mißtrauensbesetzten Erwartungen, sollen wir gleichzeitig ein mildes, kommunikatives Klima stiften und den Menschen tröstend jene Ängste nehmen, mit denen sie uns gleichzeitig den Atem rauben.«[154]

Und dann skizzierte ich eine ärztliche Haltung, die mir als sinnvoll vorschwebt: »Der Arzt braucht, um dem Druck der vielen ängstlich mißtrauischen oder ihn trügerisch überidealisierenden Patienten standzuhalten, eine klare und feste Position. Um sich nicht mit den auf ihn eindringenden Rollenerwartungen zu verwechseln, benötigt er eine eindeutige Identität als Mensch wie als Arzt. Er muß das Leben lieben, aber auch seinem Sterben offen entgegensehen können. Und er muß seiner Kunst mit jener Selbstgewißheit vertrauen, welche die Bescheidenheit des Wissens einschließt, daß eben nicht alles für und von Menschen machbar ist, die Geschöpfe mit ewigen natürlichen Schwächen sind. Er wird die ihm zu Gebote stehenden Hilfsmittel der naturwissenschaftlichen Medizin anwenden, aber nicht aus

Angst jeden Patienten durch die sogenannte Mühle einer apparativen Maximaldiagnostik drehen, nur um sich selbst und den Kranken durch polypragmatischen Eifer zu beschwichtigen. Und er wird bei aller sorgfältiger Nutzung labormedizinischer Hilfsmittel dem Patienten deutlich machen, daß nicht dieses Instrumentarium an sich, sondern daß primär sie beide, Arzt und Patient, miteinander letztlich zu klären haben, wo die Krankheit herkommt, wie man etwa die pathologischen Laborbefunde in Beziehung setzen muß zu einer Krise in der Ehe, zu einem Ärger am Arbeitsplatz, zu finanziellen Bedrängnissen usw. Und er wird mit dem Patienten einfühlsam abstimmen, was der Kranke für sich oder etwa auch zusammen mit seinen Angehörigen zur Förderung seiner Gesundheit tun kann und was für sie beide, Arzt und Patient, gegebenenfalls an therapeutischer Kooperation zu tun übrigbleibt. Und der Arzt wird den Ratsuchenden spüren lassen, daß alles, was auch immer gemacht werden soll, nur etwas Gutes stiften kann, wenn es in Geduld, in Vertrauen, in Hoffnung, aber auch in der Gewißheit geschieht, daß man nichts erzwingen kann. Er wird sich von dem Kranken innerlich berühren lassen und sich auch selbst nicht als Mensch verbergen, also auch seine Teilnahme spüren lassen. Und dies im Wissen um die Distanz, die durch seine Sachautorität als Experte und durch seine gutachterliche Funktion gegeben ist. Denn er ist ja eben auch – wie dies Viktor von Weizsäcker genannt hat – ein Halbrichter über den Kranken, über dessen Arbeits- und Erwerbsfähigkeit er oft zu entscheiden hat.«[155]

Von den paar tausend Zuhörern der Jubiläumsveranstaltung, meist Ärzten aus der Praxis und Medizinstudenten, erntete ich, wie mir schien, lebhafte Zustimmung. Offenbar fühlten sich die meisten verstanden. Rainer Flöhl erbat das Manuskript für die »Frankfurter Allgemeine Zeitung«, die es auch prompt druckte. Gotthard Schettler, Präsident der Gesellschaft, sandte mir einen überaus liebenswürdigen Glückwunschbrief. Aber fünf medizinische Professoren-Kollegen in Gießen – zwei Internisten, ein Chirurg, ein Neurochirurg und ein Otologe – taten sich unverzüglich zusammen und brüteten in aller Stille ein Pamphlet aus, das mich als »falschen Propheten« anprangern sollte. Von der FAZ-Redaktion, die ihren Text nicht zu drucken bereit war, erfuhr ich Monate später von der Initiative der fünf Herren, mit denen ich zum Teil jahrelang ärztlich zusammengearbeitet hatte. Ich regte nun an, daß wir den Konflikt zum Thema einer gemeinsamen Diskussion, möglichst zusammen mit Studenten, machen sollten. Aber das wollten die Herren nicht. Sie ließen nicht locker, bis sie – ein Jahr nach meinem Vortrag – ihre »Entgegnung« endlich bei der »Welt«[156] und bei dem »Deutschen Ärzteblatt«[157] unterbringen konnten.

Sie wollten – so hieß es im Vorspann – »vor aufkommenden irrationalen und utopischen Störungen in der Medizin warnen«. Es sei »eine falsche Devise, menschliche Anfälligkeit und Leiden resignierend zu akzeptieren«. Vielmehr sei der Arzt aufgerufen, »immerwährend gegen Krankheit und Leiden zu kämpfen«. Die »entscheidenden Waffen« liefere ihm die Forschung. Also lief es wieder nur auf die Perspektive hinaus: *Kampf* mit *Waffen* oder *Resignation*, *Sieg* oder *Kapitulation*. Und dann hieß es noch, man müsse sich gegen Wissenschaftsfeindlichkeit wehren – als hätten sich nicht immer wieder Mitarbeiter von besagten Professoren Hilfe in wissenschaftlicher Methodik ausgerechnet an unserem Zentrum geholt.

Schmerzlich an dem Konflikt war für mich der Stil der ungewöhnlichen persönlichen Anprangerung und die Beschädigung unserer Beziehungen. Denn diese waren zuvor nach meinem Eindruck nie anders als wechselseitig freundlich und respektvoll gewesen. Man konnte davon ausgehen, daß wir einander nicht für inhumane Mediziningenieure beziehungsweise für einen zynischen therapeutischen Nihilisten hielten. Sonst hätten wir uns gewiß nicht über lange Jahre immer wieder gegenseitig Patienten zugewiesen. Es war eine Auseinandersetzung ins Persönliche abgeglitten, die jenen erörterten grundsätzlichen Wertekonflikt betraf: Hüten wir das Leben eher, wenn wir es im Bewußtsein unserer Zerbrechlichkeit und Sterblichkeit oder wenn wir es gegen den Tod als ewigen Feind führen?

Beiderseits bewegte uns die Sorge vor Resignation. Aber es trennte uns, wo wir diese Resignation jeweils ausmachten. Meine Kollegen fürchteten sie als Kapitulation vor dem Feind. Ich fürchtete und fürchte sie als endgültige Fixierung an eben diese Feindbildperspektive.

Uns allen bewußt ist die Gefahr, daß wir in der Medizin wie in vielen anderen Bereichen in die Natur über ein Maß hinaus eingreifen, das für uns wie für unsere Umwelt verträglich ist. Aber wo ist das richtige Maß? Was dürfen wir noch, und wo wird Fortschritt destruktiv?

Wir alle sind unsicher, wie wir lernen können, das technisch Mögliche nicht mit dem Sinnvollen gleichzusetzen.

Quelle der Unsicherheit ist, daß wir gemeinsam nicht mehr genau wissen, wie wir unsere überragende technische Intelligenz mit unserer bescheidenen kreatürlichen Stellung in der Natur in Einklang bringen können. Daraus erwachsen Ängste, auf die wir mit verschiedenen, auch gegensätzlichen Reaktionsmustern antworten. Und so entstehen Spannungen, die hilfreich sein können, sofern man sich wechselseitig zugesteht, daß eine Lösung, die für unsere Gesellschaft eine gemeinsame sein muß, schwer zu finden ist. Wir befinden uns miteinander noch immer in der Bewußtseinskrise, die mit dem Verlust der mittelalterlichen Gottesgewißheit eingesetzt und die Blaise Pascal Mitte des 17. Jahrhunderts so formuliert hat: »Der Mensch weiß nicht, wie er sich einordnen soll. Er ist offensichtlich verwirrt und von seinem wahren Standort gefallen, ohne ihn wiederfinden zu können. Er sucht ihn überall, in undurchdringlicher Finsternis, voll Unruhe und ohne Erfolg.«[158]

»Wir sind etwas, und wir sind nicht alles«

»Wenn ich die kurze Dauer meines Lebens betrachte, und das verschlungen ist in die Ewigkeit, die ihm vorausging und die ihm folgt, den geringen Raum, den ich ausfülle, und selbst den, den ich sehe, der in der grenzenlosen Unendlichkeit der Räume versinkt, die ich nicht kenne und die mich nicht kennen, dann erschrecke ich und wundere mich, daß ich mich hier sehe und nicht dort; denn es gibt keinen Grund, warum ich hier bin und nicht dort, warum jetzt und nicht irgendwann. Wer hat mich da hingestellt? Durch wessen Befehl und Führung sind dieser Ort und diese Zeit für mich bestimmt worden?«[159]

Dieses Erschrecken, wie es Blaise Pascal beschreibt, stand am Beginn unseres naturwissenschaftlich-technischen Zeitalters. Die Mathematik machte dem Menschen seine Winzigkeit vor der Unendlichkeit klar. Das Gefühl, von Gott gehalten und geleitet zu sein, war im Schwinden. Wer in dieser Unsicherheit Gott nicht mehr suchte und fand, dem drohte – nach Pascal – Verrücktheit und Unseligkeit. Aber gab es nicht in der Angst den Ausweg, an der Stelle Gottes – dessen man nicht länger sicher war – diese Welt selber zu berechnen und zu lenken? Dieser Umschlag von verzweifelter Angst in einen rasenden *Bemächtigungsdrang* kennzeichnete den Beginn unserer Neuzeit. Anstatt als flüchtige Erscheinung in der unendlichen Kette von Ursachen und Folgen sah der Mensch sich als Erbe Gottes dazu befähigt, die Kausalität in eigener Regie zu übernehmen. Die scheinbar unbegrenzten Möglichkeiten der mathematischen Naturerkenntnis und deren technischer Anwendung wurden die fiktive Stütze einer neuen gigantomanen Selbstgewißheit. Wenn der Mensch Gott nicht mehr haben konnte, mußte er selber Gott werden. So entstand der moderne Fortschrittsmythos nicht aus einem lustvollen Eroberungs- und Befreiungsdrang, sondern – wie es Max Scheler ausdrückt – aus einem tiefen Bewußtsein »metaphysischer Verzweiflung«.[160]

Pascal, selber einer der bedeutendsten Mathematiker seiner Zeit, hatte noch davor gewarnt, sich in solchen Größenwahn zu flüchten: »... wir brennen vor Gier, einen festen Grund zu finden und eine letzte beständige Basis, um darauf einen Turm zu bauen, der bis in das Unendliche ragt; aber all unsere Fundamente zerbrechen, und die Erde öffnet sich bis zu Abgründen. Also suche man keine Sicherheit und Beständigkeit. Immer täuscht die Vergänglichkeit der Erscheinungen unsere Vernunft, nichts kann das Endliche zwischen den beiden Unendlichen bannen, dies einschließen oder es fliehen. Hat man das recht begriffen, so wird man sich, glaube ich, ruhig verhalten und jeder in der Lage, wohin ihn die Natur gestellt hat ... und ist die Dauer unseres Lebens, wenn wir zehn Jahre länger leben, nicht gleichfalls unendlich entfernt von der Ewigkeit? ... Würde der Mensch damit beginnen, sich selbst zu erforschen, würde er erfahren, wie unfähig er ist, über sich hinaus zu gelangen.«[161]

Aber Pascal konnte die Entwicklung nicht aufhalten. Die Kraft des Glaubens, die er beschwor, reichte fortan nicht mehr aus, dem Drang nach Allwissenheit und Allmacht ein Maß zu setzen. Zwar währte es, wie wir wissen, noch zwei Jahrhunderte, ehe überdauernde Reste der mittelalterlichen Mentalität eine volle Entfesselung des modernen Allmachtwillens zuließen. Aber in mehreren Schüben hat sich dieser megalomane Anspruch schließlich durchgesetzt.

Im »Gotteskomplex«[162] habe ich diesen psychohistorischen Prozeß in groben Strichen nachzuzeichnen versucht. Als »Gotteskomplex« bezeichnete ich den genannten Umschlag von unerträglicher Ohnmacht – aus der Angst der Gottverlassenheit – in eine Identifikation mit göttlicher Allmacht. Fortan zog alles Mißtrauen auf sich, was an Naturkräften noch unberechenbar und unbeherrschbar drohte. Die eingeborene Aggression, nach Verlust der göttlichen Gnade und Barmherzigkeit ungebunden, heftete sich in der Projektion an neue Feindbilder, vor allem eben an das des Todes. Denn dieser stand nach wie vor als unwiderlegbarer Gegenbeweis gegen den Allmachts- und Unendlichkeitsanspruch vor aller Augen.

Ihn »wegzufürchten« – wie es Max Scheler nennt – konnte nur unvollständig gelingen. Aber die natürliche Sterblichkeit konnte in künstliches Teufelswerk von Aggressoren uminterpretiert werden – von prinzipiell bekämpfbaren Schädlichkeiten und Schädlingen. Und so entstand dann jenes militaristische Konzept der modernen Kampfmedizin. Der Anspruch, sich letztlich aller krankmachenden und todbringenden Ursächlichkeiten zu bemächtigen, ist eingebettet in den viel umfassenderen Kampf um allgemeine technische Naturbeherrschung. Gemeinsame Triebkraft ist die Flucht nach vorn aus einem Bewußtsein totaler Sinnleere und Verlorenheit in einen Fortschritt, der sein Ziel im bloßen Fortschreiten hat.

So wurde die Weiche gestellt für eine Kulturentwicklung der totalen *Veräußerlichung*. Die Innenwelt des Gemüts, die logique du coeur, wie Pascal sie genannt hatte, verfiel der Geringschätzung. Die Seele barg nicht mehr den göttlichen »Funken« Jakob Böhmes, das spiraculum vitae, die ebenbildliche Verbindung zum göttlichen Wesen. Es galt nicht länger, was Thomas Campanella und Giordano Bruno gelehrt hatten, daß alle Welterkenntnis in der Selbsterkenntnis des Menschen beschlossen sei, weil sich in seiner Seele das göttliche Sein spiegele. Vom göttlichen Licht verlassen, verwandelte sich die seelische Innenwelt in eine Szenerie verworrener Gefühle und Affekte. Statt als Quelle der tiefsten Erkenntnis wurde sie zu einem irritierenden Faktor. Aufgabe des mathematischen Intellektes wurde es, ihre störenden emotionalen Regungen unter vollständige Kontrolle zu bringen. Gleichzeitig verlor das Herz seine Bedeutung als symbolisches Zentrum des menschlichen Wesens, als Inbegriff des Charakters, zugleich als die im Glauben und in der Liebe mit Gott verbundene Instanz. Die »ordo amoris« galt nichts mehr. Nicht, was man fühlte, sondern nur noch, was man im Kopf berechnend kontrollieren konnte, wurde zum neuen Maßstab verläßlicher Orientierung erklärt.

Über viele Generationen währt seitdem das Ringen, die verlorene Sicherheit wiederzugewinnen. Was an innerem Halt verlorengegangen ist, ließ sich durch alle errungene Macht über die äußere und innere Natur nicht kompensieren. Den *herrschenden* Gott vermochte man durch Identifikation zu kopieren – bis zu der inzwischen erlangten Macht, die Schöpfung nuklear zu zerstören. Aber für den Verlust des *liebenden* und des die Aggression durch *Gnade* bindenden Gottes wurde kein Ausgleich gefunden. Die Verbindung zwischen Selbstbild und Weltbild, in der christlichen Philosophie zwischen Mikro- und Makrokosmos durch Gott vermittelt, setzte sich in gewandeltem Sinne fort: Das seine Gefühle, seine Endlichkeit verdrängende Ich spiegelte sich in der Makrogesellschaft künftig als unumschränktes imperialistisches Prinzip wider. Dem innerpsychischen »Imperialismus« des Ego, welches das Herz, die ordo amoris, suspendiert hat, entspricht das politische Programm eines endlosen Expansionismus. In dem Augenblick, als man sich – mit Thomas Hobbes – den inzwischen bezogenen religiösen Indifferentismus offen zugestehen konnte, erkannte man ehrlicherweise im Egoismus, im Kampf aller gegen alle, die einzig verbliebene natürliche individuelle und gesellschaftliche Triebfeder. Im »Gotteskomplex« habe ich diesen Versuch, den unbewußten Hintergrund unserer modernen Geisteshaltung psychoanalytisch zu interpretieren, 1979 ausführlich ausgearbeitet.

Vielen erscheint es allerdings inzwischen sinnlos, sich überhaupt noch über den Geist unserer Gesellschaft und dessen Wurzeln eingehende Gedanken zu machen, weil es ja doch gar nicht mehr der Geist oder die psychischen Motive von Menschen seien, von denen der Gesellschaftsprozeß abhänge. Man sieht beinahe nur noch *anonyme* Antriebskräfte, die sich eigene Sachzwänge schaffen. Zwar ursprünglich hervorgegangen aus menschlichem Denken und Wollen, haben sie sich inzwischen anscheinend verselbständigt und steuern nun umgekehrt viele unserer Bewußtseinsprozesse. Dieser Eindruck läßt es für manche obsolet erscheinen, sich um sozialpsychologische oder gar psychoanalytische Interpretationen gesellschaftlicher Vorgänge zu bemühen, eben weil es offenbar kaum noch die Menschen, sondern nur noch übergreifende autonome Mächte ökonomischer und technischer Art seien, die den gesellschaftlichen Prozeß bestimmen.

Aber wenn es auch so aussieht, daß menschliches Fühlen und Wollen gegenüber diesen anonymen gesellschaftlichen Kräften immer ohnmächtiger geworden ist, so bleibt doch die Frage, ob wir diese Ohnmacht nicht laufend aktiv herstellen und ob nicht alles darauf ankommt, unsere Selbstentmündigung zu *revidieren.* Ob wir nicht alles tun müssen, um die materialisierte Omnipotenz, die wir an den industriell-militärischen Komplex delegiert haben, *uns als unser eigenes Problem bewußt zu machen,* um der unheilvollen Entwicklung noch je in den Arm fallen zu können.

Bei Habermas ist zu lesen: »Der dynamische Zusammenhang, zu dem Wissenschaft, Technik, Industrie, Militär und Verwaltung heute verflochten sind, strukturiert sich über den Köpfen der Menschen. Der technische Fortschritt folgt seiner Richtung ohne Direktiven von außen oder von unten, er wird gleichsam zu einem Naturprozeß.«[163]

Aber innerhalb dieses scheinbaren Naturprozesses gibt es eine Einflußkraft, die überwiegt. So fährt Habermas fort: »Die Analysen der Forschungs- und Entwicklungsinvestitionen in den industriell fortgeschrittenen Gesellschaften zeigen den beherrschenden Einfluß der staatlichen Auftraggeber und den klaren Vorrang der militärischen vor den zivilen Aufgaben. In dem System von Forschung, Technik, Industrie, Militär und Verwaltung gibt es keine unabhängige Variable. Wenn wir indessen vereinfachen wollen, dann ist eines gewiß: daß heute der technische Fortschritt eher Rüstungsinteressen als immanenten Sachzwängen folgt.«[164]

Das ist der entscheidende Punkt. Die Haupttriebkraft ist das Rüstungsinteresse – psychologisch ausgedrückt: die institutionalisierte Aggression. Das System ist vollständig fixiert auf Vernichtungsangst und Vernichtungsdrohung. Die entfesselte Aggression spiegelt sich in der Projektion als allmächtiger Feind, dem man die eigene aggressive Allmacht entgegensetzen muß. Im Augenblick ist dieser Zusammenhang für jedermann greifbar: Das gewaltigste Rüstungsprogramm aller Zeiten, das amerikanische SDI-Projekt, setzt sich wie automatisch gegen alle anderen Programme durch, deren Finanzierung den Menschen um vieles dienlicher wäre. Auf Jahrzehnte hinaus wird der Großteil der technischen Intelligenz zur Vorbereitung der Weltraum-Militarisierung absorbiert werden. Für den »Krieg der Sterne« werden Hunderte von Milliarden verpulvert werden, mit denen Völker vor dem Verhungern gerettet und viele irreversiblen Umweltzerstörungen gestoppt werden könnten.

Aber gerade weil Habermas darin recht hat, daß wir diese Prozesse – zum Teil sogar, indem wir ihre Spuren in unserem Empfinden und Fühlen verdrängen – über unseren Köpfen ablaufen lassen, sollten wir uns gegenseitig wachrütteln! Die ahnungslosen Hunderttausende von Physikern, Chemikern, Technikern, Administratoren, die von der Vernichtungsforschung vereinnahmt werden, müssen lernen, darüber nachzudenken, für welchen menschenfeindlichen Zweck ihre Arbeit mißbraucht wird. Wir alle müssen die Absurdität begreifen, daß massivste staatliche Förderung nicht, wie dringend notwendig, für die Arbeit an menschenfördernden, sondern an menschenfeindlichen, an menschenvernichtenden Produkten in Aussicht genommen ist.

Wir müssen den abgerissenen Zusammenhang zwischen unseren Strebungen einerseits und den über unseren Köpfen laufenden Mechanismen andererseits wieder *bewußt herstellen*. Daß eine solche Verbindung latent vorhanden ist, beweisen uns unsere Ängste, die, wenn wir uns die Gefahr leibhaftig vorstellen, als physiologische Warnsignale in Funktion treten. Sie sollten uns zu kritischer Besinnung aufrufen, anstatt zu prompter Verdrängung. Es ist nur *gleichsam* ein Naturprozeß – wie es Habermas ausdrückt –, was da an immer rasanterer Militarisierung unserer Gesellschaft abläuft. Nur unser millionenfach gebündelter Wille könnte noch etwas ändern. Als John F. Kennedy vor 22 Jahren seine berühmte versöhnliche Rede über eine »Strategie des Friedens« hielt, die eine kurze konstruktive Entspannungsperiode mit der UdSSR einleitete, sagte er zu Beginn: »Unsere Probleme sind von Menschen gemacht und können von Menschen gelöst werden.«[165]

Aber wie könnten sie gelöst werden? Hilfreiche strategische Konzepte wären leicht zur Hand – eben wie jenes, das John F. Kennedy seinerzeit im Sinn hatte. Aber sie allein nützen wenig, wenn sich hinter der Dynamik der Rüstung weit mehr verbirgt als der Konflikt zwischen den Systemen, als Interessen der Militärs oder der Wirtschaft; wenn die letzte Wurzel der Verlust des menschlichen Maßes im Selbst- und Weltverständnis ist; wenn uns die Verleugnung unserer Endlichkeit zum ewigen Siegen-Müssen treibt – über die vielen konstruierten Feinde als Stellvertreter des unerträglichen Todes.

In Christa Wolfs Erzählung weissagt Kassandra den Eroberern Trojas: »Wenn ihr aufhören könnt zu siegen, wird diese eure Stadt bestehn.« Im Dialog mit dem Wagenlenker fügt sie hinzu: »Ich weiß von keinem Sieger, der es konnte.« Aber: »Ich glaube, daß wir unsere Natur nicht kennen. Daß ich nicht alles weiß. So mag es in der

Zukunft Menschen geben, die ihren Sieg in Leben umzuwandeln wissen.«[166]

Ist es im Grunde also der Tod, den unsere vom Fortschrittsmythos besessene Gesellschaft fortgesetzt besiegen muß, dann führt kein Weg daran vorbei, daß wir erst aufgeben müssen, ihn zu verleugnen, ehe wir Aussicht haben, die zunehmende Militarisierung unserer Gesellschaft in allen Bereichen zu überwinden. Wir müssen genau im Sinne Pascals lernen, daß wir trotz allen Fortschritts nicht über uns selber hinaus wachsen, daß wir nicht unsterblich werden können. Erst wenn uns die Ohnmacht nicht mehr erschreckt, uns mit dem uns zustehenden bescheidenen kreatürlichen Maß in der Welt abzufinden, entfiele der Zwang, uns fortgesetzt Feinde suchen zu müssen, deren Überwindung uns die Illusion der Besiegbarkeit auch des letzten größten Feindes bestätigen soll.

Aber heißt das etwa, Diktatur, Totalitarismus, Folter, Terrorismus nicht mehr bekämpfen zu sollen? Schon höre ich das Aufbegehren derer, die ahnungslos oder gezielt mißverstehen. Eben dies heißt es nicht. Aber so wie es in der modernen Medizin Beispiele dafür gibt, daß »heroische« Therapiemethoden eher zerstören, was durch Stärkung von Selbstheilungskräften hätte kuriert werden können, so gibt es auch eine »heroische« Politik, die Gewalt in einem gegnerischen System nur dadurch glaubt tilgen zu können, daß sie selbst mit einem Vielfachen dieser Gewalt, ja mit totaler Zerstörung droht. Eben dadurch widerlegt sie ihren moralischen Anspruch und enthüllt ihre abgründige Irrationalität. Die Blindheit für die Maßlosigkeit der Mittel, hergeleitet von der Verabsolutierung des Feindbildes, verweist auf einen hohen Anteil von Projektion.

In unserer bis in die Medizin hinein militarisierten Gesellschaft befürchten wir in vielerlei Maskierungen, letztlich in der des atomaren Aggressors, den Tod als das schreckliche Nichts, dem wir unseren hoffnungslosen Anspruch auf Unendlichkeit und Unsterblichkeit entgegensetzen. So wie ein Verfolgungskranker, wenn er sich immer mehr in seine Verfolgungsfurcht hineinsteigert, seinen Verfolgern dennoch nie entgeht, erhöhen wir durch die paranoide Militarisierung ebenfalls nur die Gefahr der gemeinsamen Selbstzerstörung, gegen die wir uns sichern wollen. Für uns hieße also der erste Schritt der Heilung, unser Leben in dem uns gewährten bescheidenen Maßstab zu akzeptieren und uns mit unserer kreatürlichen Vergänglichkeit und mit unserer relativen Ohnmacht auszusöhnen. Anstatt vergeblich darauf zu beharren, daß wir immer größer, stärker, mächtiger werden, alle Krankheiten und am Ende den Tod bezwingen, könnten wir Pascals Empfehlung folgen: *»Erkennen wir also unsere Tragweite: wir sind etwas, und wir sind nicht alles.«*[167]

Als Wesen, die nur an einem winzigen Ausschnitt des Naturprozesses und nur einen Augenblick lang an der Menschheitsgeschichte teilnehmen, sollten wir, unsere kreatürliche Endlichkeit ständig bedenkend, in der uns geschenkten Spanne unser Leben feiern und für dasjenige, das dem unseren folgt, einen möglichst förderlichen Boden bereiten. Ich habe Angst vor einem Tod, bei welchem ich meinen Kindern und Enkeln eine innerhalb anderthalb Generationen schwerstens beschädigte Umwelt und ein apokalyptisches Vernichtungsarsenal – einschließlich eines waffenstarrenden Weltraums – hinterlasse. Ich möchte in der Gewißheit sterben, daß meine, unsere Nachkommen mein, unser Leben in der Anerkennung fortsetzen, daß wir unserer Verantwortung ihnen gegenüber gerecht geworden sind. Ich will nicht in der Erinnerung als Mitglied einer Generation megalomaner Egoisten fortleben, die mit ihren Entscheidungen die Lebensmöglichkeiten ihrer Nachfolger bedenkenlos und zum Teil irreversibel beeinträchtigt und gefährdet statt verbessert haben.

Denn für mich gehört zur Aussöhnung mit dem Tod das Gefühl der liebevollen Verbindung mit denen, an die ich mein Leben weitergebe. Und gewiß dürften die meisten, wenn sie sich ernsthaft befragen, zu ähnlichen Vorstellungen gelangen. Nur – wir befragen uns zu selten. Die banale Feststellung John F. Kennedys, daß unsere Probleme von *Menschen* gemacht sind und von *Menschen* gelöst werden können, klingt uns fast schon wie die Beschwörung eines Wunders. *Wir* aber sind *diese Menschen, jeder einzelne.* Wir müssen die Probleme wieder auf uns nehmen und nach unseren Maßstäben der Menschlichkeit und Kreatürlichkeit beurteilen und handhaben.

Umfühlen, feiern, tanzen – und standhalten

Daß die innere Auseinandersetzung mit dem Tode neue psychische Kräfte entbinden könnte, mag vielen noch einleuchten. Aber wie auf diese Weise der politischen Resignation entgegengewirkt werden sollte, erscheint auf den ersten Blick weniger einsichtig. Wir sind ja eben, wie früher geschildert, an eine strikte Trennung der Welt des Psychischen von der Welt des Politischen gewöhnt – deshalb auch die Entwicklung der Psychokultur als Fluchtburg außerhalb des organisierten gesellschaftlichen Betriebes. Aber die Angst vor Atomkrieg und Umweltzerstörung hat Millionen die Untrennbarkeit ihrer Innenwelt von der politischen Realität ins Bewußtsein gerufen.

Zunächst haben sie daran gemerkt, wie abhängig ihr Seelenzustand von den politischen Prozessen ist. Allmählich haben aber auch immer mehr Menschen über die umgekehrte Beziehung nachzudenken begonnen: Ist nicht Politik, wie technokratisch, »eigendynamisch« und anonym sie auch abzulaufen scheint, eine Abbildung einer jeweils spezifischen Mentalität? Gehen wir nicht mit der Welt draußen so um, wie wir mit uns selber umgehen? Ist nicht die wachsende Militarisierung unserer Gesellschaft, die momentan den Hauptteil ihrer Kräfte für die Weltraumrüstung bündelt, Ausdruck einer vergleichbaren Militarisierung, die wir in unserem Inneren vollziehen? Ist Versöhnungspolitik deshalb unmöglich, weil wir mit uns selber entzweit sind, mit unserer Zerbrechlichkeit und Sterblichkeit?

Wenn dies so ist, wovon ich überzeugt bin, dann nützt es nichts, gegen die Raketen Sturm zu laufen, ohne sich gegenseitig zu helfen, das Leben in einem anderen Sinn als jenem des unablässigen Kampfes gegen den dämonisierten Tod – und seine Abkömmlinge des Leidens und der Schwäche – zu führen.

Deshalb haben wir zum Beispiel in unserer von mir 1980 mitgegründeten lokalen Friedensinitiative von Anfang an nach dem Selbsthilfemuster politische Öffentlichkeitsaktivitäten mit Gruppengesprächen verbunden.[168] Wir haben damit den Ansatz aus der Frühphase der Wohngemeinschafts- und der Kinderladenbewegung fortgeführt: Wir können nur draußen die Verhältnisse ändern, wenn wir uns selber mitverändern. Wir Männer müssen zum Beispiel lernen, unsere unterdrückte Sensibilität zu befreien und das eingeimpfte militante Leitbild von »Männlichkeit« zu überwinden. Wir alle – Frauen und Männer – haben zu lernen, unsere Ängste auszuhalten und über sie zu sprechen, anstatt sie nur »heroisch« niederzukämpfen. Wir müssen unsere Depressionen und Ohnmachtsgefühle tragen, anstatt sie ewig bezwingen zu wollen. Wir müssen wieder mehr aus unserem Herzen leben, anstatt – wie seit Descartes geübt – unsere Gefühle als »perturbationes animi« oder als minderwertige »passions de l'âme« (Spinoza) abzuwehren. Solange wir unsere innere Repression aufrechterhalten, können wir nicht glaubwürdig auf einen Abbau der Repression und des Militarismus in der Gesellschaft hinarbeiten. Selbstmitleid gilt als verachtungswürdig. Aber haben wir nicht zu lernen, Mitleid mit dem schwachen, elenden Teil unseres Selbst zu haben, um uns mit dem Elend der sozial Schwachen, der armen Völker in verpflichtender Solidarität verbunden zu fühlen, anstatt uns immer nur um siegreicher Stärke willen mit Rivalen und Feinden zu messen? »Der Mensch erkennt, daß er elend ist, ... er ist aber sehr groß, da er es erkennt.«[169] (Pascal)

Wer nur unbeirrbar gegen den schwachen Teil seines Selbst ankämpft, hat es schwer, solchen Einstellungswandel nicht nur als Niederlage zu verstehen. Er meint, er solle vor dem »inneren Schweinehund« kapitulieren und sich die Minderwertigkeitsgefühle zu eigen machen, die niederzuhalten er gerade um jeden Preis bestrebt ist. Hier prallen also in der Tat zwei von Grund auf konträre Einstellungsmuster aufeinander, von denen das eine zu unserer zweiten Natur geworden ist, während das andere, das neue, nur durch mühsame soziale Lernprozesse schrittweise entwickelt werden kann.

Als ich 1981 außer in unserer lokalen Friedensgruppe auch in der Friedensbewegung der Ärzte aktiv wurde, sah ich dort meinen wichtigsten Beitrag in der Förderung genau dieser Bewußtseinsveränderung: Wir Ärzte bestanden darauf, daß entgegen der durch die offizielle Propaganda betriebenen Diffamierung der Angst es nicht das Ziel sein müsse, sie zu verdrängen, sondern ihre realen politisch-militärischen Ursachen und das Bedrohungsdenken zu beseitigen. Und wir riefen dazu auf unter Berufung auf unsere ärztliche Ethik der Hilfepflicht, die keinen Unterschied zwischen Hilfsbedürftigen verschiedener Nationen, Rassen und Ideologien zulasse. Im Zeitalter nach Hiroshima seien wir alle hilfsbedürftige morituri, so daß die Politik sich gleichfalls einer Ethik verschreiben müsse, die den Lebensschutz für alle, in Partnerschaft über die Blockgrenzen hinweg, obenan stelle.[170]

Wie in anderen Ländern, fand unsere Ärztebewegung bald eine erfreulich lebhafte Resonanz. 8000 bundesdeutsche Ärzte verbanden sich mit ihr. Auf unseren öffentlichen Veranstaltungen fühlten die Menschen, daß wir nur für sie und nicht für irgendwelche politischen Organisationen oder Mächte Partei ergriffen. Aber natürlich wirkten wir wiederum beunruhigend auf solche, die es gerade im Gleichgewicht hielt, ihr Leben als Kampf nach innen wie nach außen zu definieren. Unser Verständnis für die Atomfurcht vieler Menschen war ihnen ein Greuel. Angst als solche gehörte sich nicht. Als ich in einem Kongreß-Vortrag erläuterte, daß die Angst vor der Overkill-Rüstung ähnlich wie die fürsorgende Angst von Müttern um ihre Kinder konstruktive Energien zur Gefahrenabwendung entfachen könnte und sollte, rief ich – nur ein Beispiel – ausgerechnet einen evangelischen Akademiedirektor i. R. auf den Plan, der mich in einem verbreiteten Briefdienst eines Arbeitskreises »Sicherung des Friedens«[171] entrüstet zurückwies. Er glaubte, uns Ärzte daran erinnern zu müssen, daß wir schließlich die Giftschlange zum Standessymbol in unserem Äskulap-Stab gewählt hätten und Gifte mit Gegengiften bekämpften. Eine entlarvende Fehlinterpretation: Nicht eine Giftschlange, sondern der Gott Asklepios, den die Griechen ursprünglich in Schlangengestalt verehrten, ist unser Standessymbol. Und die Äskulap-Natter ist – ungiftig.

Die Kontroverse entzündet sich ähnlich wie bei jener Jubiläumsrede vor den Fortbildungsärzten immer wieder an dem kritischen Punkt: Ist Leben eine ewige Konfrontation? Kampf gegen Bedrohung? Gegengifte versus Gifte? Dann darf es nicht »Aufweichung« geben, nicht Nachgeben, nicht falsche Sanftheit. Jede Schwächung der Feinbild-Perspektive wird zum Defätismus. Wer sich dafür einsetzt, macht sich zum Verräter.

Es war eine natürliche Entwicklung, daß unsere Ärzteinitiative in besondere Nähe zu den Friedensgruppen rückte, die ähnlich wie die meisten unserer Mitglieder eine Einheit zwischen ihrer inneren Lebenshaltung und einer Außenpolitik der Verständigung und der Sicherheitspartnerschaft suchten. Dies waren die humanistischen und die christlichen Gruppen, die weniger als andere Teile der Friedensbewegung dafür anfällig waren, das Feinbild-Denken nur unter verkehrten Vorzeichen zu reproduzieren.

Aber noch ist die Frage unbeantwortet geblieben, warum diejenigen weniger leicht an ihren politischen Niederlagen verzagen sollten, die eher im Angesicht der Todesgewißheit leben können. Ich glaube zu sehen, daß es standfester macht, wenn weniger Kräfte dafür verbraucht werden, immer nur durch Siege der verdrängten Ohnmachtsangst ausweichen zu müssen. Das Bewußtsein, daß man das Leben, zumal auch für Kinder und Enkel, auf andere Weise besser schützen und fördern kann, als es im Blick auf einen mörderischen Feind stetig weiter zu militarisieren und damit zugleich verwundbarer zu machen, fördert Mut und Entschlossenheit. Es hebt zwar die furchtbaren Enttäuschungen nicht auf – über die Stationierung, über den Bau der Neutronenbomben und der MX, über die Verwandlung des östlichen wie des westlichen Europa in ein nukleares Pulverfaß, über den Wahnsinn von SDI. Aber die Armseligkeit und Krankhaftigkeit dieses destruktiven Wettlaufs um die unerreichbare definitive Weltherrschaft kann besser durchschaut werden. Und dieses Wissen, daß es eine bessere Alternative gibt und daß wir – bei allen Selbstzweifeln – für diese Alternative einstehen können, verleiht Kräfte zum Durchhalten.

Freilich können sich Zweifel einstellen, ob sich eine solche moralisch gestärkte Erkenntnis angesichts des rasenden Tempos der weiteren Aufrüstung und Umweltzerstörung noch rechtzeitig verbreiten könnte. Brauchen derartige Bewußtseinsveränderungen nicht viel zuviel Zeit, ehe sie in die schon weitgehend eigengesteuerte militarisierte Politik eingreifen können? Dieses Bedenken läßt sich nicht einfach wegargumentieren. Aber man kann doch einiges dagegen anführen:

Ohne ein fundamentales Umdenken und Umfühlen, so hat es auch Albert Einstein immer wieder gesagt, würde unser Weg ohnehin in die Katastrophe münden. Eine andere realistische Alternative gibt es also gar nicht. Es ist richtig, daß wir uns jetzt und hier wehren müssen.

Aber lassen wir uns erst von der Furcht überschwemmen, daß uns die Zeit davonläuft, geraten wir leicht genau wieder in das Denkmuster der Kämpfer gegen Tod und Teufel. Diese werden von ihrer verdrängten Todesangst immerfort gejagt und dürfen im Wettlauf mit dem Feind auch nicht eine Sekunde verlieren. Die Hektik des Hochrüstens ist ja Ausdruck des Gefühls der ewigen Zeitnot: Wenn wir nur einen Augenblick nicht aufpassen und nachlassen, werden wir von dem Gegner zerstört werden.

Friedliches Umdenken heißt gerade, dieses Konzept eines autodestruktiven Wettlaufs mit dem Tode zu überwinden. Konzentrieren wir uns nur auf die jeweils akuten bedrohlichen Maßnahmen, die wir abwenden wollen, müssen wir vorläufig ohnehin immer wieder unterliegen, solange ein Prozeß der »psychischen Abrüstung« (ein Begriff des verstorbenen französischen Atomphysikers und Nobelpreisträgers Alfred Kastler) noch nicht in genügender Breite in Gang gekommen ist.

Können wir helfen, diesen voranzubringen, so werden sich eines Tages Wege zu einer politischen Umkehr finden. Nachdem die Supermächte einander und die Menschheit jetzt schon unzählige Male vernichten könnten, ist es denkbar, daß sie diese Kapazität noch erheblich vermehren werden. Die Gefahr dürfte also vorläufig weiter ansteigen. Aber sie ist gegenwärtig bereits so horrend, daß nicht mehr alles von einer weiteren Rüstungsstufe abhängt. Was bereits bis jetzt an Irrationalität in militärische Fakten umgesetzt wurde, ist so ungeheuerlich, daß es nun nicht mehr vorrangig auf einen Schritt mehr oder weniger in dieser Richtung ankommt, sondern darauf, ob eine *grundsätzliche Richtungsänderung* durchgesetzt werden kann oder nicht.

Die Pershing-Stationierung – und die sowjetische Nachnachrüstung – haben die Lage zweifellos verschlechtert. Diejenigen, die sich – um die Stationierung zu verhindern – verboten hatten, über diese überhaupt noch hinauszudenken, waren nach der Niederlage vielfach zu niedergeschlagen, um sich weiter zu engagieren. »Man sieht doch«, so hörte ich manche sagen, »es hat alles keinen Zweck.«

Dagegen sind nach der Stationierung viele Friedensgruppen standfest geblieben, deren Mitglieder zuvor nicht nur in die gleiche Feindrichtung geblickt, sondern die sich auch gegenseitig angeschaut und menschlich wichtig genommen hatten. Diejenigen, die nur darauf achten, was von außen Böses kommt und was man dagegen machen kann, verfallen leicht in apathische Verzweiflung, sobald der Militarismus einen neuen Triumph feiert. Die anderen, die sich in ihren Gruppen von Mensch zu Mensch verbunden fühlen und von innen heraus eine Solidarität gewinnen, die nicht erst durch einen Außenfeind gekittet wird, haben ein festeres Fundament. So habe ich in den letzten zwei Jahren eine Vielzahl von Basisgruppen angetroffen, die – entlastet von der aktionistischen Hektik der Vor-Stationierungsphase – viel Zeit dazu benutzt haben, sich untereinander besser kennenzulernen, einander zuzuhören und auch – miteinander zu feiern. Es ist eine richtige Idee, daß Frieden eigentlich heißt, *das Leben zu feiern*, anstatt es wie eine Festung zu verteidigen. *Sich aneinander freuen, miteinander singen und tanzen, das ist Frieden, das ist Leben.*

Es ist gut, wenn die Menschen in der Friedensarbeit nicht mehr automatisch das Persönliche hinter die Erörterung der großen Strategien und die organisatorischen Vorhaben zurückstellen. Um daran zu glauben, daß sie als einzelne politisch überhaupt zählen, müssen sie in den Gruppen erst wieder lernen, daß sie mit ihrer persönlichen Identität, ihren Überzeugungen, Gefühlen, ihrem individuellen Lebenswillen von Bedeutung sind. Es gilt, sich darin wechselseitig zu unterstützen.

Hier berühre ich einen Punkt, der für mich in der Friedensarbeit wie in der professionellen Tätigkeit als Psychoanalytiker höchste Bedeutung gewonnen hat: Es ist eine große Gefahr, daß Menschen sich außerhalb der privaten Freizeitaktivitäten (und selbst dort bereits vielfach) fast ausschließlich nur noch als funktionale Glieder übergeordneter Systeme erleben. Warum sich noch lange mit Gedanken darüber abgeben, wer man eigentlich ist, wie man es geworden ist und welche Visionen man hat? Was gilt noch individuelle Identität außer der Summe von Merkmalen und Fertigkeiten, die verdatet, verrechnet und funktional genutzt werden können? Überall, wo größere Organisationen entstehen, kommen diese Prozesse der Entpersönlichung und Nivellierung in Gang.

Deshalb war es eine der nützlichsten Entdeckungen der neuen sozialen Selbsthilfebewegung, die Basisarbeit in kleinen Gruppen so wichtig zu nehmen. Alle vielversprechenden Bürgerinitiativen – nicht nur die Friedensbewegung – können nur längerfristig gedeihen und konstruktiv wirken, wenn sie ihren Mitgliedern das Gefühl vermitteln, daß es auf sie als Personen und nicht nur als funktionale Mitmacher ankommt. Ohne dieses Bewußtsein stumpft der einzelne schnell wieder ab und wird zu einem schlaffen Mitläufer. Bleibt er überhaupt längere Zeit dabei, fördert er nun seinerseits durch seine Anpassungsform eine mechanisierte Organisationsstruktur, in der sich wiederholt, was man eigentlich in der Gesellschaft verändern wollte.

Wenn ich in den letzten Jahren zu Themen der politischen Psychologie vortrug und diskutierte, stellte ich fest, daß die Sensibilisierung für Probleme des Friedens und der Umwelt an sich erfreulich fortschreitet. Es fehlt heute vielen Menschen nicht mehr an klaren Ideen, aber sie trauen sich oft nicht zu, mit diesen Ideen noch irgend etwas aktiv bewirken zu können. Sie scheuen davor zurück, nach außen für ihre Überzeugungen einzustehen. Immer wieder kommt heraus, daß vor allem der Druck vieljähriger Anpassungszwänge in den Ausbildungsinstitutionen und in der Arbeitswelt so einschüchternd gewirkt habe, daß die fixierten Hemmungen jetzt nicht mehr überwunden werden könnten. Die »Wende« und der verschärfte Konkurrenzdruck machten obendrein alles noch viel schwieriger.

Das lenkte mich wieder bevorzugt zu den Problemen, die ich 1976 in »Flüchten oder Standhalten«[172] behandelt hatte. Inzwischen ist es für mich freilich komplizierter geworden, meine Gedanken dazu in hilfreicher Weise zu vermitteln. Als einer, der »leicht reden hat«, habe ich mich in die anderen einzufühlen, deren Spielraum für »Standhalten« sehr viel enger ist.

Aber auch diesen schöpfen viele nicht aus. An der Universität sehe ich immer mehr Studenten oder Teilnehmer von Weiterbildung, die fürchten, sich durch irgendein kritisches Engagement die Gunst ihrer konservativen Lehrer zu verscherzen. Und dann kann ich bei manchen folgende Prozesse verfolgen: Sie unterlassen, was sie eigentlich sagen oder tun zu müssen glauben. Und die Gefahr ist, daß aus der äußeren Rücksichtnahme bald innere Korrumpierung wird. Übrigbleibt vielleicht ein unverbindliches privates Geschimpfe auf die autoritären Verhältnisse. Aber dies wird mehr zu einem sterilen Abreagieren von Unmutsgefühlen, das mit einem stetigen Nachlassen der persönlichen Widerstandskraft einhergeht. Und wozu sie sich selber nicht mehr glaubwürdig imstande fühlen, das können sie eines Tages auch nicht mehr von der Politik fordern. Je mehr sie persönlich vereinnahmt werden, um so williger akzeptieren sie schließlich die Verhältnisse und die Mechanismen, von denen sie sich haben beugen lassen.

Denn es ist ein tiefes Bedürfnis, dem Selbstvorwurf der Korrumpierung und der Feigheit dadurch zu entgehen, daß man die Umstände idealisiert, denen man sich unterworfen hat. Dann verwandelt sich in einen scheinbar freiwilligen, souveränen Entschluß, was in Wirklichkeit ein aufgenötigtes Zu-Kreuze-Kriechen war. Man steht vor sich selber wieder als respektable Person da, die sich ein Mißverhältnis zwischen Denken und Tun nicht vorzuwerfen hat. Das zermürbende Mitfunktionieren gerät durch rationalisierende Umdeutung zu einem scheinbar wohlbegründeten Einsatz für das Gute und Richtige. Im Rückblick verkehren sich frühere kritische politische Gedanken in unreife Phantastereien.

Andere bewahren sich ihre kritischen Überzeugungen gewissermaßen im Hinterkopf. Sie drücken diese vielleicht auch noch bei anonymen Meinungsbefragungen oder in abgeschirmten privaten Gesprächen aus. Aber sie verbleiben in einem stillen Teilhaberstatus und vertreten nirgends mehr öffentlich, woran sie insgeheim glauben. Der Gehorsam gegenüber der Autorität verdrängt die Loyalität gegenüber der inneren Überzeugung.

Wer sich selber immer wieder mit Mühe und lange ohne rechten Erfolg mit der Gefahr der Selbstentfremdung auseinandergesetzt hat, kann kein sicheres Gegenmittel nennen. Von anderen und aus eigener Erfahrung habe ich immerhin gelernt, daß niemand von Natur aus widerstandsunfähig ist, mag er auch von Kindheit auf eher geneigt sein, sich verprügeln zu lassen. Gut ist es sicher, wenn er es überhaupt nicht nötig hat, sich stark und siegreich zu zeigen, dann kann er eher jahrelang Niederlagen und Benachteiligungen ertragen, um die Genugtuung zu gewinnen, einer Überzeugung treu zu bleiben. Merkt er eines Tages, daß er sich als Persönlichkeit nicht brechen läßt, verliert er die Angst vor den Mächtigen – und beunruhigt eher manche von diesen. Aber ohne Solidarität mit Gleichgesinnten ist all dies schwer zu erreichen.

Keine Selbstheilung ohne Erinnerung

Andere unbedingt auf bestimmte psychosoziale Probleme aufmerksam machen zu wollen, hängt natürlich immer auch mit dem hintergründigen Wunsch zusammen, für sich selbst auf diese Fragen bessere Antworten zu finden oder diese Antworten in der eigenen Lebenspraxis besser zu verwirklichen. Daß ich mit zunehmendem Alter die Idee des Todes so zu fassen lerne, wie ich es möchte, glaube ich als Teilmotiv meiner langjährigen therapeutischen Arbeit mit Familien chronisch Schwerkranker und Behinderter zu erkennen, die ich noch immer mit Spannung fortsetze, aber zugleich auch meiner theoretischen Überlegungen zur Todesverdrängung. Wie können wir einst einen »eigenen Tod« sterben, wie ihn Rainer Maria Rilke im »Stundenbuch« gemeint hat? Was ist es, das manche Familien das Abschiednehmen so gut verarbeiten läßt, daß einer gehen kann und die anderen ihn gehen lassen können? Wie können wir miteinander lernen, daß wir gerade dadurch das Leben am eindeutigsten bejahen, indem wir es als einen sich vollendenden Kreis begreifen, der mit den Lebenskreisen der früheren und der nächsten Generationen ineinandergreift?[173]

In den Therapien erfahre ich manche Hilfe für mich selber. Eine ihrer Wirkungen ist vielleicht die Freude, auch im Älterwerden das Leben sehr intensiv zu spüren.

Zugleich läßt mich das zentrale Thema meiner Generation nicht los: Tod als Gewalt; Tötung des »Bösen« aus abgewehrtem Selbsthaß und aus Allmachts- und Größenwahn. Vernichtung von Leben aus der Illusion, die Rasse oder gar die Gattung durch die Eliminierung von »Unwerten« schützen oder erhöhen zu müssen. Es ist die variantenreiche faschistische Krankheit, die zwar immer wieder in der Projektion auf einzelne Exponenten wie Hitler, Himmler, Heydrich, Eichmann, Mengele als besiegt gefeiert wird, nichtsdestoweniger fortbesteht. Weil ich mit diesem Thema zu tun habe, muß ich daran weiterarbeiten.

Dabei fühle ich mich mit erfaßt von einer kollektiven Strömung, die sich in den letzten Jahren leise vorbereitet hat und nun deutlich erkennbar geworden ist. Ich meine das Wiederaufleben der *Faschismus-Diskussion*. Meine Generation wird jetzt – seit der Studentenbewegung und der APO – zum zweiten Male öffentlich zur Rede gestellt und meldet sich zum Teil auch selber streitbar zu Wort. Ende der sechziger Jahre waren die Erinnerungen noch zu frisch, die antifaschistischen Proteste der Jungen zu pubertär und hektisch, die Reaktion der Herausgeforderten ratlos bis stumm-verbittert. Wie erwähnt, blieben die damaligen Auseinandersetzungen nicht folgenlos, aber die Erinnerung wachzurufen, zu prüfen und gemeinsam zu verarbeiten, konnte in der damaligen aktionistischen Aufgeregtheit nicht gelingen. Die Sprachlosigkeit zwischen den Generationen blieb.

Jetzt, fast 20 Jahre später, drängt die Vergangenheit erneut nach oben. An den Universitäten sammeln sich vielerorts Gruppen von Studenten, die ihre gesellschaftliche Vorgeschichte erkunden wollen und systematisch über die Nazizeit recherchieren. Bei ihnen beobachte ich ein drückendes Unbehagen über eine wichtige geschichtliche Lücke. Sie wollen endlich wissen, wo sie herkommen. Und das soll ihnen die Nazi- und Kriegsgeneration noch sagen, bevor sie abtritt.

Sie fragen behutsamer, toleranter als die Achtundsechziger. Und sie treffen zum Teil auf Ältere, die ihrerseits dieses Gespräch brauchen, um einen lange abgespaltenen Teil ihres Selbst zu klären und zu integrieren. Sprach ich zuvor von der so wichtigen persönlichen Identität, die vor der Gefahr der unkritischen Anpassung und Korrumpierung schützen könne, so zeigt sich jetzt deutlicher als je, daß sie ohne die Aufarbeitung jener Erinnerungen nicht zu befestigen ist. Gerade in Kreisen der hochsensibilisierten gesellschaftlichen Gruppen, die sich in den letzten Jahren in den verschiedenen Varianten der in sich zusammenhängenden neuen sozialen Bewegung getroffen haben, ist die Diskussion über den Faschismus, seine Wurzeln und seine Folgen voll in Gang gekommen.

Aber zu dem aufgeflammten Krankheitsfieber gehört auch die andere Seite: Da rühren sich unbeirrbare Altnazis, Gesinnungsmilitaristen und nationalistische Träumer. Viele, die sich nach Hitler in die zitierte amerikanisierte Pseudo-Identität gerettet hatten, beleben im Schatten des Reaganschen Antisowjetismus alte antikommunistische Kreuzzugsphantasien. Von der Befreiung der Ostgebiete ist teils in verschlüsselten Wendungen, teils ganz unverblümt wieder die Rede. Jugendliche Neonazi-Gruppen finden Zulauf und schüren ohnehin latent grassierende Ausländerfeindlichkeit. Mitglieder von Friedensgruppen werden mit Drohbriefen verfolgt. Antisemitismus meldet sich in verstärkten Schmierereien. Einem Pfarrer wird in einer Serie von Anrufen alles Schlimme bis hin zur Vergasung gewünscht, nachdem er in einem Zeitungsleserbrief die lange Zeit nur halbherzige Mengele-Fahndung kritisiert hatte. Aber diese massiven Eruptionen bilden nur die sichtbaren Ausläufer einer weitverbreiteten unterirdischen antisemitischen Strömung, die sich sonst meist nur mittelbar in manchen behördlichen Fehlleistungen, in der Duldung von SS-Veranstaltungen, geschmacklosen Witzen und ähnlichem kundtut.

Es ist in der Tat wie beim Neuausbruch eines alten Fiebers: Im Entzündungsprozeß lebt die noch nicht überwundene Krankheit wieder auf. Sie kann das Leben schwächen oder aufzehren. Aber es können sich auch die Selbstheilungskräfte durchsetzen. Verheißungsvoll ist immerhin, daß landauf, landab begonnen wird, verdrängte Tatsachen überhaupt wieder in Augenschein zu nehmen: Wie ist unsere Gemeinde damals nationalsozialistisch geworden? Wodurch hat Hitler die Leute begeistert? Wie hat sich das Leben im Nationalsozialismus genau abgespielt? Gab es in der Gemeinde Widerstand? Wie ist sie vom Krieg betroffen worden? Hat sie Kriegsgefangene oder Verschleppte aufgenommen, und was hat sie mit diesen angestellt? Was haben die Väter als Soldaten gemacht? In welcher Weise waren die Mütter in all das verwickelt? Was hat sich in unserem Ort zum und nach dem Kriegsende getan? Was ist unter den Teppich gekehrt, was aufgeräumt worden? Welche Tradition pflegen wir heute? An welche Helden erinnern wir uns öffentlich: an die Krieger, an die Widerständler, an die Verfolgungsopfer? Wessen geistige Erben sind wir eigentlich?

Eines Tages überraschte mich eine Veranstaltung Gießener Medizinstudenten, die in einem großen Klinikhörsaal von Vorgängen an unserer Fakultät in der Nazizeit erzählten. Der Hörsaal war brechend voll. Bis tief in die Nacht hinein ließen die Zuhörer – fast nur Studenten – sich erzählen, wie sich einst die große Mehrzahl der Professoren den Nazis angepaßt, wie sie nach und nach rassenbiologische und antisemitische Vorstellungen übernommen hatte und wie diese Ideen in Doktorarbeiten und Forschungsprojekte der jungen Mediziner eingedrungen waren. Im Unterschied zu den Achtundsechzigern schilderten die veranstaltenden Studenten sachlich und differenziert, ohne pauschalierenden Schwarzweiß-Stil. Die Neugier der Rechercheure war zu spüren, die verstehen wollten, was im Kopf ihrer Vorgänger passiert war, wie sich sogar ehedem liberale und sozial engagierte Professoren von der Naziideologie hatten einfangen lassen.

Aber die Kommilitonen hatten auch eine noch lebende an einer Widerstandsgruppe beteiligte ehemalige Gießener Medizinstudentin ausfindig gemacht, die von den Nazis eingesperrt worden war. Sie hatten diese Ärztin aufgesucht und konnten nun mit ihrer Hilfe dokumentieren, daß es an der sonst fast lückenlos gleichgeschalteten Fakultät auch ein Beispiel von großartigem Mut und Widerstand gegeben hatte. Besonders das mit viel Sympathie dargestellte Porträt dieser Ärztin drückte aus, wie dringend die Studenten gerade auch positive Identifizierungspunkte in der gemeinsamen Vorgeschichte zu finden versuchten.[174]

In dieser Veranstaltung spiegelte sich ein wesentlicher Gedanke wider: Wir können diese Zeit nicht einfach hinter uns lassen. Wir alle, Junge und Alte, kommen aus ihr. Ob wir wollen oder nicht, sie lebt in uns weiter. Mit unserer Identität konstruktiv verbinden können wir sie indessen nur, wenn wir sie endlich gründlich besichtigen und das Gespräch über sie suchen, unter Gleichaltrigen und zwischen den Generationen.

Im Verlauf meines intensiven Engagements in der Friedensbewegung war mir beklemmend deutlich geworden, daß in der offiziell herrschenden Aufrüstungsideologie wieder Elemente auftauchten, die mir von früher wohlbekannt waren. Für mich hieß das, die Auseinandersetzung innerlich dort weiterzuführen, wo sie mir dereinst mißlungen war. Zu dem Zeitpunkt, als ich noch zweifelte, ob diese Rückbesinnung für die Jüngeren ähnlich wichtig sei wie für meine Generation, erlebte ich diese Studentenveranstaltung. Es kamen dann auch Studenten zu mir, die über die Nazizeit medizinhistorisch doktorieren wollten. Und in einem Seminar, das dem Thema »Arzt-Patient-Beziehung« gewidmet war, forderten mich Studenten direkt heraus, mit ihnen über jene Zeit zu reden. Die dadurch ausgelösten Gespräche überzeugten mich endgültig:

Was wir Älteren noch an innerer Aufräumungsarbeit zu leisten haben, ist nicht nur für uns wichtig, sondern vielleicht sogar noch wichtiger für einen großen Teil der Jüngeren, auch der sehr viel Jüngeren. Denn die Disposition zu der Krankheit, die einst bei unseren Eltern und uns offen ausgebrochen ist, lauert genauso in ihnen. Ihre Anfälligkeit ist größer, als sie ahnen. Nur wenn sie anhand der Geschichte genau zu durchschauen lernen, welche Konsequenzen potentiell in gewissen verführerischen politischen Heilsideen stecken, werden sie gegen den Ausbruch des Übels, das sich heute zum Teil hinter anderer Begriffsverkleidung verbirgt, eher gefeit sein.

Es hatte eine Weile gedauert, bis die Studenten in dem genannten Seminar mit ihrem Bedürfnis herausgerückt waren, über die Nazizeit zu sprechen. Zuerst hatten wir uns strikt an das Thema »Arzt-Patient-Beziehung« gehalten: Wir hatten darüber nachgedacht, wie junge Mediziner ihre Rolle als Famulanten im Krankenhaus erleben, was die Patienten, die Schwestern, die Ärzte von ihnen erwarten, wie sie den Krankenhausbetrieb im ganzen empfinden. Dann hatte uns die Frage beschäftigt: Was für eine Art von Medizin wünschen sich die Patienten heute? Stimmen wir Mediziner mit diesen Wünschen überein? Und was können wir machen, wenn wir unsere Pflicht anders verstehen? »Was mache ich denn als Kinderärztin«, fragte eine Studentin, »wenn die Eltern irgendein Zeug zur Beruhigung oder Anregung ihrer Kinder für die Schule verschrieben haben wollen, weil die Kinder Angst haben vor Leistungsdruck und Konkurrenz? Jedes sechste Kind geht heute nur noch unter dem Einfluß von Medikamenten zur Schule, habe ich gehört. Sage ich als Ärztin, ich verschreibe nichts, gehen die Eltern zum nächsten Arzt. Also bestimmt die Gesellschaft, was in der Medizin passiert.«

Aber die gesellschaftlichen Erwartungen an die Medizin verändern sich. Verhalten sich Ärzte anders, wenn sie je nachdem als Priesterärzte, als Vermittler heilender Naturkräfte oder als Experten medizinischer Technology gesucht werden? Jedenfalls müssen sie zunächst lernen, die gesellschaftlich vermittelten Ängste und Heilungsphantasien genau zu verstehen.

Das führte ein paar Studenten zu der Überlegung, daß sie Probleme damit hätten, die Ängste ihrer Eltern und überhaupt der älteren Generation zu begreifen. Diese unheimliche Barriere zwischen ihnen und ihren Eltern beunruhige sie. Plötzlich wollten auch die anderen bei diesem Thema bleiben. Unversehens wurde ich teilweise zum Stellvertreter der Eltern dieser Studenten, die übrigens in der Mehrzahl verspätet zum Studium gekommen und deshalb schon etwas älter waren.

Student A: »Wir erfahren ja kaum etwas, was unsere Eltern innerlich durchgemacht haben. Und dabei ist doch das, was wir jetzt tun, noch mitbestimmt von deren Erfahrungen, und zwar gerade in Hinsicht auf Krieg und Umbruch. Ich bin eigentlich etwas sauer, daß diese Generation, also die der Eltern, uns zur Aufgabe macht, ihre psychische Geschichte zu ergründen. Also, daß die nichts davon erzählen. Dabei habe ich das Gefühl, daß ich damit auch etwas über mich wissen will, wenn ich mehr über meine Eltern wissen will.«

Student B: »Das war sicher mal so, daß die uns mit solchen Sachen nicht belasten wollten, und dann war irgendwann der Zeitpunkt verpaßt, und dann konnten sie nicht mehr mit uns reden.«

Student C: »Weil sie selber mit der Belastung nicht umgehen können.«

Student B: »... oder weil sie es verdrängen.«

Studentin D: »Mein Vater hat schon Depressionen, seit er 18 ist, und mir ist eigentlich erst jetzt die Idee gekommen, daß es vielleicht auch damit, mit den Erfahrungen von damals, zu tun haben kann.«

Student C: »Bei uns wird schon öfter über die Vergangenheit geredet, aber wie sich das persönlich ausgewirkt hat, was das mit einem selber zu tun hat – da hört es auf.« Vielleicht hätten die Älteren deshalb keine klare Identität, die sie den Jungen vermitteln könnten, weil sie in ihren Problemen steckengeblieben seien.

Unsere Seminardoppelstunde war schon abgelaufen, als Student A noch rasch etwas loswerden wollte: Als er mit seiner Schwester am Sterbebett des Großvaters gesessen habe, habe der plötzlich zu weinen angefangen und von seinen Kriegserlebnissen als Achtzehnjähriger im Ersten Weltkrieg erzählen müssen. Der habe wohl sein ganzes Leben lang nie darüber reden können, wie schrecklich der Krieg für ihn gewesen sei.

Zu Beginn des nächsten Seminars erfuhr ich von den Studenten, daß sie in der Zwischenzeit weiter darüber nachgedacht hätten, wie heutige Strukturen und Reaktionsmuster aus einer Zeit stammten, die sie selber nicht mehr erlebt hätten, auch über die ganz persönlichen Erfahrungen der Eltern in Krieg und Nachkriegszeit. Mit ihren Eltern hätten sie darüber bisher nur schwer oder gar nicht sprechen können. Sie hofften, von mir darüber mehr erfahren und sich mit mir darüber auseinandersetzen zu können. Sie wünschten also, daß wir an diesem Punkt weiterarbeiteten.

Sofort waren wir aber wieder bei der Schwierigkeit: Wie kommt man endlich besser an die Eltern heran? Warum sind sie so leicht irritiert, wenn man sie anspricht?

Student A: »Bei uns zu Hause läuft das in der Regel so: Wenn irgendwas das Gespräch auf das Dritte Reich bringt, dann geht mein Vater sofort in eine Verteidigungsposition. Als Zugeständnis sagt er: Ja, es war nicht alles gut im Dritten Reich, aber ... dann kommt gleich so ein Aber, aber die Russen haben auch das und jenes gemacht. Und ich merke richtig, wenn ich etwas an der Zeit kritisiere, daß er sich ganz persönlich angegriffen fühlt. Als wenn ich ihm seine Lebensberechtigung absprechen würde. Das verhärtet sich dann sofort. Wir kommen dann nur bis zu einem bestimmten Punkt, und weiter geht es nicht. Das sind so Mechanismen, die schon tausendmal so abgelaufen sind.«

Ich: »Und täuscht er sich nun über dich? Es könnte doch sein, daß du wirklich zweifelst, ob dir sein Verhalten aus der damaligen Zeit gefällt. Vielleicht möchtest du nur etwas bei ihm entlarven, um nachher zu sagen: Vater, schön war das ja nicht, was du damals gemacht hast. Verstehst du?«

Student A: »Es geht wirklich gar nicht so sehr um meinen Vater persönlich. Aber schon bei den allgemeinen Fakten fühlt er sich selber angegriffen.«

Ich: »Bist du nicht doch auch daran interessiert, daß er dir ein Stück von sich als Person zeigt?«

Student A: »Ich glaube, das ist so ein Mischmasch aus Verschiedenem.«

Student B: »Daß es auch Auswirkungen auf mein Leben hat, daß mein Vater zu dieser Kriegsgeneration gehört, war mir früher nicht klar. Der Gedanke ist mir erst in letzter Zeit gekommen. Mein Vater ist im Krieg verwundet worden und hat einen Arm verloren. Es wurde nie offenbar, daß das für ihn ein wesentliches Thema war. Daß er das als eine ganz schwere Kränkung erlebt haben muß. Eigentlich war mein Vater in der Familie immer der gesundheitlich ganz Stabile und Robuste, der sich um die anderen gekümmert hat, wenn die krank waren. Aber jetzt merke ich, wenn mein Vater mal mit ins Schwimmbad geht, daß ihm das mit dem Arm peinlich ist. Ich denke, daß er das nie richtig bearbeitet hat. Und da frage ich mich, wie sich das auf mein Leben ausgewirkt hat. Ich war als Kind oft krank und habe nun so heute das Gefühl, daß das vielleicht auch irgendwas mit meinem Vater zu tun hatte. Für den war es wichtig, gesund zu sein. Da ist vielleicht auf mich manches rübergekommen, was er auf mich damals abgewälzt hat, seine Schwäche. Und so sehe ich da schon einen ganz konkreten Zusammenhang für mich mit dieser Zeit und seinen Erlebnissen. Wenn ich meinen Vater frage, wie das so im Kriege war, dann ist es so ähnlich wie bei dir, er fühlt sich angegriffen. Er meint, ich hätte es ja nicht miterlebt. Und er sei ja da ganz jung gewesen, deiner wahrscheinlich auch. Ich kann ihm gar nicht klarmachen, daß ich ihn eigentlich nicht angreifen will.

Um was es mir geht, ist, daß ich mir wünsche, daß mein Vater sich heute ganz konkret distanziert von dieser Zeit damals. Und das tut er auch, wenn wir unter uns sind. Da sagt er: Ja, ja. Aber wenn da so Leute seines Alters dabei sind, die sagen: Damals in unserer Wehrmacht, da sind die jungen Männer noch ordentlich gemacht worden – dann distanziert er sich nicht davon. Und das ärgert mich. Man kriegt nicht so richtig heraus, wie das nun eigentlich in ihm ist. Er paßt sich wieder an, genauso wie er sich damals als Junge angepaßt und das alles mitgemacht hat. Dabei ist mein Vater keiner, der so tolle Geschichten aus dem Krieg erzählt und dabei leuchtende Augen kriegt.«

Ich: »Wo und wann hat er denn den Arm verloren?«

Student B: »In Rußland, ich weiß nicht in welchem Jahr. Er sagt, es sind so viele um ihn herum gestorben damals, seine ganzen Freunde und Bekannten in dieser Situation, daß er eigentlich froh war zu überleben. Und daß diese Verwundung ihn gar nicht so schrecklich fertiggemacht hat, sondern daß er froh gewesen sei, überlebt zu haben.«

Student C: Er habe angefangen, sich mit seiner Familiengeschichte zu beschäftigen, als er während des Studiums Angstzustände bekommen habe. Es sei für ihn kaum auszuhalten gewesen, in einem Praktikum von einem Professor furchtbar gedemütigt worden zu sein. Die Kälte und der Ellbogenkampf im Studium hätten ihm schwer zugesetzt. Inzwischen denke er, daß ihm seine Eltern das Gefühl der Unfähigkeit, sich aufzulehnen, durch die Erziehung weitergereicht hätten.

Sein Vater sei als kleiner Junge einmal ganz begeistert von einer großen Mai-Veranstaltung der Nazis gewesen. Wie die SA da in breiter Formation marschiert sei, das habe er ganz toll gefunden. Und es sei eine großartige Stimmung gewesen. Später habe der Vater sich eher vor Nazi-Verpflichtungen gedrückt. Aber er habe sich zu der einen oder anderen Mutprobe durchgerungen, um nicht als Feigling verachtet zu werden. Noch bei der HJ zum Kriegsdienst eingezogen, habe der Vater einmal ein paar englischen Gefangenen zur Flucht verholfen. Ebenso wie die Mutter habe der Vater wohl furchtbar unter dem Gefühl von Hilflosigkeit und Unfähigkeit, sich aufzulehnen, gelitten.

»Ich glaube, daß meine Eltern den Schluß gezogen haben, daß man stark sein und sich durchsetzen muß, um nicht kleingekriegt zu werden. Und das hat dann mein Vater in der Erziehung knallhart durchgezogen. Als man sich gegenseitig als Schüler in die Poesiealben etwas hineinschrieb, habe ich immer nur denselben Spruch geschrieben: ›Das Leben ist ein Kampf, drum greif es herzhaft an, nur der wird Sieger sein, der es auch meistern kann!‹

Eigentlich ist mein Vater ein ganz zarter und sanfter Mann. Das merkt nur keiner. Er selber glaubt wohl auch, daß er das Ganze nur gepackt hat, weil er eine Seite von sich weggesteckt hat. Und ich glaube, das ist genau das, was er mir auch beibringen wollte.«

Ich: »Daß du das auch wegstecken sollst?«

Student C: »Ja. Irgendwann bin ich mit ihm einmal spazierengegangen. Da habe ich ihm mal gesagt, daß ich ihn mag. Und da war er so fertig, da hat er angefangen zu heulen.«

Student B: »Das ist offensichtlich ein Thema, das zwischen Vätern und Söhnen zu besprechen unheimlich schwer ist. Das ist fast unmöglich. Das geht nur ganz indirekt. Mein Vater würde es nicht aushalten, wenn das irgendwie direkt angesprochen würde.«

Studentin E: »Ich glaube, meine Eltern waren eigentlich total begeistert von dem, was damals gelaufen ist. Meine Mutter war Ende des Krieges 19 und mein Vater 20. Meine Mutter ist praktisch als junges Mädchen reingewachsen in die Organisation. Sie war beim BDM, auf den Bildern waren die Mädchen so drall und kräftig, und sehr fröhlich schienen sie zu sein. Das war die schönste Zeit meiner Mutter. Sie war auch sehr sportlich...

Wie das im Nationalsozialismus war, darüber habe ich von meinen Eltern sonst wenig erfahren, nur einiges in der Schule. Wenn ich meine Eltern fragte, haben die sich immer schnell auf die Position zurückgezogen: Wir sind vertrieben worden. Die hatten in Schlesien einen Betrieb und waren da angesehen. Ich glaube, meine Mutter hat den Hitler auf so eine Art geliebt als junges Mädchen, so als Vater, oder was weiß ich.

Es ist so, daß meine Eltern eigentlich immer nur anspringen auf das, daß sie eben flüchten mußten. Die haben ein absolutes Feindbild. Und weil ich mit einem Linken verheiratet bin, besucht mich mein Vater nicht mehr. Mir scheint, daß meine Eltern sich deshalb nicht mit der Hitler-Zeit auseinanderzusetzen brauchen, weil sie das Negative, die Trauer und Enttäuschung auf das verlagern können, was ihnen widerfahren ist.«

Obwohl sie selbst politisch ganz anders denke als ihre Mutter, komme sie innerlich von dieser nicht los. Sie müsse der Mutter zum Beispiel durch manche sportlichen Anstrengungen beweisen, daß sie genauso Großartiges körperlich leisten könne, wie es die

Mutter von ihrer Jugend unter Hitler berichtet habe. Ihre Eltern distanzierten sich schon auch in irgendeiner Form von der Nazizeit. »Aber ich glaube nicht, daß sie das auch innerlich erleben, was damals schlimm war.

Ich habe ein paar große Veranstaltungen der Friedensbewegung mitgemacht. Da wurden Reden gehalten, dann wurde gesungen, in der großen Sporthalle standen alle Leute auf, hielten sich bei den Händen und sangen ›We shall overcome‹ und andere solche Lieder. Dann wurden Wunderkerzen angezündet, und wir waren alle total ergriffen. Und aus diesem Eindruck heraus haben wir in unserem Dorf eine Friedensgruppe aufgemacht. Es war ein tolles Gefühl der Solidarität.

Aber dann kommt mir gerade auf solchen großen Demos wieder der Gedanke: Du machst hier etwas, das darfst du gar nicht so empfinden. Hier läufst du ja auch solch einem Massenaufstand hinterher wie die damals. Irgendwo weiß ich genau, daß ich jetzt zu dem stehe, zur Friedensbewegung. Aber weil das so schlecht verarbeitet worden ist, von unseren Eltern her, kommt immer auch leicht ein komisches Gefühl hoch, wenn da zum Beispiel alle Volkslieder singen.« Sie wolle die Geschichte bejahen, die in den Volksliedern stecke. Aber die Unbefangenheit sei durch das unverarbeitete Stück Geschichte dazwischen verdorben worden.

Immer wieder ist herauszuhören: Wir Jüngeren müssen, wenn wir mehr über uns wissen wollen, auch mehr über unsere Eltern erfahren. Nur dadurch werden wir manches überwinden können, was uns innerlich unfrei macht.

Einiges von dem, was ihre Eltern ihnen vorenthalten hatten, holten die Studenten im Seminar von mir heraus. So erfuhren sie von mir manche der in diesem Buch niedergelegten Erinnerungen, auch meine Beklommenheit, mich mit meiner Geschichte anzunehmen. Aber wir spürten wohl allerseits, daß uns das Gespräch wohltat. Als Nichtverwandter konnte ich ihnen selbstverständlich leichter als ihre Eltern offen antworten. Es waren ja speziell die gleichen Probleme, die auch mich spontan seit vielen Jahren bedrängten. Ich war froh, von ihnen so sensibel gefragt zu werden. Wahrscheinlich konnte ich ihnen etwas davon erklärlicher machen, was sie an ihren Eltern irritierte. Denn das steckt ja auch in mir – etwa die Spuren der faschistischen Männlichkeitserziehung (die mein Sohn noch zu spüren bekommen hatte). Dann die Sprachhemmung durch die Verwicklung in fast unbegreifliche Ungeheuerlichkeiten, durch die Schwierigkeit der Verbindung von Trauer und Schuldgefühlen. Ich konnte ihnen zwar jetzt eine politische Haltung darstellen, in der ich sicher war. Aber ich vermochte nicht zu rechtfertigen, was meine jetzt machttragende Generation ihnen an neuen Ängstigungen und Bedrücktheiten zumutet.

»Unsere Väter haben saure Trauben gegessen...«

»Unsere Väter haben saure Trauben gegessen, und uns sind die Zähne davon stumpf geworden...« Dieses alte israelische Sprichwort aus Hesekiel 18 sangen wir in minutenlanger Wiederholung (ursprünglich heißt es: Die Väter haben saure Trauben gegessen, aber den Kindern sind die Zähne davon stumpf geworden) im Gottesdienst der Ostberliner Friedenswerkstatt 1984. Zu dieser Veranstaltung, die alljährlich stattfindet, hatten sich wie in den Vorjahren drei- bis viertausend meist jüngere Leute in der und um die Erlöserkirche in Berlin-Rummelsburg getroffen.[175]

In der überfüllten Kirche gab es erst die üblichen Gespräche mit den Nachbarn zum Kennenlernen. Dann veranstalteten die jüngeren Pfarrerinnen und Pfarrer mit uns eine Art Spiel, das an das Hesekiel-Wort anknüpfte. Es sollten erst Kinder, dann Jugendliche, Mittelalterliche und Ältere nach vorn kommen und irgend etwas davon ausdrücken, was ihnen zu dem Generationenproblem in den Sinn komme. Man könne klagen, sich beschweren, mahnen oder was immer. Einige Kinder und Jugendliche sagten, daß sie Angst vor den Atombomben hätten. Ein Jugendpfarrer wandte sich an uns: »Könnten uns unsere Kinder nicht eines Tages verklagen, daß wir nichts gegen das Kriegsspielzeug, gegen die Wehrerziehung unternommen haben?« Er ließ über die Kinder ein schwarzes Klagetuch ausbreiten, das später symbolisch an den Altar gehängt wurde.

Ein jüngerer Mann bekannte: »Ich habe Angst, daß ich später genausowenig Mut habe wie mein Vater, der aus Angst, von den eigenen Leuten erschossen zu werden, in den Krieg gegangen ist!« Friedlichkeit müsse damit beginnen, mehr Toleranz für Andersdenkende aufzubringen, meinte der nächste. Ein Mädchen klagte über die Schwierigkeit, Kontakt mit Menschen aus dem Westen aufzunehmen und Freundschaft zu halten. An die Umweltzerstörung erinnerte ein Junge: »Wir müssen aufhören, im Luxus leben zu wollen, sonst machen wir die Welt kaputt!«

Aus der älteren Generation wollte sich niemand melden. Waren die Alten, welche die sauren Trauben gegessen hatten, zu sehr eingeschüchtert? Schließlich gab der moderierende Pfarrer mir einen Wink. Mich hatte die Szene so bewegt, daß ich Mühe hatte, etwas herauszubringen. Warum hatte ich, als ich als achtzehnjähriger Soldat die Menschen des sogenannten Feindeslandes achten und lieben gelernt hatte, weiter gehorsam mitgemacht? Warum war ich zu feige gewesen, mich zu verweigern? Jedenfalls müßten wir Alten jetzt den Jungen helfen, die eine tausendfach schlimmere Wiederholung der damaligen Katastrophe nicht zulassen wollten.

Zwei junge Pfarrerinnen lasen aus Hesekiel ein paar sehr aktuell klingende Mahnungen an die Adresse des Volkes Israel. Wenn es auch heiße, daß die Jungen davon stumpfe Zähne hätten, daß die Alten saure Trauben gegessen hätten, so bedeute das aber nicht eine von Gott verhängte Sippenhaft, freilich die Mahnung, umzukehren und davon abzulassen, andere zu bedrücken und Unrecht zu tun. Was die Kriegsgeneration ihren Nachfolgern aufgebürdet habe, dürften wir nicht an unsere Kinder weitergeben. Diese Verantwortung ließ man uns auf einer anschließenden Prozession ausdrücken: Man hieß uns, die reichlich anwesenden Kinder auf unsere Schultern zu nehmen und mit ihnen einen Umzug im Gelände um die Kirche herum zu veranstalten. Wir Älteren sollten daran denken, daß wir immer die Kinder auf unseren Schultern hätten.

Auch bei Friedensveranstaltungen in Schweden und in der Schweiz begegnete ich neuerdings vielen Fragen und selbstkritischen Überlegungen zur Vergangenheit. In Stockholm erinnerte man sich auf einer Veranstaltung der »Ärzte zur Verhütung eines Atomkrieges«, daß die schwedische Ärzteschaft einst hundert jüdischen, von Hitler vertriebenen Ärzten untersagt hatte, sich in Schweden niederzulassen. Und in der Schweiz diskutierten wir eingehend die opportunistische Anpassungspolitik der Eidgenossen aus der Zeit der Hitlerschen Erfolge. Überall stieß die jüngere Generation auf die Väter, die saure Trauben gegessen haben, aber sie tat dies im Bewußtsein der eigenen stumpfen Zähne. Um diese zu heilen und um die nachfolgenden Generationen zu schützen, müssen wir – diese Einsicht hatte sich aufgedrängt – mit der jüngeren Geschichte ins reine kommen.

Es tat mir gut, diese Interessen aufzunehmen, nachdem ich mich seit 1980, dem Jahr des Pershing-Schocks, überwiegend auf die aktuellen psychosozialen Abwehrmechanismen im Hintergrund der militärischen und der Umweltbedrohung konzentriert hatte. Die Arbeit an der Geschichte, das eigentliche Feld des psychoanalytischen Therapeuten und Sozialpsychologen, war nach dem »Gotteskomplex« zu kurz gekommen. Ich sah nun auch, daß die neue soziale Bewegung in ihren aufgefächerten Schwerpunkten und Gruppierungen – Alternative, Netzwerk, Frauen, Ausländer, Frieden, Ökologie, Dritte Welt, neue Armut – sich vor allem in der jüngeren Generation fest verankert und längst ihre eigene Sprache gefunden hat. Die Szene in der Ostberliner Kirche erschien mir dafür symptomatisch, wo unsereins noch eher gebraucht wird: Ehe wir Eltern abtreten, welche die sauren Trauben gegessen haben, sollten wir noch helfen, Erinnerungslücken auszufüllen, um Hilfe zur Vorbeugung zu leisten.

Wir Ärzte der bundesdeutschen Sektion der »Internationalen Ärzte zur Verhütung eines Atomkrieges« hielten den 8. Mai 1985 für ein geeignetes Datum, uns in aller Öffentlichkeit an die bedeutende historische Mitschuld unserer Berufsgruppe zu erinnern. Ich formulierte ein »Memorandum«, das von den Kollegen des Vorstands und des Beirats gebilligt wurde und das wir in verschiedenen deutschen Zeitungen, im »Spiegel«, in der »Zeit« und in der »New York Times« als Anzeige veröffentlichten. (Das »Deutsche Ärzteblatt«, offizielles Organ der Bundesärztekammer, lehnte es im Gegensatz zu den genannten Blättern ab, den Text als Anzeige [!] zu drucken.) Er lautet:

> Wir deutschen Ärzte, vereint in der Sektion Bundesrepublik Deutschland der »Internationalen Ärzte für die Verhütung des Atomkrieges« (IPPNW), rufen uns zum 40. Jahrestag des Kriegsendes in Erinnerung, welchen unheilvollen Beitrag zahlreiche Vertreter der deutschen Medizin, Anthropologie und Biologie zur Förderung der menschenverachtenden Politik des nationalsoziali-

stischen Regimes geleistet haben. Sie haben die Irrlehre vom ›unwerten Leben‹ anerkannt oder sogar theoretisch mitbegründet und deren praktische Anwendung schweigend hingenommen oder direkt unterstützt. So wurden die Massensterilisierungen und später die Massentötungen von Kranken und Behinderten möglich. Dieselbe pseudowissenschaftlich gestützte ›rassenhygienische‹ Ausmerzungsideologie lieferte bekanntlich auch der systematischen Ausrottung der Juden wie der Sinti, schließlich dem Hitlerschen Angriffskrieg, der zur angeblichen Rettung der ›nordischen Herrenrasse‹ geführt wurde, die Scheinrechtfertigung.

Wir sehen im 8. Mai 1985 einen geeigneten Anlaß, mahnend an die Gefahren jenes Ungeistes zu erinnern, der in der Neigung zur Diskriminierung von Ausländern und Andersdenkenden, zur Benachteiligung der sozial Schwachen sowie zur pauschalen Verteufelung des Außenfeindes fortwirkt.

Solchen Tendenzen zu wehren, sehen wir für uns Ärzte der IPPNW wie für alle Mitbürger in West und Ost als eine vordringliche Aufgabe an, um den inneren und den internationalen Frieden zu schützen.

ERINNERN LEHRT VORBEUGEN

Ebenso wie dieser Jahrestag fällt ein Symposion in Moskau, zu dem ich lange vorher zugesagt hatte, mitten in die Arbeit an diesem Manuskript. Das Symposion am 22. Juni 1985 ist von den beiden Präsidenten der internationalen Friedensbewegung der Ärzte, dem Amerikaner Prof. Bernard Lown und dem Russen Prof. Jewgenij Tschasow, organisiert. Es ist betitelt: »Die Rolle der Ärzte bei der Verhütung eines Atomkrieges.«

Im Flugzeug sitze ich neben Lown, einem führenden Harvard-Kardiologen. Er erzählt mir, wie er als 12jähriger mit einem Teil seiner jüdischen Familie aus Litauen in die USA entkommen ist, während ein anderer Teil später auf grauenhafte Art von den Nazis umgebracht wurde. Auf einem kleinen Empfang in Moskau erinnere ich mich mit Arbatow (ehemals Mitglied der Palme-Kommission) daran, daß wir beide im Jahr 1943 als 18jährige Soldaten im Rußland-Krieg gegeneinander gestanden haben. Warum, fragen wir uns, vergessen viele so leicht? Warum halten es die Völker aus, daß sie durch die wahnwitzige Nuklearrüstung mit einem neuen Krieg unvorstellbaren Ausmaßes bedroht werden? Gewiß würde ihnen ein begrenzter atomarer Zwischenfall irgendwo auf der Welt helfen, die Gefahr sinnlich zu begreifen und mehr Widerstandswillen zu entwickeln, meint Arbatow. Prompt fügt er hinzu: »Aber wer dürfte sich solch einen Zwischenfall wünschen?«

Vor ein paar hundert Ärzten referieren unter anderem der Brite A. Haines über die Unsinnigkeit von Zivilschutzplanungen für den Atomkriegsfall. Der New Yorker Sozialmediziner Sidel beziffert das groteske Mißverhältnis zwischen Rüstungsausgaben und der forcierten Verelendung der armen Völker. Die finnische Sozialministerin und Kinderpsychiaterin Vappu Taipale referiert über den Anstieg massiver Kriegsängste bei den Kindern des neutralen (und atomwaffenfreien) Finnland. Golitsyn aus der UdSSR schockiert uns mit den neuesten Erkenntnissen von den tödlichen Klimaveränderungen, die ein Nuklearkrieg produzieren würde (nuklearer Winter).

Mein Thema ist der mögliche Beitrag des Psychiaters und des Psychologen zur Verhinderung eines Atomkrieges: Wie kann das grundlegende Umdenken gefördert werden, das wir – mit Albert Einstein – als Bedingung für unser Überleben im Nuklear-Zeitalter annehmen müssen? Ich benenne die psychosozialen Abwehrmechanismen, die vorläufig noch hindern, das Problem klar zu sehen. Und dann diskutiere ich unsere Interventionsmöglichkeiten: Intensivierung von Aufklärung, blockübergreifender Austausch, aktivere Einflußnahme auf Politiker. So eindringlich wie möglich rate ich abschließend, die Arbeit an der *Erinnerung* nicht zu vernachlässigen. Ohne diese werde es mit dem fundamentalen Umdenken nichts werden. So ende ich:

»Gestatten Sie mir noch ein kurzes Schlußwort aus psychiatrischer und rein persönlicher Sicht. Ich glaube, daß wir unsere Friedensarbeit noch intensivieren können, wenn wir uns nicht allein gegen die furchtbaren Zukunftsrisiken wenden, sondern weiterhin bewußt und intensiv die Erfahrungen unserer jüngsten Geschichte gemeinsam weiter verarbeiten. In unserer westdeutschen Ärztebewegung erleben wir die Mitarbeit in der IPPNW als eine wichtige Chance, aus dem Bewußtsein der immer noch auf uns lastenden Schuld der Hitler-Verbrechen und des Hitler-Krieges eine entscheidende, ja die entscheidende Konsequenz zu ziehen. Ich selbst habe nie meine Schamgefühle vergessen, als ich vor 43 Jahren als 18jähriger Soldat dieses Land betrat und ratlos den Menschen begegnete, denen wir hier entsetzliches Elend zufügten. Auch ich habe meine Familie im Krieg verloren, und zwar durch Soldaten dieses Landes, das wir zuvor überfallen hatten. Das Bewußtsein unseres deutschen Unrechts und meines Anteils daran hat mich indessen nie losgelassen. Und ich sehe um mich unter den deutschen Kollegen viele, die ebenso wie ich die Friedensarbeit in der Ärztebewegung als eine Möglichkeit begreifen, uns mit unserer furchtbaren Vergangenheit sinnvoll auseinanderzusetzen. Sie mögen verstehen, daß ich mich ganz besonders für die Gelegenheit bedanken möchte, heute gerade an dieser Stelle zum Thema der Verhütung eines neuen großen Krieges reden zu dürfen.«

Die letzten Sätze noch geordnet herauszubringen, kostet mich Mühe. Aber ich bekomme gesagt und spüre es auch, daß sie mich den Zuhörern nähergebracht haben als alles andere, was ich vorher ausgeführt hatte.

Fünf Monate später. Reagan und Gorbatschow erleichtern die Öffentlichkeit mit dem Versprechen, die Abrüstungsverhandlungen zu beschleunigen und fortan enger zur Erhaltung des Friedens zu kooperieren. Weil unsere Ärztevereinigung eben diesem Ziel bereits wirksam diene, zeichnet uns das Osloer Komitee mit dem Friedens-Nobelpreis aus. Aber damit löst es in der Bundesrepublik eine Protestkampagne aus, inszeniert wiederum von Ex-Minister Heiner Geißler, der kürzlich den internationalen Pazifismus als mitverantwortlich für Auschwitz erklärt hat. Erinnern lehrt Vorbeugen. 49 Jahre sind es her, daß einem großen internationalen Pazifisten der Friedens-Nobelpreis verliehen wurde. Auch damals empfing das Osloer Komitee einen geharnischten Protestbrief aus Deutschland, sogar unmittelbar von der deutschen Regierung. Der Preisträger hieß Carl von Ossietzky, saß im KZ und ist bald darauf an den darin erlittenen Schäden gestorben.

Nietzsche als Vorläufer – tödlicher Machtwille

Im Rückblick auf den 18jährigen, der als Soldat nach Rußland auszog, erwähnte ich den bedeutenden Platz, den damals Friedrich Nietzsche in meiner geistigen Ausrüstung eingenommen hatte. Im weiteren habe ich bislang Nietzsche nicht wieder auftauchen lassen, dafür vor allem Pascal und Scheler als meine späteren geistigen Entwicklungshelfer aus der Philosophiegeschichte genannt. In ihnen habe ich wichtigen Halt gefunden, als ich mit Nietzsche mehr und mehr Schwierigkeiten bekam. Aber bis heute habe ich mich mit diesem immer wieder intensiv beschäftigt. Je mehr ich von Psychoanalyse zu verstehen lernte, um so mehr faszinierten mich an ihm der eigentümlich übersteigerte Haß auf alles Schwache, Kranke, Armselige und die hundertfachen Verwünschungen einer Mitleidsmoral.

Ich las die vielen Briefe, in denen Nietzsche das Leiden an seiner chronischen Krankheit und an seiner Vereinsamung beschrieb. Verstohlenes Selbstmitleid entdeckte ich zuerst in seinen Gedichten. Dann wurde mir deutlich, daß in der grenzenlosen Wut auf die christliche Moral der Nächstenliebe und der Barmherzigkeit eine Abwehr genau der Bedürfnisse steckte, die er so verächtlich machte. In einem rasenden narzißtischen Trotz verbat er sich, was er in seiner Moralphilosophie als bloßes kollektives Ressentiment interpretierte und bekämpfte: Die Schwachheit sollte ausgemerzt, die Ohnmacht durch einen unbegrenzten Machtwillen getilgt werden. Nietzsche benötigte den Traum von der Übermenschen-Omnipotenz als unentbehrliches Rezept zur Unterdrückung seiner Depressionen, des Bewußtseins seiner Einsamkeit und seines Siechtums. Es war ein elender, gequälter Mensch, der in sich niederzukämpfen versuchte, was in der Gesellschaft unterdrückt und ausgerottet werden sollte.

In meiner Einleitung hatte ich ausgeführt, die Psychopathologie eines Autors entkräfte nicht seine Aussagen. Geschieht hier nicht genau das, wenn der Autor Nietzsche am Patienten Nietzsche gemessen wird? Er selber aber hat deutlich gesagt, daß seine Literatur seit 1876 eine Arznei gegen Lebensüberdruß und Schmerzen gewesen sei.[176] Der Autor der Briefe ist derselbe wie der Autor von »Jenseits von Gut und Böse«, »Zur Genealogie der Moral« und »Götzen-Dämmerung«. Er selber hat den Weg dazu gewiesen, sich mit den Widersprüchen in seinen Schriften wie in seiner Person auseinanderzusetzen. Ohne die sein gesamtes Werk durchziehende Zwiespältigkeit zu würdigen, kann man ihn gar nicht begreifen. Gerade diese Widersprüchlichkeit hat ja auch immer wieder bedeutende Nietzsche-Interpreten gereizt, so etwa Jaspers, der den heimlichen Christen in dem rasenden Antichristen entdeckte: »Nietzsche scheint alles, auch das Entgegengesetzte und Widersprechende zu sagen.«[177]

Nietzsches individualpsychologische und sozialpsychologische Entdeckungen werden von seinem persönlichen Konflikthintergrund nicht im mindesten entwertet. Sein Scharfblick, zum Beispiel in der Theorie des Ressentiments demonstriert, steht dem Freuds kaum nach. Nietzsche hat über das Unbewußte und über Abwehrmechanismen so viel gewußt wie keiner vor ihm und nur wenige nach ihm. Aber im selben Maß, in dem er klar herauszuarbeiten verstand, auf welchem Wege Minderwertigkeitsängste in eine verlogene Schwäche-Moral einmünden können, war er blind für den vergleichbar unbewußt neurotischen Hintergrund seiner Stärke-Ideologie und Herrenmoral.

Trifft nun aber der Eindruck zu, daß Nietzsches Ideen sich in entscheidenden geistig-politischen Strömungen der Folgezeit widerspiegeln, dann taucht immerhin die Frage auf, ob vielleicht in kollektivem Maßstab eine vergleichbare Konfliktdynamik entstanden ist. Dann wäre Nietzsche als Vordenker zugleich der Modellfall für die Entwicklung eines moralisch verklärten Imperialismus auf der Grundlage tiefer narzißtischer Verletzungen und Ängste. Sein Konflikt böte Hinweise zum besseren Verständnis des Zusammenhangs zwischen faschistischer Ausmerzungsideologie und Minderwertigkeitsangst, aber auch für den Widerspruch im derzeitigen Zeitgeist zwischen Omnipotenz-Besessenheit und Apokalypse-Stimmung.

Aber zunächst zurück zur Person Nietzsche. Mag sein, daß er eine

Paralyse hatte, die ihn mit zwangsläufiger Progredienz zugrunde gerichtet hat. Aber die zynische Grausamkeit, mit der er philosophierend seinen depressiven Anteil malträtierte, hätte gleichfalls ausgereicht, einen psychopathologischen Zusammenbruch systematisch zu präparieren. Unverkennbar ist eine Steigerung der selbstquälerischen Raserei, je mehr er sich dem geistigen Zerfall näherte:

»Die Schwachen und Mißratenen sollen zugrunde gehen: erster Satz *unserer* Menschenliebe. Und man soll ihnen dazu noch helfen. Was ist schädlicher als irgendein Laster? – Das Mitleiden der Tat mit allen Mißratnen und Schwachen – das Christentum ...«.[178] So wütete er noch im »Antichrist« mit dem Untertitel »Fluch auf das Christentum«, ehe er selber, der Schwache, in geistiger Verwirrung unterging. Er ahnte wohl, daß er sich mit dem rasenden Haß auf die eigene Zerbrechlichkeit zerstörte. Den Dithyrambus »Zwischen den Raubvögeln« ließ er enden: »O Zarathustra!... Selbstkenner!... Selbsthenker!...«[179]

Als 17-, 18jähriger hatte ich ja selber Nietzsche als eine Art Lotse bemüht, um die Einkapselung in die Innerlichkeit zu rationalisieren und mir eine fiktive Erhabenheit über den mich immer mehr vereinnahmenden totalitären Betrieb einzureden. Es hatte mir eine Weile auch gut gepaßt, mir von Nietzsche die quälenden Zweifel an meiner Männlichkeit durch sein phallisches Pathos vertreiben zu lassen.

Aber allmählich hatte ich der Reaktionsbildung, die er gegen seine Schwäche und Verletzlichkeit aufgerichtet hatte, aufgrund meiner Struktur und meiner traumatischen Erfahrungen im Kriege und danach immer weniger folgen können. Mein anderes, wesentlich offeneres Verhältnis zur Frau – und dann meine Analysen – hatten mir dazu verholfen, meine depressive Seite, die er in der Projektion mit immer neuen Anläufen bekämpfte, allmählich zu akzeptieren.

Aber noch in dieser schrittweisen Distanzierung war Nietzsche mir stets wichtig geblieben, nur jetzt als Gegenbild, gegen das ich mein Anders-Sein klären und behaupten wollte. Mein erstes Referat – 1946, bald nach der Entlassung aus der Gefangenschaft –, in dem von meinem künftigen Schwiegervater moderierten philosophischen Kreis, war wiederum eine Auseinandersetzung mit seiner Moralphilosophie, insgeheim immer noch eine Selbstbefragung: Wie weit war ich schon auf dem Wege, die heroistische Männlichkeitsmoral, Kernstück der faschistischen Ideologie, als ambivalent besetztes Reizthema aufzugeben? War ich imstande, mir die Depressivität, die passiven Wünsche zuzugestehen, die Nietzsche offensichtlich so panisch erschreckten? Spuren dieses panischen Erschreckens fand ich bei ihm wieder und wieder, etwa in »Jenseits von Gut und Böse«:

»Es hilft nichts: man muß die Gefühle der Hingebung, der Aufopferung für den Nächsten, die ganze Selbstentäußerungs-Moral erbarmungslos zur Rede stellen und vor Gericht führen...«[180]

»Hier muß man gründlich auf den Grund denken und sich aller empfindsamen Schwächlichkeiten erwehren: Leben selbst ist *wesentlich* Aneignung, Verletzung, Überwältigung des Fremden und Schwächeren, Unterdrückung, Härte, Aufzwängung eigner Formen, Einverleibung und mindestens, Ausbeutung... Die ›Ausbeutung‹ gehört nicht einer verderbten oder unvollkommenen und primitiven Gesellschaft an: sie gehört ins *Wesen* des Lebendigen, als organische Grundfunktion, sie ist eine Folge des eigentlichen Willens zur Macht, der eben der Wille des Lebens ist. –«[181]

Ist hier nicht die Anstrengung deutlich zu spüren, die »Gefühle der Hingebung« und der »empfindsamen Schwächlichkeit« als furchtbare Versuchung niederzukämpfen? Immer wieder verriet Nietzsche in der schwärmerischen Verherrlichung einer heroischen Gefühlsunterdrückung die Brüchigkeit dieser Attitüde: »Mit einer ungeheuren und stolzen Gelassenheit leben; immer jenseits –. Seine Affekte, sein Für und Wider willkürlich haben und nicht haben, sich auf sie herablassen, für Stunden; sich auf sie *setzen*, wie auf Pferde, oft wie auf Esel – man muß nämlich ihre Dummheit so gut wie ihr Feuer zu nützen wissen. Seine dreihundert Vordergründe sich bewahren; auch die schwarze Brille: denn es gibt Fälle, wo uns niemand in die Augen, noch weniger in unsere ›Gründe‹ sehen darf.«[182]

So klingt immer auch die Angst an, sich selber in die Augen beziehungsweise in die eigenen »Gründe« zu schauen. Je länger der Kampf gegen die unterdrückte »empfindsame Schwächlichkeit« währte, um so schärfer trat das sadomasochistische Moment hervor. Die unterdrückte Verzweiflung verwandelte sich in tyrannische Wut. Deren Unterdrückung ließ sich nicht länger als fröhlicher Triumph der Stärke vorstellen. Es klingt ähnlich wie in dem Slogan:

»Macht kaputt, was euch kaputtmacht!« wenn es schließlich hieß: »Man muß keine Wahl haben: entweder obenauf – oder unten, wie ein Wurm, verhöhnt, vernichtet, zertreten. Man muß Tyrannen gegen sich haben, um Tyrann, d. h. *frei* zu werden.«[183]

Freiheit, meinte er, habe es nie in »humanen Zeiten« gegeben. So äußerte sich damals ein schon von Krankheit schwer Gezeichneter, der sich gerade noch ein bißchen Freiheit gegenüber der Tyrannei seines Elends und seiner Depression erhalten konnte. Schon vor »Jenseits von Gut und Böse« und »Zur Genealogie der Moral« hatte er in einem Brief an Erwin Rohde (1882) so deutlich wie möglich bekannt, daß seine »Art von Literatur« das einzige Rezept war, sich »über den schwarzen Fluten« zu halten und seinen »Lebensüberdruß« zu bekämpfen. Er mußte sich seinen Haß von der Seele schreiben, um nicht im Leiden zu ersticken. Um nicht als der zitierte Wurm endgültig überwältigt und zertreten zu werden, mußte er das Gegenbild einer tyrannischen Herrschaft der Macht verteidigen. Das schien ihm die einzige Arznei, die ihn vor dem bevorstehenden Zerfall schützen sollte:

»Ohne ein Ziel, welches ich nicht für unaussprechlich wichtig hielte, würde ich mich nicht oben im Lichte und *über* den schwarzen Fluten gehalten haben! Dies ist eigentlich meine einzige Entschuldigung für diese Art von Literatur, wie ich sie seit 1876 mache: es ist mein Rezept und meine selbstgebraute Arznei gegen den Lebensüberdruß. Welche Jahre! Welche langwierigen Schmerzen! Welche innerlichen Störungen, Umwälzungen, Vereinsamungen! Wer *hat* denn so viel ausgestanden als ich? Leopardi gewiß nicht! Und wenn ich nun heute *über den allen* stehe, mit dem Frohmute eines Siegers und beladen mit schweren *neuen* Plänen – und, wie ich mich kenne, mit der Aussicht auf neue, schwerere und noch innerlichere Leiden und Tragödien *und mit dem Mute dazu!* –, so soll mir niemand darüber böse sein dürfen, wenn ich gut von meiner Arznei denke. *Mihi ipsi scripsi* – dabei bleibt es; und so soll jeder nach seiner *Art* für sich *sein* Bestes tun –, das ist meine Moral: – die einzige, die mir noch übriggeblieben ist.«[184]

Aber in der Projektion verwandelte sich diese »Arznei gegen den Lebensüberdruß« in eine politische Philosophie der Verherrlichung des Tyrannen- und Barbarentums. So entstand die Lobpreisung von raubtierhaften Herrenrasse-Instinkten und die Verwünschung »des Mißratenen, Verkleinerten, Verkümmerten, Vergifteten«.[185] Es entstand das Schreckbild von dem »Gewürm ›Mensch‹«, von der »Überfülle des Mißratenen, Kränklichen, Müden, Verlebten…, nach dem heute Europa zu stinken beginnt«.[186] Unfähig zum Mitleid mit sich selbst, verordnete er dem Publikum die »Herrenmoral« der Mitleidlosigkeit. Selbst bis zur Unerträglichkeit müde, schwach und kränklich, blies er zum Angriff gegen die vermeintlichen Träger der gesellschaftlichen Dekadenz.

Georg Lukács hat vollauf recht mit seiner These: »Die meisten seiner [Nietzsches, der Verf.] moralischen Feststellungen wurden zur schrecklichen Wirklichkeit im Regime Hitlers und bewähren ihre Aktualität auch als Darstellung der Moral des gegenwärtigen ›amerikanischen Jahrhunderts‹.«[187] Mit einer Bemerkung in »Götzen-Dämmerung« hat Nietzsche den Rassenbiologen und Anthropologen – den geistigen Wegbereitern Hitlers – einen folgenreichen Hinweis gegeben: Gibt es den Darwinschen – »Kampf ums Leben« – »und in der Tat, er kommt vor –, so läuft er leider umgekehrt aus, als die Schule Darwins wünscht, als man vielleicht mit ihr wünschen *dürfte*: nämlich zuungunsten der Starken, der Bevorrechtigten, der glücklichen Ausnahmen. Die Gattungen wachsen *nicht* in der Vollkommenheit: die Schwachen werden immer wieder über die Starken Herr – das macht, sie sind die große Zahl, sie sind auch *klüger*…«[188]

Wollte man also dem von Nietzsche gepriesenen höheren Typus Mensch zur Herrschaft verhelfen, mußte man die Auslesevorgänge zuungunsten der Schwachen und Minderwertigen umlenken. Denn – so beschreibt Lukács die schlüssige Folgerung: »Die Höhenprodukte der Menschheit sind gleichwertig, sie können von der spontanen Dynamik der Gesellschaft nur verdorben, zugrunde gerichtet werden: es kommt darauf an, Einrichtungen zu schaffen, mit deren Hilfe diese Gipfelleistungen der Natur nicht nur konserviert, sondern systematisch gezüchtet werden können. Hier haben wir das methodologische ›Modell‹ für die faschistische Rassentheorie und insbesondere für ihre praktische Anwendung, wobei die Bedeutung der Nietzscheschen Ideologie für die Weltanschauung des Hitlerismus dadurch keineswegs gemindert wird, daß diese auf die Chamberlainsche Rassentheorie und nicht auf die Nietzsches zurückgeht.«[189]

Es ist ein grausiger Gedanke, daß der psychisch kranke Nietzsche ein halbes Jahrhundert später vielleicht selber der Anwendung des Prinzips zum Opfer gefallen wäre, das er in »Götzen-Dämmerung« als »Moral für Ärzte« propagiert hat: »Eine neue Verantwortlichkeit schaffen, die des Arztes, für alle Fälle, wo das höchste Interesse des Lebens, des *aufsteigenden Lebens* das rücksichtsloseste Nieder- und Beiseite-Drängen des *entartenden Lebens* verlangt...«[190]

Es scheint mir, daß ich mich in der Auseinandersetzung mit Nietzsche durch die Jahrzehnte hindurch immer wieder getestet habe, wie ähnlich oder wie anders ich mit der zentralen Aufgabe unserer Epoche umgehen kann, nämlich der Gewinnung eines alternativen Selbstverständnisses außerhalb der Kategorie von narzißtischer Allmacht versus narzißtische Ohnmacht. Wie für manchen anderen war es für mich eine entscheidende Lehre, als Kind der Hitler-Zeit darin verstrickt worden zu sein, wozu Nietzsches Philosophie des Willens zur Macht immerhin praktisch ge- oder mißbraucht werden konnte. Dann gab es ein Elend der Schande, der Trauer, der Demütigung, gegen das, war man nicht ganz abgestumpft, kein überkompensatorischer narzißtischer Trotz mehr schützte. Da wuchs das Interesse an dem anderen Nietzsche, an seinem geheimen Leiden, während ich das eigene zu akzeptieren und zugleich für die Klärung meines Gesellschaftsbildes zu nutzen versuchte.

Neu lernen, was Deutsch-Sein heißt

In einer Phase, in der es für uns Deutsche wieder interessant wird, uns als Deutsche zu definieren, uns unserer Vergangenheit, unserer Heimat zu vergewissern, leuchten automatisch Warnlampen auf: Lauern da etwa noch Reste der »Blut- und Boden«-Ideologie oder nationalistische Größenphantasien? Ist uns wirklich schon klar genug, wie seinerzeit »völkisches« Denken in Rassenwahn und Herrenvolk-Militanz münden konnte? Warum sich die Menschen zu Millionen eine Art von Selbstentmündigung auferlegten und sich als einzelne willfährig nur noch durch ihre Funktion für die »Gesundheit«, den Aufstieg und den Sieg des Volkes bewerteten? Über vielerlei Bedingungen dieses Prozesses bleibt da noch kritisch nachzudenken.

Engt man künstlich vereinfachend die Betrachtung auf den psychohistorischen Aspekt ein, so fällt auf, daß in Deutschland seit Ende des vergangenen Jahrhunderts die Aufladung des Begriffes Volk mit einer eigentümlichen Überwertigkeit allmählich vorangeschritten war.

Nietzsche hatte offensichtlich mit der grandiosen Leitfigur des »Über-Menschen« noch einmal der bürgerlichen Vision von herrlicher individueller Selbstentfaltung Ausdruck gegeben, die in der industriellen Massengesellschaft immer stärker bedroht wurde. Da war als scheinbar fabelhafter Ersatz für die untergehende individuelle Utopie die Idee einer kollektiven Ganzheit aufgeleuchtet, die als eine Art Über-Mensch in Makroformat mystifiziert werden konnte: Über-Volk statt Über-Mensch. Drohte der einzelne immer mehr von den Mechanismen der Industriegesellschaft vereinnahmt, nivelliert und erdrückt zu werden, so blieb noch die Chance, die frustrierten narzißtischen Wünsche ersatzweise als Teil eines neuen fiktiven

»Großindividuums« auszuleben. Es sei hier vernachlässigt, welche Besonderheiten der deutschen Geschichte, der gesellschaftlichen Strukturen und gemeinsamer Charaktermerkmale in unserem Land den völkischen Gedanken schließlich zu einer fanatischen Heilslehre entarten ließen.

Der Begriff vom deutschen Staat als lebendem Organismus, an dem man nur mit Vorsicht experimentieren dürfe, stammte von Bismarck.

Plötzlich waren Worte wie Volkskrankheit, Volksseuche[191] zur Hand. Die Rasse wurde ein mystisches Wesen, um dessen Wohl und Gesundheit man sich sorgte. Die Gesundheit der Rasse wurde zu einem stehenden Begriff. Daß die psychologische Aufladung des Rassebegriffes übrigens nicht von der Sache her, sondern aus subjektivem Bedürfnis erfolgte, hat Klaus Dörner anhand einer Bemerkung von Houston S. Chamberlain über den Begriff der arischen Rasse deutlich gemacht: »Würde auch bewiesen, daß es in der Vergangenheit nie eine arische Rasse gegeben hat, so wollen wir, daß es in Zukunft eine gebe, für Männer der Tat ist dies der entscheidende Gesichtspunkt.«[192]

Wichtig war von nun an der einzelne in erster Linie noch als Teil des »Volkskörpers« und in diesem wiederum als Partikel im Strom des »Erbgutes«. Denn das »Wesenhafte, das Beständige und Fortdauernde des Volkskörpers«, so schrieb 1934 der führende Humangenetiker und spätere Lehrer Josef Mengeles, Otmar von Verschuer, »stellt sich uns nicht in der Summe der Einzelmenschen dar, sondern in dem Erbgut, das wie ein Strom durch die Generationen fließt... Die neue Aufgabe der Staatsmedizin ist heute: Pflege des Volkskörpers durch Bewahrung und Förderung des gesunden Erbgutes, durch Ausschaltung des kranken Erbgutes und durch Erhaltung der rassischen Eigenart unseres Volkes.«[193]

So bildete sich der Begriff des *Volksarztes* heraus, der »minderwertige« oder »schädliche« Gruppen um des Wohls des Volksganzen willen eliminieren sollte. Idealistische Naturforscher und Ärzte fanden es durchaus plausibel, in dieser Weise das Wohl des »Organismus Volk« obenan zu stellen. Kein Geringerer als Konrad Lorenz schrieb 1940: »Jeder Versuch des Wiederaufbaus der aus ihrer Ganzheitsbezogenheit gefallenen Elemente ist daher hoffnungslos. Zum Glück ist ihre Ausmerzung für den Volksarzt leichter und für den überindividuellen Organismus weniger gefährlich als die Operation am Einzelkörper.«[194]

Und der Humanist Viktor von Weizsäcker, mein späteres großes Vorbild als Psychosomatiker, verstieg sich 1934 zu der Formulierung:

»... in der konkreten Entscheidung erst zeigt sich, daß eine Sozialpolitik, die nur Erhaltungspolitik treiben will, sich einer Illusion ausliefert. Sie übernimmt vom Arzt eine Haltung, die nicht einmal dieser selber durchzuhalten vermag: die des Erhaltens um jeden Preis. Auch als Ärzte sind wir beteiligt an der Aufopferung des Individuums für die Gesamtheit. Es wäre illusionär, ja es wäre nicht einmal fair, wenn der deutsche Arzt seinen verantwortlichen Anteil an der notgeborenen Vernichtungspolitik glaubte nicht beitragen zu müssen. An der Vernichtung unwerten Lebens oder unwerter Zeugungsfähigkeit, an der Ausschaltung des Unwerten durch Internierung, an der staatspolitischen Vernichtungspolitik war er auch früher beteiligt.«[195]

Es war derselbe Weizsäcker, der später den unter Gestapoaufsicht stehenden Mitscherlich schützte und förderte und der als einer der ersten Ärzte nach dem Krieg die kritische Diskussion der Euthanasie und der Menschenversuche aufnahm.

Die Namen Konrad Lorenz und Viktor von Weizsäcker bezeugen, welche kaum glaubliche Verführungskraft damals von der Idee des Großorganismus Volk beziehungsweise Rasse ausging. In der von Depression, Gekränktheitsgefühlen und Ressentiments geprägten Stimmung jener Zeit verbanden sich mit dem »völkischen Gedanken« geradezu magische Erlösungshoffnungen.

Daß die Mehrheit der Ärzteschaft für diese Ideologie empfänglich war, wird daraus verständlicher, daß der neue Volks- und Rassekult auf biologisch-medizinischen Argumenten aufbaute, die ja auch von einschlägigen Fachleuten geliefert worden waren. Die »völkische Weltanschauung« stellte sich überhaupt wie eine Art von großartiger *Präventivmedizin* dar: Es ging um das Volk als *Organismus*, als Volks*körper*, um die Reinerhaltung des *Blutes*, um die *Gesundheit* der Rasse, um die Eliminierung *krankhaften Erbgutes*, um die Bewahrung der Volksgemeinschaft vor *biologischem Niedergang* und Dekadenz. Für die erste Aufgabe des *Volksarztes*, die Teilnahme an der Massensterilisation, war das Sterilisationsgesetz übrigens bereits vor Hitler fertiggestellt. Die Unterordnung der Individualmedizin unter den Primat der »Volksgesundheit« bedurfte nicht erst diktatorischer Eingriffe Hitlers. Sie war gut vorbereitet durch die erwähnten sozialpsychologischen Prozesse.

Das Großindividuum Volk, schließlich ganz und gar repräsentiert durch den »Führer«, substituierte als moralische Instanz das persönliche Gewissen. Im Banne dieser Ideologie ergab sich eine hochgefährliche Anfälligkeit für einen Mißbrauch der Opferidee, die Viktor von Weizsäcker im nachhinein als »die gefährlichste Kraft« in der nationalsozialistischen Ausmerzungspolitik ausmachte. Die biologische Vorstellung vom Volk als Organismus oder Körper und den Individuen als dessen Zellen machte zu einer einleuchtenden Forderung, daß kranke Zellen um des Wohls des Ganzen willen geopfert werden müßten.

Das Modell der Krebs-Exzision aus dem individuellen Organismus bestach eine Zeitlang selbst viele hervorragende Geister. Beispiele sind genannt worden. An das undurchschaute Wiederaufleben eines archaischen Atavismus möchte man glauben, wenn man sich vor Augen hält, welche uns heute unfaßbaren Unmenschlichkeiten im Zeichen einer vermeintlich edlen Opferideologie systematisch geplant und durchgeführt wurden.

Bereits in »Mein Kampf« hatte Hitler die rassistische Selektionspolitik als heilige Pflicht im Sinne des Schöpferwillens deklariert, damit ein angebliches Versäumnis der Kirchen wettmachend:

»Nein, es gibt nur ein heiligstes Menschenrecht, und dieses Recht ist zugleich die heiligste Verpflichtung, nämlich: dafür zu sorgen, daß das Blut rein erhalten bleibt, um durch die Bewahrung des besten Menschentums die Möglichkeit einer edleren Entwicklung dieser Wesen zu geben. Ein völkischer Staat wird damit in erster Linie die Ehe aus dem Niveau einer dauernden Rassenschande herauszuheben haben, um ihr die Weihe jener Institution zu geben, die berufen ist, *Ebenbilder des Herrn* zu zeugen und nicht Mißgeburten zwischen Mensch und Affe ... Daß sich ... auch unsere Kirchen am *Ebenbilde des Herrn* versündigen, dessen Bedeutung von ihnen noch am allermeisten betont wird, liegt ganz in der Linie ihres heutigen Wirkens, das immer vom Geiste redet und den Träger desselben, den Menschen, zum verkommenen Proleten degenerieren läßt.«[196]

Ähnliches predigte der führende Erbpathologe Verschuer, als bekennender Christ Anhänger Niemöllers und später Förderer Mengeles –: »Vornan steht die innere Wandlung der Menschen. Gegen egoistischen Individualismus und Materialismus wird ein unerbittlicher Kampf geführt. Ohne Opfergeist ... und Hingabe des einzelnen für die Gemeinschaft des Volkes ist jede biologische Erneuerung unmöglich.«[197]

In Kenntnis der grausigen praktischen Folgen solcher Ideen meinen viele heute allzu leicht, diese hätten auch seinerzeit leicht durchschaut und verworfen werden müssen. Aber gerade ihre irrationale moralisch-religiöse Verklärung verhalf ihnen zu ihrer großen Zündkraft. Dadurch setzten sie sich mit bereitliegenden unbewußten Tendenzen in Verbindung, auf die ja auch manche moderne imperialistische Demagogen einen nicht geringen Teil ihrer Rhetorik abstellen. Die Neigung lebt fort, politische Aggression durch Dämonisierung ihrer innenpolitischen oder äußeren Objekte zu heiligen und das Publikum mit Hilfe des Opfermythos militaristisch zu instrumentalisieren. In der Bundesgenossenschaft oder im Auftrag Gottes wird die treuhänderische Etablierung eines kollektiven Über-Ichs beansprucht, das sich an die Stelle des Individualgewissens der Bürger setzt. Die herrschenden Verführer kennen genau die tiefverwurzelten Sündenbockbedürfnisse und deren Manipulierbarkeit im breiten Publikum. Sie kennen den durch den Glaubensverlust entbundenen Selbsthaß und die diffusen Ängste, die sich jederzeit an ein zum Dämonisieren geeignetes Feindbild fixieren lassen. Darauf bauen sie dann die eine oder andere konkrete Sündenbocktheorie auf und betreiben eine systematische psychische Militarisierung der Bevölkerung unter Ausnutzung archaischer Opferphantasien.

Sollten nicht wenigstens wir Deutschen durch unsere Erfahrung besonders dagegen gefeit sein, auf fragwürdige Dämonisierungsideologien hereinzufallen, nachdem wohl den meisten klargeworden sein müßte, daß gerade jene »völkischen« Rassenpolitiker selber die gefährlichsten Elemente unseres »Volkskörpers« waren, dem sie durch Verfolgung, Ausmerzung und Krieg den verheerendsten irreparablen Schaden zugefügt haben?

Wir Deutschen? Aber wissen wir inzwischen überhaupt noch oder schon wieder, welche Identität wir damit meinen? Deutsch-Sein mit, ohne oder gegen unsere neuere Geschichte? Finden wir mit denen unsere Gemeinsamkeit, die uns nachdrücklich wieder um die Hymne scharen wollen? Die bei Nennung der Namen deutsches Volk, unser Land, unser Vaterland, deutsche Frage in einen sonderbar feierlichen Ton wechseln, so als sollte man jetzt nur noch gemeinsam nach oben blicken und sich nicht mehr gegenseitig anschauen? Es gibt peinliche Testfälle, die enthüllen, welche Art von Identität hinter manchen fassadären Deutschbekenntnissen steckt. Ein solcher Testfall waren im vergangenen politischen Jubiläumsjahr 1985 die katastrophal mißglückten Inszenierungen von Bitburg und Bergen-Belsen. Ohne die Intervention der amerikanischen Juden und ohne die Rede des Bundespräsidenten Richard von Weizsäcker wäre die Erinnerung an unser nationales Scheitern im Faschismus hinter der salbungsvollen Feier der NATO-Waffenbrüderschaft in Bitburg kaum zur Geltung gekommen.

Als Testfälle stellen sich auch immer wieder publizierte Vorschläge deutscher Politiker oder Wissenschaftler heraus, die irgendeine Initiative zur Überwindung der mörderischen Blocklogik fordern. Da erörtert die SPD mit der SED Chancen zur Schaffung chemiewaffen- und atomwaffenfreier Zonen in Mitteleuropa. Oder von dem Militärpolitiker Andreas von Bülow wird ein Papier bekannt, das den Amerikanern und den Russen irgendwann in der Zukunft einen Abbau ihrer Atomsprengköpfe und Truppen auf deutschem Boden vorschlägt. Schon fährt den gleichen konservativen Kreisen, die sich sonst in besonderem Maße um die Pflege nationaler Gefühle und des Einheitsgedanken kümmern, ein jäher Schreck in die Glieder. Gemeinsam mit einem nicht geringen Teil der Bevölkerung reagieren sie panisch, noch bevor sie die jeweiligen Konzepte genauer in Augenschein genommen haben. Gleich kommt der Vorwurf des Antiamerikanismus, der einer Ächtung gleichkommt und – man erinnere sich an die Fernsehkontroverse Kohl/Brandt nach der Landtagswahl 1985 in Nordrhein-Westfalen – den so Beschuldigten leicht die Fassung raubt. Man könnte sich als Gegenvorwurf doch auch »blinden Amerikanismus« vorstellen. Warum hört man diesen Gegenbegriff nie?

Meine Erklärung: Weil dieser Begriff die psychische Realität trifft. Wir sind eben zu einem großen Teil im Westen die geistigen Halbamerikaner geblieben, die wir nach 1945 geworden sind. Das Risiko, zu den Amerikanern auf Distanz zu gehen, bedeutet für viele noch immer eine unerträgliche Bedrohung des Identitätsgefühls. Deshalb wäre das »Abkoppeln« so schlimm – übrigens ein entlarvender Begriff: Abgekoppelt werden bekanntlich vor allem Anhänger, die mechanisch gezogen werden und keiner Eigenbewegung fähig sind. Stimmt das etwa mit der Unfähigkeit zur Eigenbewegung, zum Handeln aus eigener Kraft?

So gerät unsere Friedensbewegung zwangsläufig immer wieder in die Polarität Amerikanismus versus Antiamerikanismus. Wer außerhalb der Blocklogik denkt, macht sich schon dadurch automatisch zu einem Sicherheitsrisiko, allerdings auf eine andere als die üblicherweise gemeinte Art. Er gefährdet in seiner Umgebung das Identitätsgefühl, das durch eine unbewußte Amerikanisierung in Balance gehalten wird. Wie könnte er sonst so viel Feindseligkeit und den meist automatisch fälligen Verratsvorwurf provozieren? Wenn Willy Brandt vor einiger Zeit fragte, ob denn in diesem Punkt ein Denkverbot bestehe, traf er genau den Punkt. Dieses Denkverbot ist als geheimes kollektives Tabu wirksam. Unsere Abhängigkeit von den Amerikanern ist zuallererst eine *innere*, noch vor allen Begründungen auf der Ebene politischer oder militärischer Zweckmäßigkeit. Oft als Bündnistreue verklärt, beruht sie in Wahrheit auf einer nach dem Kriege umgepolten und aus Selbstachtung stets verleugneten Hörigkeit.

Es wird noch ein längerer Weg sein, bis wir uns so etwas wie ein neues deutsches Selbst jenseits der Kategorie Amerikanismus versus Antiamerikanismus und befreit von den Resten jener fatalen völkischen Ideologie erarbeitet haben werden. Das läßt sich von oben kaum beschleunigen oder gar verordnen mit Hilfe patriotischer Begriffe, Symbole oder Hymnen. Das kann nur langsam von unten, aus den Gemeinden heraus wachsen. Viele Ansätze sind ja hier auch schon spürbar: Gemeinsame Erforschung der lokalen und regionalen Geschichte, Pflege historischer Denkmäler, Wiederbelebung alter Bräuche usw. Was in der Filmserie »Heimat« als Fiktion vorgeführt wurde, nämlich die Zurückverfolgung der Schicksale in einer überschaubaren Einheit, hat landauf, landab viele sinnvolle Initiativen angeregt. Belichtet man die Vergangenheit auch nur eines einzigen kleinen Dorfes, so fällt der Blick unweigerlich – am Beispiel jenes Films wurde es deutlich – auf übergreifende geschichtliche Gemeinsamkeiten. Wichtig ist, sich an solcher Suche aktiv zu beteiligen – in der Familie und in welchem sozialen Rahmen auch immer. Niemals darf dabei der Weg aber vorbeiführen an der entscheidenden Phase, deren ängstliche Ausklammerung nach wie vor das größte Hindernis unserer gemeinsamen Identitätsbildung ist.

Leicht bekommen solche Empfehlungen den Beiklang eines moralischen Aufrufs. Gemeint sind sie eher als Ermutigung, den Ansatz einer gemeinsamen befreienden Selbsthilfe weiter zu verfolgen.

Wohin wollen wir auf diesem Weg gelangen? Gewiß nicht zu einer neuen »Blut-und-Boden«-Ideologie. Erst recht nicht zur Verschmelzung mit einem deutschen Wir, das von vornherein gegen ein Nicht-Wir gerichtet ist. Es sollte überhaupt die erste Lektion unseres Lernprozesses sein, ein neues Bewußtsein von Solidarität mit unseren internen Minderheiten und innerhalb der großen Gemeinschaft der Völker im Sinne einer Idee zu entwickeln, die der weise William von Occam im 14. Jahrhundert so formuliert hat:

»totum genus humanum est unus populus.« Das ganze Menschengeschlecht ist ein Volk.[198]

Identität und Humanität

Versuche ich rückblickend, thesenartig zusammenzufassen, welche Prinzipien mir als Orientierungsmaßstab hilfreich geworden sind, so bleiben einige ganz einfache übrig:

1. Als erstes fällt mir das Prinzip ein, überhaupt ein persönliches Selbst zu entwickeln. Man sollte lernen und am Ende wissen, wovon man überzeugt ist, welchen Sinn man in seinem Leben erfüllen will. Und dann sollte man alles tun, um seiner Überzeugung treu zu bleiben.

Aber kann man heute überhaupt noch lernen, sich zu unterscheiden? Das immer schon von außen Vorgedachte, Programmierte kritisch zu befragen? Wo ist im Kopf überhaupt noch Platz dafür, eigene Gedanken zu fassen? Amerikaner sollen bis zu ihrem 35. Lebensjahr etwa eine Million Fernsehwerbespots gesehen haben, nicht eingerechnet die massenhafte verdeckte Werbung in der Auswahl und Kommentierung von Nachrichten.

Aber man kann den Fernsehapparat auch abschalten. Man kann sich darin üben, selber zu denken. Dabei ist immer Angst zu überwinden. Denn schnell macht man sich auf diese Weise zum Außenseiter, je nachdem zum komischen Sonderling, Spinner, Psychopathen, Verrückten, Gesellschaftsfeind. Ich hatte lange zuviel Angst und habe lange zuviel danach hingehört, wie ich sein sollte – als Junge für Hitler, als Soldat gegen Feinde, die nicht meine Feinde waren, als Mann, der ich so nicht sein wollte, als Herrscher-Arzt, als unpolitischer Wissenschaftler –, bis ich erkannt habe, daß es oft gerade vernünftig ist, abnorm zu sein: zum Beispiel auf Kriegsbrutalität psychosomatisch zu reagieren, sich in Dinge einzumischen, die »einen nichts angehen«, die Angst vor der Überrüstung nicht gehorsam zu verschweigen usw.

2. Persönliche Identität kann nur wachsen, wenn man seine Innenseite ernst nimmt – nicht als heimliche Festung, als narzißtisches Gehäuse, aber im Sinne Pascals und Schelers als eine »logique du coeur«, die lehrt, das eigene Maß in der menschlichen Gemeinschaft und im Ganzen der Schöpfung zu finden. Ich teile die Kritik an der Massenabwanderung in den narzißtischen Psychoboom. Aber ohne Arbeit an den Erinnerungen, ohne Auseinandersetzung mit unserer Hitler-Vergangenheit, ohne Besinnung auf die »logique du coeur« kommt niemand zu sich selber. Der veräußerlichte gesellschaftliche Betrieb verführt fortwährend, Psychisches nur soweit wichtig zu nehmen, als es unmittelbar nach außen wirkt, als Schmiermittel oder Bremsklotz in der Maschinerie des Zusammen-Verhaltens und -Funktionierens. Man schwimmt dann mit in den Zyklen der Moden, kann sich aber im Ernstfall – oder bei dessen Simulierung im Milgram-Experiment – nicht mehr autonom entscheiden.

Am Ende verwechselt man, wie es die Nazi-Geschichte millionenfach gelehrt hat, moralische Selbstverleugnung mit befohlenem »Heroismus«. Man fühlt gar nicht mehr den Konflikt zwischen eigener Entscheidung und äußerer Vorschrift, weil diese in hundertfältigen Varianten schon verinnerlicht, angeeignet ist.

Gerade sprießt indessen eine sich aufklärerisch verstehende Gegenbewegung gegen die »Tyrannei der Intimität« und gegen wechselseitiges »Herumgetrampel auf den Weichteilen der Seele« (Joseph Huber) aus Kreisen, die von dem »Psychoterror« mancher Auswüchse der 68er-Bewegung verschreckt worden sind. Aber die traumatischen Erfahrungen meiner Generation veranlassen mich, die Widerstandsfähigkeit der zum Beispiel von Huber gewünschten neuen »agilen« und »alerten« Menschen zu bezweifeln, denen die Introspektion offenbar nur ein Hindernis auf dem Weg zur Durchsetzung der »Regenbogengesellschaft«[199] wäre.

Eine sanftere ökologische Gesellschaft läßt sich weder nach Rezept pragmatisch organisieren, noch wird sie auf magische Weise phönixhaft aus den Visionen besser informierter Menschen entspringen. Daß aus den alten Patienten-Selbsthilfegruppen, gar nach dem Muster des paranoiden Heidelberger Patientenkollektivs, nicht eine bessere Gesellschaft entstanden ist, mag solche enttäuscht haben, die jene Illusion einmal verfolgt haben. Rücksichtsloses Herumanalysieren hat sogar, auch das ist nicht zu bestreiten, die Mitglieder zahlreicher Psycho-Gruppen eher kränker als sozial handlungsfähiger gemacht. Als Reaktion haben sich inzwischen viele auf eine »Flucht in die Oberflächlichkeit« begeben. Sie verdecken ihre Verletzungen und Ängste hinter einer Attitüde lockerer, spielerischer Munterkeit. Graust es ihnen, retten sie sich in Sarkasmus und Ironie. Dieser Zug verstärkt sich durch die Unerträglichkeit der Katastrophenstimmung, die infolge des massiven Durchbruchs der verdrängten ökologischen und Atom-Ängste einer Masse von Sensibleren jahrelang den Atem genommen hat. Da ist es verständlich, vielleicht notwendig, daß Leute vorübergehend »zumachen«, um sich zu erholen.

Schwierig genug ist es, sich gegenüber einer zu Pessimismus stimulierenden Realität in Balance zu halten. Man braucht Spaß am Leben, um es gegen die Destruktion zu verteidigen: unter Umständen selbst sauren Spaß am Schrecklichen, um dieses überhaupt noch anschauen zu können. »Scheiß-Natur, zurück zum Beton!« (an eine Gießener Betonwand gesprayt), so etwas läßt sich im Kopf festhalten, ohne gleich wieder niederzudrücken. Die karnevalistische Jubelparade »Für Kriegstreiberei und Aufrüstung« am Vorabend der alliierten Militärparade Juni 1985 in Berlin[200] war vielleicht eine ermutigendere Protestveranstaltung als manche grimmig-verbissene Aktion. Auch ich habe ja in »Alle redeten vom Frieden«[201] die satirische Verdrehung in Identifikation mit dem Aggressor als psychohygienische Methode benutzt. Aber als Repräsentanten und Träger einer zukunftsträchtigen ökologischen Friedenspolitik kann ich mir nur einen Typus vorstellen, der *auf die Dauer* nach innen wie nach außen lebt, der introspektiv kontinuierlich an seiner Menschlichkeit arbeitet, die zugleich zum Maßstab seines gesellschaftlichen Handelns werden soll.

3. Wachsamkeit ist insbesondere gegenüber allen Angeboten und Neigungen angebracht, die Anstrengung zur Selbstfindung zugunsten kollektivistischer Uniformierung aufzugeben. Die Versuchung dazu wird allerdings immer größer, je mehr die Menschen systematisch standardisiert werden, je rigoroser ihnen in einer total durchprogrammierten Maschine Gesellschaft versagt wird, nach ihren kreativen Phantasien und ihren höchstpersönlichen Wünschen zu leben. Der Druck verschärft sich im Fall neuer Armut und düsterer

Zukunftsperspektiven – und alle diese Entfremdungen, Einengungen, Kastrationen, Bedrückungen treffen Mitglieder einer Gesellschaft, die sich dem Fortschritt zu mythischer Grandiosität und Allmacht verschrieben hat, der – in Ronald Reagans Worten – »die Grenzen des Wissens und des Raumes« beiseite schieben soll.

Ich habe noch immer aus den Nazi-Wochenschauen die stolz glänzenden Augen der Menschen vor mir, die Hitlers Großdeutschland als ihre heroische Errungenschaft träumten. In ihren Uniformen, mit ihren Fahnen und Paraden wähnten sie sich in der Masse eins mit dem fiktiven großartigen Gebilde, das tausend Jahre bestehen sollte. Diesem weihten sie ihr Leben, diesem zuliebe suspendierten sie ihren Selbsterhaltungstrieb, ihr fürsorgendes Engagement für die Familie, weil fortan nur noch eine völkische Moral, ein großdeutsches Selbst und die Hingabepflicht für Volk, Reich und Hitler gültig sein sollten. Daß geradezu systematisch genau das zerstört wurde, um dessen willen sie sich selbst entmündigten, wollten viele noch nicht einmal glauben, als ihnen die Beweise in erdrückender Fülle vorgeführt wurden.

Inzwischen habe ich wieder glänzende Augen gesehen bei den jungen Briten, die nach Falkland ausrückten, bei den Tausenden jungen Amerikanern, die in der Folge von Grenada zu den Rekrutierungsbüros der Marines strömten. Viele haben sie, wenn in zündenden Reden heroische Tugenden mit Patriotismus verbunden werden. Nicht daß ein neuer Hitler drohte. Aktuelle Bedeutung hat die Lehre aus den damaligen sozialpsychologischen Prozessen dennoch: Es gibt keine völkische, europäische oder gar eine westliche oder östliche Bündnis-Moral. Der Maßstab für Menschlichkeit steckt unveräußerlichbar nur in jedem einzelnen, in seiner »logique du coeur«. Es existiert keine Instanz in irgendeinem konstruierten Großindividuum wie Volk, Völkergemeinschaft oder dergleichen, die das Individualgewissen ersetzen könnte. Staatliche Gesetze haben sich nach dem Maßstab für Humanität zu richten, der dem einzelnen innewohnt, nicht umgekehrt. Herrschende sind Betrüger, wenn sie sich zum Sprachrohr einer überindividuellen moralischen Instanz erklären, die sie selber erfunden haben. Es ist arglistige Täuschung, etwa die Bereitschaft zu einem atomaren Vernichtungskrieg – die ja zur *glaubwürdigen* Abschreckung gehört – im Namen des Guten zu fordern, so als melde sich hier ein »System-Über-Ich« zu Worte, womöglich noch durch Gott beglaubigt, weil der Kommunismus ja atheistisch sei. Als wäre die Over-Overkill-Atomdrohung nicht bereits die Perversion aller Moral und in sich absolut atheistisch.

4. Selbstfindung und Mitmenschlichkeit gehören zusammen. Wer »er selbst« werden will, beraubt sich der Geborgenheit, die er sich durch universelle Anpassung erkaufen kann. Er nimmt die Spannung auf sich, die es kostet, sich der inneren Uniformierung, der Verinnerlichung vorgeschriebener Rollen zu widersetzen. Aber indem er sich davor bewahrt, sich mit den anderen immer nur als Gleichgemachter, als funktional Zusammengeschalteter, als Teil eines Systems zu treffen, wird er erst eigentlich *unmittelbarer menschlicher Beziehung* fähig. Und dabei wird er sich bewußt, daß es ein universales »Wir« gibt, das wichtiger ist als die vielen künstlichen, mit Kollektivegoismus aufgeladenen und miteinander rivalisierenden sozialen Gebilde, die unsere Wir-Bedürfnisse zu korrumpieren versuchen.

Jeder ist Mitglied von Gruppen, aber er sollte lernen, keiner ganz zu gehören, und sich nicht verbieten lassen, sich Menschen fremder, auch gegnerischer Gruppen nahe zu fühlen, manchmal näher als den Kameraden, Genossen, Landsleuten. Viele bleiben zeitlebens Kinder, die sich von Eltern, Funktionären, Politikern aussuchen lassen, mit wem sie spielen und wen sie meiden sollen. Und es passiert ihnen, daß sie am Ende für natürlich gewachsene Zuneigung und Antipathie halten, was ihnen oktroyiert worden ist. Sie lernen, die, von denen sie sich distanzieren sollen, im wahrsten Sinne »mit anderen Augen« zu sehen, mit den Augen derer nämlich, die ihnen die parteiische Sichtweise aufnötigen.

Wer sich nicht korrumpieren läßt, wird sich oft mit Menschen spontan verbunden fühlen, die ihm an sich fernstehen, und mit anderen unwohl, die seine Nächsten sein sollten. Er wird sich sogar erst dadurch vollständig empfinden, daß er speziell Verbindung zu denen hält, die angeblich nicht seinesgleichen, die als fremd oder minderwertig erklärt worden sind. Er wird nämlich feststellen, daß auch er stets in sich trägt, wofür jene anderen ausgegrenzt worden sind oder werden sollen. Und daß es nur Angst vor eigenen Tiefen ist, die uns vor Menschen und Gruppen zurückschrecken läßt, die uns unser Verdrängtes widerspiegeln.

Als ich vor wenigen Wochen mit amerikanischen, russischen, finnischen und englischen Ärzten zusammensaß und wir uns gemeinsam vor Augen hielten, wie viele Millionen Kinder in den armen Ländern um der Rüstungsfinanzierung willen sterben, wie viele Menschen in den eigenen Ländern aus den gleichen Gründen sozial vernachlässigt werden und welches irrwitzige Inferno bereits durch einen Computerfehler über uns alle hereinbrechen würde, empfanden wir unmittelbar, was Einstein eine »einfache Wahrheit« genannt hat, daß wir nämlich »im Schatten der Atombombe« *alle Brüder* sind.[202]

Werden im Fernsehen Bilder der Hungernden aus Afrika gezeigt, fühlen auch die entferntesten Zuschauer mit und spüren zumindest augenblicklich mehr oder weniger Mitverantwortung. Über die Grenzen von Blöcken, Rassen, Ideologien hinweg verbindet uns ein eingeborenes elementares Mitfühlen. Es ist ein gefühlsmäßiges Wissen, daß wir zusammengehören und aufeinander angewiesen sind. Es meldet sich am stärksten als Mit-leiden. Schopenhauer nannte dieses ein »Urphänomen«, eine Triebfeder, die in der menschlichen Natur selber wurzele, das Fundament der Menschlichkeit überhaupt: »Dieser Vorgang ist ... mysteriös: denn er ist etwas, wovon die Vernunft keine unmittelbare Rechenschaft abgeben kann und dessen Gründe auf dem Wege der Erfahrung nicht auszumitteln sind.«[203]

Als Soldat unterdrückte ich seinerzeit, um funktionsfähig zu bleiben, die Bilder und Schreie der von Geschossen und Bomben Getroffenen und Verstümmelten. Ich schoß gefügig mit auf die Landsleute der russischen Bauernfamilie, die mich so stark berührt hatte. Die täglich gepredigte »heroische« Moral hatte mich gelehrt, daß meinesgleichen sich ohnehin nicht von schwächlichen Gefühlen, am wenigsten von solchen gegenüber dem Feind, unterkriegen lasse. Mitleid, so hieß es nach Nietzsche, sei eine Erfindung der Kränklichen und Unterlegenen, um die Starken zu diffamieren.

Allmählich habe ich durchschaut, daß genau das Gegenteil richtig ist. Je mehr ich mich ermutigte, ich selber zu sein und nicht mehr nur angepaßt an die diversen Stereotypen von männlich, heroisch, national, antikommunistisch, amerikanistisch oder antiamerikanistisch, um so verläßlicher erschien mir, was Schopenhauer als Mysterium der Menschlichkeit beschrieben hat.

Erst auf dem Wege zur Selbstfindung gewinnt man den Mut zu einem Mitfühlen, das nicht mehr eingeengt ist von vorgeschriebener Parteilichkeit. Man läßt sich nicht mehr gefallen, daß die Anteilnahme dort enden soll, wo die Herrschenden Barrieren gegenüber Andersdenkenden, Fremden, Gefangenen, Feinden errichtet haben. Und man durchschaut, daß die übliche Verächtlichmachung des Gefühls nur aus der Schwäche der Verdrängenden stammt. Die Warnung vor fürsorgender Angst, Leiden, Mitgefühl verkünden immerfort diejenigen, die im eigenen Innern nicht zulassen können, was ihre krampfhafte narzißtische Selbstbehauptung gefährdet. In Wahrheit erweitert das freiströmende Mitfühlen zugleich den Horizont für soziale Verantwortung. Im Zusammenhang mit der atomaren Bedrohung spricht Günther Anders von einer »liebenden Angst«, »die sich *um* die Welt ängstigen soll, nicht *vor* dem, was uns zustoßen könnte«. Infolgedessen sollen wir – so fordert er – dafür sorgen, daß »unser Verantwortungshorizont soweit reiche wie der Horizont, innerhalb dessen wir treffen oder getroffen werden können; also daß er global werde. Es gibt nur noch Nächste.«[204] In einer Erinnerungsrede an das Warschauer Ghetto sagte Bertrand Russell, »... ich werde das Gefühl nie los, daß alles Schreckliche, das sich in der Welt ereignet, zu einem gewissen Grad in meiner Verantwortung liegt«.[205]

Das ist nicht Größenwahn, sondern die gefühlte Gewißheit einer Verbundenheit mit dem Ganzen, die ich im »Gotteskomplex« als »Ur-Sympathie« zu beschreiben versucht habe. Ursprünglich eine pathische Erfahrung, ein Wissen, das einem widerfährt, enthält es die unmittelbare Aufforderung zu aktivem Engagement. Kein Mitleid ohne spontanen Hilfeimpuls. Keine »liebende Angst *um* die Welt« (Günther Anders) ohne das Bewußtsein, mit zuständig für ihren Schutz zu sein.

Wohl in jedermann lebt das Bedürfnis, sich dieses universalen Mitfühlens zu versichern, es gelegentlich auch auszudrücken. Die Medien wissen das und machen alle Welt zum Augenzeugen spektakulärer tragischer Katastrophen, damit die Einschaltquoten und die Auflagen der Magazine in die Höhe treibend. Das stimulierte Gefühl der Mitverantwortung führt den karitativen Organisationen auf der Stelle Millionenspenden für Hungernde, Vertriebene, Erdbebenopfer zu. Aber dies bleiben meist punktuelle Aufwallungen. Einen

Augenblick lang weiten sich die Seelen. Man erhebt sich zu einem großherzigen Liebesdienst, macht die Fernsten zu den Nächsten. Aber anderntags wieder ernüchtert, billigt man vielleicht ebenso entschieden eine egoistische Entwicklungspolitik, die genau das Elend dauerhaft verschärft, für dessen momentane Linderung man gestern gespendet hat. An einzelnen Feiertagen beschwören die Westdeutschen ihre Sehnsucht nach Wiedervereinigung mit den Schwestern und Brüdern der DDR, aber zugleich heißen sie bislang mehrheitlich gut, daß auf ihrem Territorium massenweise Atomwaffen gegen eben diese Schwestern und Brüder gerichtet werden.

So gibt es viele Arten von Mitfühlen, die als flüchtige Stimmungen ablaufen, aber nicht einer in der persönlichen Identität verwurzelten Mitmenschlichkeit entspringen. Diese hingegen bewährt sich als ein dauerhafter Wesenszug und schwankt nicht im Wechsel der jeweiligen Sympathie-, Mitleid- oder Feindbildappelle der Herrschenden und der Medien. Ihr geben Menschen nicht nur darin aktiv Ausdruck, daß sie punktuell Anteil nehmen. Sondern sie suchen, wenn irgend möglich, persönliche Verbindungen gerade zu den üblicherweise Entfremdeten und Ausgegrenzten. Sie arbeiten aktiv daran, ihre Widerstandskraft gegen Feindbildsuggestionen zu erhöhen.

Man könnte meinen, das Zeitalter der modernen Medien verbinde die Menschen näher als je miteinander. Aber Kommunikationstechnik schafft noch nicht Kommunikation. Sie liefert in einem fort nur die *Illusion* von Begegnungen. Wir werden durch den Monitor pausenlos von Menschen angeblickt und angeredet, die in Kameras hinein monologisieren, ohne mit uns in zwischenmenschlichen Austausch einzutreten. In uns erwachen Empfindungen, zu denen ein antwortendes Handeln gehören würde. Wir möchten spontan kundgeben, daß wir dem uns Anredenden beipflichten oder widersprechen, ihm helfen oder ihn abweisen wollen. Vielleicht wünschen wir nachzufragen oder eigene Erkenntnisse beizusteuern.

Statt dessen bleibt es bei Pseudo-Beziehungen. Uns werden alle Gefühle abgerufen, die wir zur psychohygienischen Entlastung gern kanalisieren: erotische Impulse, Haß, Schadenfreude, Gruseln, Bewunderung, Mitgefühl usw. Genannt wird das »Unterhaltung«, aber nicht wir unterhalten uns, sondern wir werden nur unterhalten – teils bloß wegen der Einschaltquote, teils damit wir Waren kaufen oder Politiker wählen. Gelegentlich auch, damit wir Rührung in eine Wohltätigkeitsspende verwandeln. Die Unverbindlichkeit dieser Pseudokommunikation ist für den Konsumenten bequem, weil er nichts leisten muß. Aber eben darum infantilisiert sie ihn. Er bleibt passiv, anonym, austauschbar.

In der kindlichen Regression läßt er es sich auch zumeist gefallen, daß die Mächtigen ihm trotz ihrer fast unbeschränkten technischen Mittel nur Leute, Gruppen, Völker nahebringen, denen er sich nahe fühlen *soll.* Wo er weghören und wegsehen soll, bekommt er auch nichts oder nur gelegentlich Negatives angeboten. Die eisernen Vorhänge der Medien funktionieren nicht viel anders als diejenigen in der konkreten Realität. Da hagelt es schon Proteste, wenn – wie unlängst – ein sowjetisch-westdeutscher Fernsehfilm (»Das Ufer«, ARD, Juli 1985) eine Liebesgeschichte zwischen einem russischen Besatzungsoffizier und einem deutschen Mädchen präsentiert, ohne daß er und seine Kameraden hinreichend abstoßend vorgeführt werden.

Zur echten Mitmenschlichkeit gehört, daß man aufsteht und Verständigung gerade dort probiert, wo Fremdheit, Vorurteile, Feindlichkeit Barrieren errichtet haben. Wer erst einmal selbstsicher genug ist, wird ohne die Angst, sich selber zu verlieren, versuchen, gerade mit schwierigen Nachbarn, mit Leuten der Gegenpartei, mit Verfemten und Ausgegrenzten ins Gespräch zu kommen. Er wird sich nicht ausreden lassen, daß er überall, auch hinter allen Zäunen, Gittern, Mauern, Eisernen Vorhängen seinesgleichen zu erwarten hat; Menschen, denen zuzuhören und in die sich einzufühlen sich lohnt. Er wird dabei überall Gemeinsames entdecken. Zumindest als Fundament, das auch über Gegensätze hinweg Verständigung, Toleranz und Respekt ermöglicht. Ich habe in »Feindesland«, im Gefängnis, von sogenannten Asozialen und vor allem von Psychotikern ungeheuer Wichtiges, vor allem auch über mich selber erfahren, was ich in meiner engeren sozialen Umwelt nie bekommen hätte. Und umgekehrt habe ich mich dort vielleicht auch am nützlichsten machen können, wo ich angeblich kaum etwas zu suchen hatte.

Vorurteile, durch die man sich zum eigenen Schaden und zum Schaden anderer einengt, kann wirksam nur abbauen, wer daran zusammen mit denen arbeitet, gegen die er sie hegt. In einer Welt vielfacher Entzweiungen erscheint nichts wichtiger als die banale

Aufgabe, überall zu den jeweils anderen hinzugehen, Nähe zu üben, das Gespräch zu versuchen. Bedingung ist nur, daß man fest genug steht, um nicht mehr aus Angst vor Minderwertigkeit überall konkurrieren und triumphieren zu müssen.

»Könnten wir uns zur ehrlichen Überzeugung durchringen, daß wir unseren Mitmenschen ebenbürtig und weder überlegen noch unterlegen sind, dann würde unser Leben vielleicht weniger einem Kampf gleichen, und wir bedürften nicht so vieler berauschender Mythen, um uns Mut anzutrinken.« (Bertrand Russell)[206]

Nachbemerkung

Gerade bin ich mit diesem Manuskript fertig, da stolpere ich über einen kritischen Satz in einem freundlichen Portrait, das Rolf Zundel von mir in der »Zeit« entworfen hat: Bei mir verschwimme der Unterschied der Systeme in einer »psychologischen Äquidistanz«[207].

Sollte ich doch Zweifel daran gelassen haben, wie tief zuwider mir Totalitarismus, Funktionärsdiktatur und Meinungsunterdrückung waren und sind? Und muß ich ewig wiederholen, wie viel mir am System einer basisoffenen parlamentarischen Demokratie – mit weitgehenden Mitbestimmungsregelungen – liegt?

Aber es stimmt, daß für mich Gut und Böse nicht einfach in dem Gegensatz der Systeme aufgehen. Ich mißtraue sogar denen, die von uns permanent fordern, uns primär am Kriterium dieses Gegensatzes zu definieren. Entschieden grenze ich mich von den exorzistischen Heuchlern ab, die unlängst noch die Volksrepublik China als unwandelbar bösartigen, ja als den bösartigsten Repräsentanten des kommunistischen Systems verabscheuten und es heute – noch immer kommunistische Diktatur – ungeniert mit Rüstungsgütern und Nukleartechnologie versorgen. Das kollektive Sündenbockbedürfnis schert sich nicht an derartigen Ungereimtheiten. Wenn es machtpolitisch paßt, ist China eben – kommunistische Diktatur hin oder her – keine Macht der Finsternis mehr.

23 Jahre ist es her, seitdem ich eine mich damals intensiv beschäftigende Studie über die »Psychopathologie des Verräters«[208] publiziert habe. Ich hatte Jugendliche untersucht, die mir durch ein sonderbares Sozialverhalten aufgefallen waren. Sie suchten fortgesetzt Halt bei irgendeinem Beschützer, dessen sie sich dadurch zu versichern trachteten, daß sie ihm spontan jeden Beistand gegen einen vermeintlichen oder echten Kontrahenten versprachen. Sie setzten ein Verhal-

tensmuster fort, das sie als Kinder gelernt hatten. In einer polarisierten Familienkonstellation hatten sie sich Zuwendung immer nur verdienen können, indem sie mit dem einen Elternteil gegen den anderen Front gemacht hatten. Diese Rolle als blind ergebener Kampfgenosse hatten sie verinnerlicht. So wie sie nie erlebt hatten, um ihrer selbst willen bestätigt und gefördert zu werden, so wußten sie am Ende nicht mehr, was sie denn noch anderes waren denn Gehilfen in irgendeiner Freund-Feind-Konstellation. Argwöhnend, ihrer jeweiligen Beschützer immer nur als nützliches Instrument sicher zu sein, wie sie es früh gelernt hatten, konnten sie sich am Ende auch selber nicht mehr trauen. Was sie als elterlichen egoistischen Opportunismus erfahren hatten, spiegelte sich in ihnen als tief verwurzeltes Gefühl eigener Unverläßlichkeit wider.

Ist etwa ein ähnlicher Mechanismus wirksam, wenn heute seine Umgebung prompt befremdet, wer als Deutscher sich sträubt, sich total von der offiziell verordneten Block-Ideologie vereinnahmen zu lassen? Geht uns blinde Block-Treue – oder Hörigkeit – über alles, weil wir insgeheim weder unserer Supermacht noch uns selber trauen? Dient uns der verabsolutierte gemeinsame Feind als Stabilisator, um uns unseres großen Beschützers genauso sicher zu sein wie unseres Identitätsgefühls, das wir wie früher nur aus der vollständigen Gleichschaltung in einer Kampffront beziehen können?

Treue wird immer dort am lautesten und häufigsten eingefordert, wo man ihrer am wenigsten gewiß ist. Deshalb hatten wir Kinder und Jugendliche meiner Generation sie immerfort zu schwören. Tatsächlich bestätigte dann die schlagartige ideologische Umpolung nach 1945, wieviel Bereitschaft zum »Verrat« untergründig längst bereitgelegen hatte. Müssen wir denn aber immer noch so sehr um unsere Vertrauenswürdigkeit fürchten, daß wir den Amerikanern anstelle automatischer Willfährigkeit keine kritische Freundschaft anzutragen wagen?

Als ich, wie erwähnt, bei unserem vormaligen Kanzler vor Ende seiner Amtszeit einmal zu Gast war, sagte er mir voraus, sein designierter Nachfolger würde gewiß immer schon heute ausführen, was Washington übermorgen von uns haben wolle. Ist es nicht genauso gekommen? Ist dieser Nachfolger indessen nicht gerade auch deshalb gewählt worden, weil er dies zugesagt hatte, nämlich den Amerikanern künftig keinen Ärger mehr durch Widerspruch zu bereiten?

Aber ist nicht, was wir den Amerikanern an Überempfindlichkeit unterstellen, vielmehr die Projektion unseres eigenen deutschen Defizits an Identitätsgewißheit und Verläßlichkeit? An diesem Problem intensiv weiterzuarbeiten erscheint mir als unsere vordringliche gemeinsame Aufgabe.

Quellennachweise

1 Nietzsche, F.: Jenseits von Gut und Böse (1886). In: Werke in drei Bänden, Band 2. Herausg. von K. Schlechta. Hanser Verlag, München 1966, 8. Aufl. 1977. S. 751 f.

2 Christian, P.: Über »Logophanie«. Psyche 4, 1951. S. 263–273

3 Nicolai, G. F.: zit. nach Einstein, A.: Frieden. Lang Verlag, Bern 1975. S. 22 f.

4 Nicolai, G. F.: Die Biologie des Krieges – Betrachtungen eines deutschen Naturforschers (1917). Orell Füssli Verlag, Zürich 1919. Darmstädter Blätter Verlag, Darmstadt 3. Aufl. 1982 (Nachdruck der Ausgabe von 1919)

5 Zuelzer, W.: Der Fall Nicolai. Societäts Verlag, Frankfurt am Main 1981

6 Weizsäcker, V. von: »Euthanasie« und Menschenversuche. Psyche 1, 1947. S. 68–102, hier S. 93

7 Freud, S.: zit. nach Eissler, K. R.: Freud und Wagner-Jauregg vor der Kommission zur Erhebung militärischer Pflichtverletzungen. Löcker Verlag, Wien 1979. S. 53

8 Richter, H. E.: Psychosoziale Medizin und Prävention von Militarisierungsbereitschaft. Psychosozial 5, Heft 1, 1982. S. 134–145

9 Baur, E., E. Fischer u. F. Lenz: Menschliche Erblehre und Rassenhygiene (Eugenik). J. F. Lehmann Verlag, München, 1. Aufl. 1921, 5. Aufl. 1940

10 Fischer, E.: Rektoratsrede an der Berliner Universität 1933. Zit. nach Müller-Hill, B.: Tödliche Wissenschaft. Rowohlt Taschenbuch Verlag, Reinbek bei Hamburg 1984 (rororo aktuell 5349). S. 13

11 Richter, H. E.: Patient Familie. Rowohlt Verlag, Reinbek bei Hamburg 1970, 3. Aufl. 1972. Rowohlt Taschenbuch Verlag, Reinbek bei Hamburg 1972, 13. Aufl. 1985

12 Richter, H. E.: Eltern, Kind und Neurose. Klett Verlag, Stuttgart 1963, 3. Aufl. 1972. Rowohlt Taschenbuch Verlag, Reinbek bei Hamburg 1969, 18. Aufl. 1984

13 Hitler, A.: Mein Kampf. Franz Eher Nachf. Verlag, München, Bd. 1 1925, Bd. 2 1927. S. 452, 455
14 Nietzsche, F.: Schopenhauer als Erzieher (1873–1876). In: Die Geburt der Tragödie. Unzeitgemäße Betrachtungen. Naumann Verlag, Leipzig 1899. S. 397
15 ebda., S. 406
16 ebda., S. 420
17 Nietzsche, F.: Jenseits von Gut und Böse (1886). In: a. a. O., Nr. 270, S. 744
18 Nietzsche, F.: Schopenhauer als Erzieher (1873–1876). In: a. a. O., S. 407
19 Himmler, H.: Rede in Posen am 4. 10. 1943. Zit. nach Müller-Hill, B.: Tödliche Wissenschaft. a. a. O., S. 95
20 Fuchs, J.: Fassonschnitt. Rowohlt Verlag, Reinbek bei Hamburg 1984
21 Hallervorden, J.: zit. nach Müller-Hill, B.: Tödliche Wissenschaft. a. a. O., S. 68
22 Zit. nach Geuter, U.: Die Professionalisierung der deutschen Psychologie im Nationalsozialismus. Suhrkamp Verlag, Frankf. a. M. 1984. S. 344
23 Siehe ebda., S. 345
24 ebda., S. 471
25 ebda., S. 445
26 Brockhausen zit. nach Roth, K. H.: Die Ursprünge der Triage im Zweiten Weltkrieg: NS-Psychiater gegen Ausgebombte und Kriegsneurotiker. In: Tübinger Ärzteinitiative gegen den Krieg (Hg.): Unser Eid auf das Leben verpflichtet zum Widerstand. Eigenverlag der Tübinger Ärzteinitiative gegen den Krieg, Postfach 2360, 7400 Tübingen. S. 123
27 Elsässer, G.: Erfahrungen an 1400 Kriegsneurosen. In: Gruhle, H. W., R. Jung, W. Mayer-Gross u. M. Müller (Hg.): Psychiatrie der Gegenwart. Springer Verlag, Berlin–Göttingen–Heidelberg 1961. S 623–630
28 Roth, K. H.: a. a. O., S. 119–127
29 Erfreulicherweise zeigen Veranstaltungen und Publikationen der letzten Jahre steigendes Interesse, die Geschichte der Militärpsychiatrie kritisch aufzuarbeiten. Soeben ist eine sehr lesenswerte Zusammenfassung von P. Riedesser und A. Verderber über »Aufrüstung der Seelen. Militärpsychologie und Militärpsychiatrie in Deutschland und Amerika« (Verlag Dreisam, Freiburg 1985) erschienen. Einen Einblick in die Militärpsychiatrie des 1. Weltkriegs vermittelt K. R. Eissler in: »Freud und Wagner-Jauregg vor der Kommission zur Erhebung militärischer Pflichtverletzungen« (a. a. O.). Hier wird von Eissler und Freud prägnant die Gefahr der Instrumentalisierung des Arztes als militärischen Erfüllungsgehilfen herausgearbeitet. Freud: »Zwischen der Unterordnung unter die Humanität und der allgemeinen Wehrpflicht läßt sich ein Kompromiß nicht herstellen.« (S. 4)

30 Mitscherlich, A. und M. Mitscherlich: Die Unfähigkeit zu trauern. Piper Verlag, München 1967. S. 39, 40
31 Arendt, H.: Eichmann in Jerusalem. Piper Verlag, München 1964. S. 174 ff., 186 ff.
32 Scheler, M.: Der Formalismus in der Ethik und die materiale Wertethik. Ges. Werke, Band 2. Francke Verlag, Bern–München, 5. Aufl. 1966. S. 347 ff.
33 Schultz-Hencke, H.: Schicksal und Neurose. G. Fischer Verlag, Jena 1931. S. 30, 41
34 Schultz-Hencke, H.: Der gehemmte Mensch (1940). Thieme Verlag, 2. Aufl. Stuttgart 1947. S. 12
35 Müller-Braunschweig, C.: Mündliche Mitteilung
36 Dahmer, H.: Libido und Gesellschaft. Suhrkamp Verlag, Frankfurt am Main, 2. Aufl. 1982 (suhrkamp taschenbuch wissenschaft 345). S. 372
37 siehe Anm 12
38 Weizsäcker, V. von: Natur und Geist. Kindler Verlag, München 1964 (1. Aufl. Vandenhoeck & Ruprecht Verlag, Göttingen 1954). S. 40 f.
39 Krayenbühl, H. u. W. A. Stoll: zit. nach Bartsch, W.: Erfahrungen mit der Leukotomie bei schwersten chronischen Schmerzzuständen. Nervenarzt 24, 1953. S. 107–112, hier S. 108
40 Bartsch, W.: Erfahrungen mit der Leukotomie bei schwersten chronischen Schmerzzuständen. a. a. O.
41 Pfuhl, W.: Anatomische Stellungnahme zum Problem der präfrontalen Leukotomie. Nervenarzt 25, 1954. S. 20–25, hier S. 20
42 Stoll, W. A.: Leukotomie-Erfahrungen der Psychiatrischen Universitätsklinik Zürich. Nervenarzt 25, 1954. S. 195–197, hier S. 196
43 Pfuhl, W.: a. a. O., S. 20
44 Mitscherlich, A. u. F. Mielke: Wissenschaft ohne Menschlichkeit. Dokumentation des Nürnberger Ärzteprozesses (1947). Medizin ohne Menschlichkeit. Fischer Bücherei, Frankfurt am Main 1960, 2. Aufl. 1962. S. 15
45 Weizsäcker, V. von: »Euthanasie« und Menschenversuche. a. a. O., S. 102
46 Richter, H. E.: Der Gotteskomplex. Rowohlt Verlag, Reinbek bei Hamburg 1979, 6. Aufl. 1982. Rowohlt Taschenbuch Verlag, Reinbek bei Hamburg 1986
47 Heidegger, M.: Vorträge und Aufsätze. Neske Verlag, Pfullingen 1954, 4. Aufl. 1978
48 Nohlen, A. u. H. E. Richter: Psychosomatische Arbeit in der Kinderklinik. Hippokrates 25, 1954. S. 584–601
49 Hilberg, R.: Die Vernichtung der europäischen Juden. Olle & Wolter Verlag, Berlin 1982. S. 740
50 Jaspers, K.: Aspekte der Bundesrepublik (1966). Piper Verlag, München 1972. S. 67

51 Parin, P.: Der Widerspruch im Subjekt. Ethnopsychoanalytische Studien. Syndikat Autoren- u. Verlagsgesellschaft, Frankfurt am Main 1978. S. 116ff.
52 Richter, H. E.: Beobachtungen an 14 Kindern mit chronischer Obstipation. Psyche 12, 1958. S. 291–308
53 Richter, H. E.: Woher kommt die Angst? In: Specht, M. (Hg.): Kindernöte. Verlag »Öffentliches Leben«, Frankfurt am Main 1954
54 Richter, H. E.: Die narzißtischen Projektionen der Eltern auf das Kind. Jahrbuch der Psychoanalyse 1, 1960. S. 62–81
55 siehe Anm. 12
56 Richter, H. E.: Patient Familie. a. a. O., S. 9
57 Freud, S.: Vorlesungen zur Einführung in die Psychoanalyse. Ges. Werke Band 11. Imago Publishing Co. Ltd., London 1940. S. Fischer Verlag, Frankfurt am Main 1944. S. 383
58 Freud, A.: Psychoanalysis and Education. The Psychoanalytic Study of the Child 9, 1954. S. 9–15
59 Parin, P.: Warum die Psychoanalytiker so ungern zu brennenden Zeitproblemen Stellung nehmen. Psyche 32, 1978. S. 385–399, hier S. 392
60 ebda., S. 391
61 Freud, A.: Child-Analysis as a Sub-speciality of Psychoanalysis. International Journal of Psychoanalysis 53, 1972. S. 151–156
62 Freud, S.: Das Unbehagen in der Kultur (1930). Ges. Werke Band 14. a. a. O., S. 419–506
63 Das Problem Psychoanalyse und Nationalsozialismus behandeln u. a. drei sehr informative Publikationen: Psychoanalyse unter Hitler – Dokumentation einer Kontroverse. Herausg. von der Redaktion der Zeitschrift Psyche, Frankfurt am Main 1984, ferner: Psychoanalyse und Nationalsozialismus – Beiträge zur Bearbeitung eines unbewältigten Traumas. Herausg. von H.-M. Lohmann, Fischer Taschenbuch Verlag, Frankfurt am Main 1984; Lockot, R.: Erinnern und Durcharbeiten. Zur Geschichte der Psychoanalyse und Psychotherapie im Nationalsozialismus. Fischer Taschenbuch Verlag, Frankfurt am Main 1985.
64 Strotzka, H.: Soziologische Kategorien psychoanalytischer Patienten. In: Strotzka, H. (Hg.): Neurose, Charakter und soziale Umwelt. Kindler Verlag, München 1972. S. 179–202
65 Brähler, E., D. Beckmann u. S. Müller: Psychosomatische Beschwerden und Schichtzugehörigkeit. Medizinische Psychologie 3, 1977. S. 214–223
66 Horn, K.: Das wissenschaftliche und das reale Problem des Gesundheitsverhaltens von Unterschichtpatienten. In: Menne, K. u. K. Schröter (Hg.): Psychoanalyse und Unterschicht. Suhrkamp Verlag, Frankfurt am Main 1980 (suhrkamp taschenbuch wissenschaft 301). S. 190

67 Albronda, H., L. Dean u. J. Starkweather: Social class and psychotherapy. In: Archives of General Psychiatry 10, 1964. S. 276–283
68 Gould, R. E.: Dr. Strangeclass: or how I stopped worrying about the theory and began treating the blue-collar worker. American Journal of Orthopsychiatry 37, 1964. S. 78–86
69 Heising, G., M. Brieskorn u. W.-D. Rost: Sozialschicht und Gruppenpsychotherapie. Vandenhoeck & Ruprecht Verlag, Göttingen 1982. S. 149
70 Menne, K. u. K. Schröter: Soziale Herkunft – ein Hindernis für die psychoanalytische Behandlung? In: Dies. (Hg.): Psychoanalyse und Unterschicht. a. a. O., S. 23
71 Siassy, J.: Psychotherapie bei Frauen und Männern der Unterschicht. In: Franks, V. u. V. Burtle (Hg.): Frauen und Psychotherapie. Pfeiffer Verlag, München 1974. S. 414–444
72 Bast, H., A. Bernecker, I. Kastien, G. Schmitt u. R. Wolff (Hg.): Gewalt gegen Kinder. Kindesmißhandlungen und ihre Ursachen. Rowohlt Taschenbuch Verlag, Reinbek bei Hamburg, 2. Aufl. 1978
Bernecker, A., W. Merten u. R. Wolff (Hg.): Ohnmächtige Gewalt. Rowohlt Taschenbuch Verlag, Reinbek bei Hamburg 1982
73 Gewalt gegen Kinder. Regie: Christian Görlitz. In Zusammenarbeit mit dem Kinderschutz-Zentrum Berlin und Prof. Dr. Dr. H. E. Richter (3teilige Sendereihe). ZDF, Mainz 1982, Erstausstrahlung: 19. 9./26. 9. u. 3. 10. 1982 (zu beziehen über: Kinderschutz-Zentrum Berlin e. V., Karl-Marx-Str. 262, 1000 Berlin 44, 030/684 30 64)
74 March, H. (Hg.): Verfolgung und Angst in ihren leib-seelischen Auswirkungen. Klett Verlag, Stuttgart 1960
75 Kraepelin, E.: Einführung in die Psychiatrische Klinik (1900). Barth Verlag, Leipzig, 3. Aufl. 1916. S. 1
76 Hoche, A.: Geisteskrankheit und Kultur. Eine akademische Rede. Univ. Buchhandl. Speyer & Kaerner, Freiburg u. Leipzig, 1910. S. 35
77 ebda., S. 25
78 Kraepelin, E.: a. a. O., S. 2
79 ebda., S. 3
80 Hoche, A.: a. a. O., S. 32
81 Binding, K. u. A. Hoche: Die Freigabe der Vernichtung lebensunwerten Lebens. Ihr Maß und ihre Form (1920). Meiner Verlag, Leipzig, 2. Aufl. 1922. S. 55
82 Kaul, F. K.: Die Psychiatrie im Strudel der »Euthanasie« (1973). Europäische Verlagsanstalt, Frankfurt am Main 1979. S. 58
83 Klee, E.: »Euthanasie« im NS-Staat. Die »Vernichtung lebensunwerten Lebens«. Fischer Verlag, Frankfurt am Main, 2. Aufl. 1983. S. 228
84 ebda., S. 216ff.
85 Dörner, K.: Nationalsozialismus und Lebensvernichtung. In: Dörner,

Haerlin, Rau, Schernus, Schwendy (Hg.): Der Krieg gegen die psychisch Kranken. Psychiatrie-Verlag, Rehburg-Loccum 1980. S. 97
86 ebda.
87 Kaul, F. K.: a. a. O., S. 126–128
88 ebda., S. 124
89 ebda., S. 194
90 siehe Anm. 83
91 Dörner, K.: Nationalsozialismus und Lebensvernichtung. a. a. O., S. 84
92 Schneider, K.: Klinische Psychopathologie. Thieme Verlag, Stuttgart, 4. Aufl. 1955. S. 101
93 ebda., S. 16
94 Weizsäcker, V. von: Fälle und Probleme. Enke Verlag, Stuttgart, 2. Aufl. 1951. S. 4
95 Richter, H. E.: Flüchten oder Standhalten. Rowohlt Verlag, Reinbek bei Hamburg 1976, 5. Aufl. 1978. Rowohlt Taschenbuch Verlag, Reinbek bei Hamburg, 1980, 4. Aufl. 1984. S. 189–207
96 siehe Anm. 51
97 Marcuse, H.: Eros und Kultur (1957). In Neuauflage: Triebstruktur und Gesellschaft. Suhrkamp Verlag, 41.–50. Tausend, Frankfurt am Main 1971
98 Einstein, A.: Frieden. a. a. O., S. 609
99 Jaspers, K.: Aspekte der Bundesrepublik. a. a. O., S. 90
100 Otto, K. A.: Vom Ostermarsch zur APO. Campus Verlag, Frankfurt am Main 1977
101 Dutschke, R.: Geschichte ist machbar (1980). Wagenbach Verlag, Berlin, 2. Aufl. 1981 (Wagenbachs Taschenbücherei 74). S. 78
102 ebda., S. 79
103 Otto, K. A.: a. a. O., S. 174
104 Dutschke, R.: a. a. O., S. 89–95
105 Habermas, J.: Zit. nach ebda., S. 82
106 Marcuse, H.: Konterrevolution und Revolte. Suhrkamp Verlag, Frankfurt am Main 1973 (edition suhrkamp 591). S. 64
107 ebda., S. 41
108 ebda., S. 62
109 ebda., S. 61
110 Richter, H. E.: Die Gruppe. Rowohlt Verlag, Reinbek bei Hamburg 1972, 10. Aufl. 1978. Rowohlt Taschenbuch Verlag, Reinbek bei Hamburg 1978, 4. Aufl. 1984
111 Marcuse, H.: Konterrevolution und Revolte. a. a. O., S. 43
112 siehe Anm. 110
113 Richter, H. E.: Lernziel Solidarität. Rowohlt Verlag, Reinbek bei Hamburg 1974, 7. Aufl. 1978. Rowohlt Taschenbuch Verlag, Reinbek bei Hamburg 1979, 3. Aufl. 1985

114 Richter, H. E. u. M. Lisson: Siedlung Eulenkopf – Gruppenarbeit mit Obdachlosen. ARD-Film, Berlin 1972. Erstausstrahlung: 27. 7. 1972 (zu beziehen über die Landesbildstellen)
115 Richter, H. E.: Über Gruppenarbeit mit Obdachlosen. Gruppendynamik Heft 4, 1973. S. 248–260
Community development und Psychotherapie in Randschicht-Gettos. Gruppenpsychotherapie und Gruppendynamik 7, 1973. S. 223–236
Hat die Psychoanalyse in der Randgruppenarbeit eine Chance? In: Kutter, P. (Hg.): Psychoanalyse im Wandel. Suhrkamp Verlag, Frankfurt am Main 1977. S. 122–147
Randgruppenarbeit und »introspektives Konzept«. In: Barabas, F., Th. Blanke, Ch. Sachße u. U. Stascheit (Hg.): Jahrbuch der Sozialarbeit 1978. Rowohlt Verlag, Reinbek bei Hamburg 1977. S. 196–217
116 Wulff, E.: Richters Konzept der Randgruppentherapie. Argument 89, 1975. S. 9–30
117 Szasz, Th.: Geisteskrankheit – Ein moderner Mythos? Walter Verlag, Olten u. Freiburg 1972
118 Cooper, D.: Psychiatrie und Anti-Psychiatrie. Suhrkamp Verlag, Frankfurt am Main, 3. Aufl. 1975 (edition suhrkamp 497)
119 Basaglia, F. (Hg.): Die negierte Institution oder die Gemeinschaft der Ausgeschlossenen. Suhrkamp Verlag, Frankfurt am Main 1971
120 Dörner, K.: Bürger und Irre. Europäische Verlagsanstalt, Frankfurt am Main 1969
121 Battegay, R., G. Benedetti u. U. Rauchfleisch: Grundlagen und Methoden der Sozialpsychiatrie. Vandenhoeck & Ruprecht Verlag, Göttingen 1977. S. 273
122 Kayser, H., H. Krüger, W. Mävers, P. Petersen, M. Rohde, H.-K. Rose, A. Veltin, u. V. Zumpe: Gruppenarbeit in der Psychiatrie. Thieme Verlag, Stuttgart 1973 (dtv Wissenschaftliche Reihe)
123 Pörksen, N.: Kommunale Psychiatrie. Rowohlt Verlag, Reinbek bei Hamburg 1974
124 Bericht über die Lage der Psychiatrie in der Bundesrepublik Deutschland – Zur psychiatrischen und psychotherapeutisch/psychosomatischen Versorgung der Bevölkerung. Deutscher Bundestag, 7. Wahlperiode, Drucksache 7/4200 und 4201, Bonn 1975 (Vertrieb: Verlage Dr. Hans Heger, 5300 Bonn-Bad Godesberg 1, Goethestr. 56)
125 Richter, H. E.: Die Psychosoziale Arbeitsgemeinschaft Lahn-Dill. In: Engagierte Analysen. Rowohlt Verlag, Reinbek bei Hamburg, 2. Aufl. 1978. Rowohlt Taschenbuch Verlag, Reinbek bei Hamburg 1981. S. 177–211
Bohling, H.: Psychosoziale Arbeitsgemeinschaften. Entwicklungs-

stand, Probleme und Grenzen eines Reformprojekts. Psychosozial 3, Heft 2, 1980. S. 30–56

126 Kleinschnittger, J., M. Reimitz u. H. J. Wirth: Neuland – psychosoziale Hilfe und Selbsthilfe in der Provinz. Psychosozial 3, Heft 2, 1980. S. 14–29

Wirth, H. J.: Behinderte Kommunikation. Probleme der Kooperation in der Behindertenarbeit. Psychosozial 4, Heft 2, 1981. S. 79–98

127 Toresini, L.: In: Demokratische Psychiatrie klappt, wo man sie läßt. Arzt heute, 19. 5. 1985. S. 5

128 Richter, H. E.: Politische Öffentlichkeitsarbeit in Gruppen. In: Engagierte Analysen. a. a. O., S. 212–233

129 siehe Anm. 113

130 Richter, H. E.: Brandts Sturz – ein Gruppenproblem. Der Spiegel, Nr. 21, 20. 5. 1974. S. 132f.

131 siehe Anm. 46 und 113

132 Marcuse, H.: Konterrevolution und Revolte. a. a. O., S. 61

133 Reiter, L. u. E. Steiner: Werte zwischen Therapeuten und Klienten. Kontext 1, 1979. S. 24–29

134 Freud, S.: Das Unbehagen in der Kultur (1930). Ges. Werke Band 14. a. a. O., S. 437

135 ebda., S. 439

136 Spranger, E.: Lebensformen. Niemeyer Verlag, Halle, 7. Aufl. 1930. S. 194

137 ebda., S. 215–222

138 Scheler, M.: Von zwei deutschen Krankheiten (1919). In: Schriften zur Soziologie und Weltanschauungslehre. Ges. Werke, Band 6. Francke Verlag, Bern u. München 1963. S. 204–219

139 Lukács, G.: Die Zerstörung der Vernunft (1954). Band I. Luchterhand Verlag, Darmstadt u. Neuwied, 4. Aufl. 1983. (Sammlung Luchterhand 133). S. 180

140 Eppler, E.: Wege aus der Gefahr. Rowohlt Verlag, Reinbek bei Hamburg 1981. S. 239

141 ebda., S. 240

142 Beckmann, D. u. H. E. Richter: Gießen-Test (GT). Huber Verlag, Bern 1972, 2. Aufl. 1975. 3., überarbeitete Auflage mit Neustandardisierung 1983 (mit D. Beckmann u. E. Brähler)

143 Beckmann, D. u. H. E. Richter (Hg.): Erfahrungen mit dem Gießen-Test (GT). Huber Verlag, Bern 1979. S. 33

144 Beckmann, D. u. H. E. Richter: Selbstkontrolle einer klinischen Psychoanalytiker-Gruppe durch ein Forschungsprogramm. Zeitschrift für Psychotherapie und medizinische Psychologie 18, 1968. S. 201–208

Beckmann, D.: Untersuchungen zur klinischen Urteilsbildung bei psy-

choanalytischen Interviews. Inaugural-Dissertation, Justus-Liebig-Universität Gießen 1968
145 Richter, H. E. u. D. Beckmann: Herzneurose. Verlag Thieme, Stuttgart 1969, 2. erw. Aufl. 1973
146 Richter, H. E.: Psychoanalytische Beiträge zur Familienerziehung. In: Fürstenau, P. (Hg.): Der psychoanalytische Beitrag zur Familienwissenschaft. Wissenschaftliche Buchgesellschaft, Darmstadt 1974. S. 128 f.
147 Freud, S.: Das Unheimliche (1919). Ges. Werke, Band 12. a. a. O., S. 229–268
148 Lilienthal, M.: Nützlicher Zeitvertrieb auf dem Kranken- und Sterbebette. Verlegt bei Zeisens Witwe u. Hartungs Erben, Königsberg 1768
149 Eissler, K. R.: Todestrieb, Ambivalenz, Narzißmus (1975). Kindler Verlag, München 1980. (Huber Verlag, Bern 1976: Der Sündenfall des Menschen) S. 14
150 Scheler, M.: Tod und Fortleben (1911–1914). In: Schriften aus dem Nachlaß. Ges. Werke, Band 10. a. a. O., S. 22
151 Weizsäcker, V. von: Soziale Krankheit und soziale Gesundung (1930). Vandenhoeck & Ruprecht Verlag, Göttingen, 2. Aufl. 1955. S. 4
152 Scheler, M.: a. a. O., S. 30
153 Richter, H. E.: Die Rolle und das Selbstverständnis des Arztes. Festvortrag auf dem 30. Deutschen Kongreß für ärztliche Fortbildung, Berlin, Juni 1981. In: Sich der Krise stellen. Rowohlt Taschenbuch Verlag, Reinbek bei Hamburg 1981, 2. Aufl. 1982. S. 78
154 ebda., S. 81
155 ebda., S. 82
156 Vossschulte, K., K. Fleischer, H. W. Pia, H. G. Lasch u. K. Federlin: Medizin und Anspruch auf Humanität. Die Welt, 23. 7. 1982. Klare Antwort auf den Ruf zur Umkehr. Die Welt, 27. 7. 1982.
157 Federlin, K., K. Fleischer, H. G. Lasch, H. W. Pia u. K. Vossschulte: Braucht die Medizin ein neues Bild vom Menschen? Deutsches Ärzteblatt 79, Heft 41, 1982. S. 57–65
158 Pascal, B.: Gedanken. Schibli-Doppler Verlag, Birsfelden-Basel, Lizenzausgabe Schünemann Verlag, Bremen (Sammlung Dieterich). Nr. 133, S. 62
159 ebda., Nr. 14, S. 15
160 Scheler, M.: Tod und Fortleben (1911–1914). a. a. O., S. 30
161 Pascal, B.: Gedanken. Reclam Verlag, Stuttgart 1979. S. 38 f.
162 siehe Anm. 46
163 Habermas, J.: Theorie und Praxis (1963). Suhrkamp Verlag (suhrkamp taschenbuch wissenschaft 243), Frankfurt am Main, 3. Aufl. 1982. S. 345
164 ebda., S. 345

165 Kennedy, J. F.: zit. nach Etzioni, A.: The Kennedy-Experiment. The Western Political Quarterly 20, 1967. S. 361–380
166 Wolf, Ch.: Kassandra. Luchterhand Verlag, Darmstadt–Neuwied, 4. Aufl. 1983. S. 132
167 Pascal, B.: Gedanken. Schibli-Doppler Verlag. a. a. O., S. 151
168 Denffer, E. v.: Friedenspolitik aus Selbstbetroffenheit – Selbsthilfegruppen und Initiativgruppen als notwendiges Element der Friedensbewegung. Psychosozial 5, Heft 15, 1982. S. 89–99
169 Pascal, B.: Gedanken. Schibli-Doppler Verlag. a. a. O., S. 60
170 Gottstein, U., H. Koch, H. E. Richter u. K. Sroka: Können Ärzte zur Verhinderung eines Atomkrieges beitragen? Deutsches Ärzteblatt 79, Heft 43, 1982. S. 69–72
Richter, H. E.: Angst, Hoffnung, Widerstand. In: Tübinger Ärzteinitiative gegen den Krieg (Hg.): Unser Eid auf das Leben verpflichtet zum Widerstand. Dokumentation des 4. Medizinischen Kongresses zur Verhinderung eines Atomkrieges 1984 in Tübingen. Eigenverlag der Tübinger Ärzteinitiative gegen den Krieg, Tübingen 1984. S. 25–35
171 Müller, E.: Ärzte gegen Atomkrieg. In: Arbeitskreis Sicherung des Friedens (Hg.): Briefdienst 7, 1984. S. 1–3
172 siehe Anm. 95
173 Vgl. Richter, H. E.: Der Gotteskomplex. a. a. O., S. 228–238
174 Jakobi, J., P. Chroust u. M. Hamann: Aeskulap und Hakenkreuz. Zur Geschichte der Medizinischen Fakultät in Gießen zwischen 1933 und 1945. Asta der Studentenschaft der Justus-Liebig-Universität, Gießen 1982
175 Richter, H. E.: Quelle der Zuversicht. Frankfurter Allgemeine Zeitung, Nr. 155, 17. 7. 1983. S. 23
176 Nietzsche, F.: Brief an Erwin Rohde vom 15. 7. 1882. In: Werke in drei Bänden, Band 3. a. a. O., S. 1184
177 Jaspers, K.: Nietzsche und das Christentum (1938). Piper Verlag, München 1952. S. 80
178 Nietzsche, F.: Der Antichrist (1888). In: Werke in drei Bänden, Band 2. a. a. O., S. 1166
179 Nietzsche, F.: Dionysos – Dithyramben (1888). In: ebda. S. 1252
180 Nietzsche, F.: Jenseits von Gut und Böse (1886). In: ebda. Nr. 33, S. 598
181 ebda., S. 729
182 ebda., S. 749
183 Nietzsche, F.: Aus dem Nachlaß der Achtziger Jahre. In: Werke in drei Bänden, Band 3. a. a. O., S. 799
184 Nietzsche, F.: Brief an Erwin Rohde vom 15. 7. 1882. In: ebda., S. 1184
185 Nietzsche, F.: Zur Genealogie der Moral (1887). In: Werke in drei Bänden, Band 2. a. a. O., S. 787

186 ebda., S. 788
187 Lukács, G.: Die Zerstörung der Vernunft (1954). Band II. a. a. O., S. 37
188 Nietzsche, F.: Götzen-Dämmerung (1889). In: a. a. O., S. 999
189 Lukács, G.: a. a. O., S. 66
190 Nietzsche, F.: Götzen-Dämmerung. In: a. a. O., S. 1010
191 Bismarck, O. v.: vgl. Hoche, A.: Geisteskrankheit und Kultur. a. a. O., S. 25
192 Chamberlain, H. St.: zit. nach Dörner, K.: Nationalsozialismus und Lebensvernichtung. a. a. O., S. 78
193 Verschuer, O. von: Erbpathologie. Steinkopff Verlag, Dresden und Leipzig 1934. S. 2
194 Lorenz, K.: Durch Domestikation verursachte Störungen arteigenen Verhaltens. Zeitschrift für angewandte Psychologie und Charakterkunde 59, 2 (1940). Zit. nach: Müller-Hill, B.: Tödliche Wissenschaft. a. a. O., S. 59
195 Weizsäcker, V. von: Ärztliche Fragen. Thieme Verlag, Leipzig 1934. S. 69
196 Hitler, A.: Mein Kampf. a. a. O., S. 444
197 Verschuer, O. von: a. a. O., S. 4
198 Occam, W. v.: zit. nach Buber, M.: Zwischen Gesellschaft und Staat. Ges. Werke, Band 1. Kösel Verlag, München 1962. S. 1011
199 Huber, J.: Die Regenbogen-Gesellschaft. Fischer Verlag, Frankfurt am Main 1985. S. 91 f., S. 144
200 Hände weg von den USA. Tageszeitung Nr. 1641, 24. 6. 1985. S. 4
201 Richter, H. E.: Alle redeten vom Frieden. Rowohlt Verlag, Reinbek bei Hamburg 1981, 3. Aufl. 1983. Rowohlt Taschenbuch Verlag, Reinbek bei Hamburg 1984
202 Einstein, A.: Frieden. a. a. O., S. 460
203 Schopenhauer, A.: Über das Fundament der Moral. (1840). In: Die beiden Grundprobleme der Ethik. Deutsche Buchgemeinschaft, Berlin o. J. S. 301
204 Anders, G.: Endzeit und Zeitenende (1972) Beck'sche Schwarze Reihe. Neuauflage unter dem Titel: Die atomare Drohung. Beck'sche Verlagsbuchhandlung, München 1981. S. 98
205 Russell, B.: Rede zum 10. Jahrestag des Aufstandes im Warschauer Ghetto vom 9. 4. 1953. Zit. nach Darmstädter Blätter, 4., 1985. S. 3
206 Russell, B.: Ideen, die der Menschheit geschadet haben. In: Unpopuläre Betrachtungen. Europa-Verlag, Zürich–Wien–Konstanz 1951. S. 173
207 Zundel, R.: Der Weg in die Politik. Der schmerzhafte, aber fruchtbare Lernprozeß des Gießener Psychoanalytikers Horst-Eberhard Richter. Die Zeit, Nr. 37, 6. 9. 1985
208 Richter, H. E.: Zur Psychopathologie des Verräters. Nervenarzt 33, 1962. S. 532–535

Namenregister

Die gerade gedruckten Zahlen verweisen auf die Seiten, die kursiv gedruckten auf die Anmerkungsziffern.